KB275355

Chunjae
Makes
Chunjae

▼

개념클릭

편집총괄	박금옥
편집개발	지유경, 정소현, 조선영, 최윤석, 김장미, 유혜지, 남솔, 정하영, 김혜진
디자인총괄	김희정
표지디자인	윤순미, 장미
내지디자인	이은정, 박광순
제작	황성진, 조규영

발행일	2024년 4월 15일 초판 2024년 4월 15일 1쇄
발행인	(주)천재교육
주소	서울시 금천구 가산로9길 54
신고번호	제2001-000018호
고객센터	1577-0902

개념클릭

1

초등
수학

1·2

구성과 특징

수학 공부를 쉽고, 재미있게 할 수 있는 교재는 없을까?

개념을 자세히 설명해 놓으면 잘 읽지 않고, 그렇다고 설명을 안 할 수도 없고….

만화로 교과서 개념을 설명한 책은 많지만, 수박 겉핥기 식으로 넘어가기만 하니….

개념클릭이 탄생하게 된 배경입니다.

개념클릭 학습 시스템!!

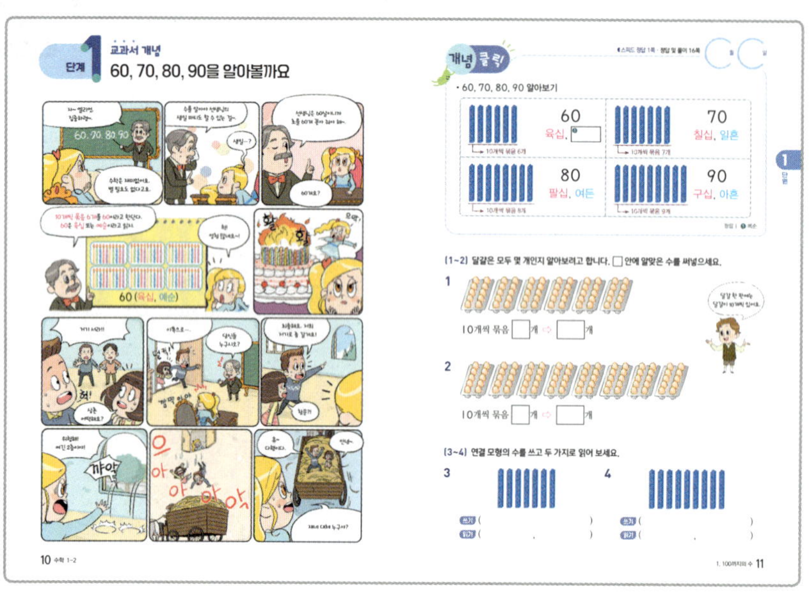

1단계

교과서 개념

만화를 보면 개념이 저절로~
간단한 **확인 문제**로 개념을
정리하세요.

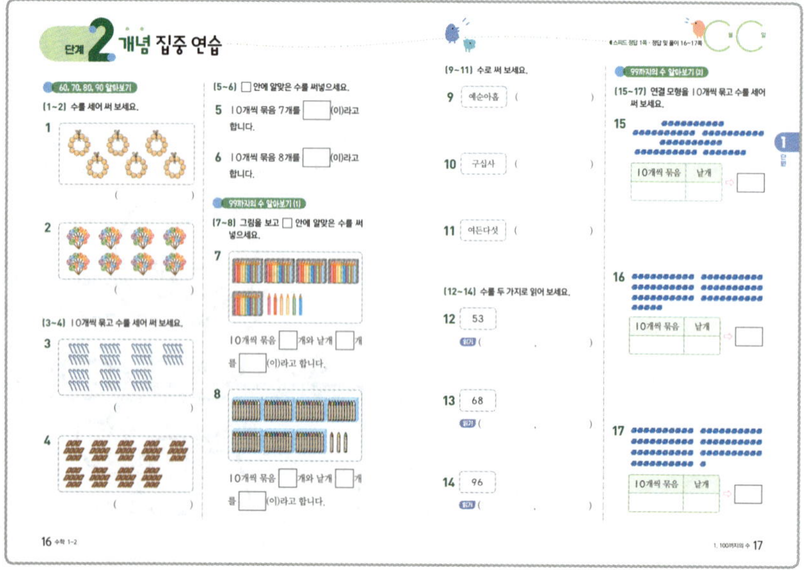

2단계

개념 집중 연습

교과서 개념 문제를
반복하여 풀어 보면서
개념을 꽉 잡아요.

개념클릭만의 모바일 학습

1 개념 동영상 강의를 보면서 개념을 익혀요.

2 단원과 연계된 게임을 할 수 있어요.

3 새로운 문제로 TEST를 반복해요.

QR 코드를 찍어 개념 동영상 강의를 보면서 개념을 익힐 수 있습니다.

QR 코드를 찍어 단원과 연계된 재미있는 게임을 할 수 있습니다.

QR 코드를 찍어 문제를 더 풀어 볼 수 있습니다.

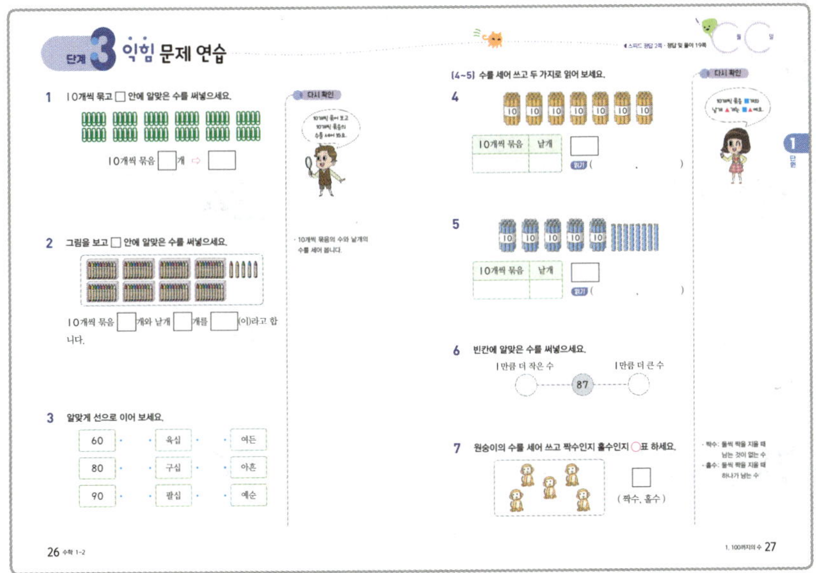

3 단계

익힘 문제 연습

익힘 유형 문제를 풀어 보면서 **실력**을 키워요.

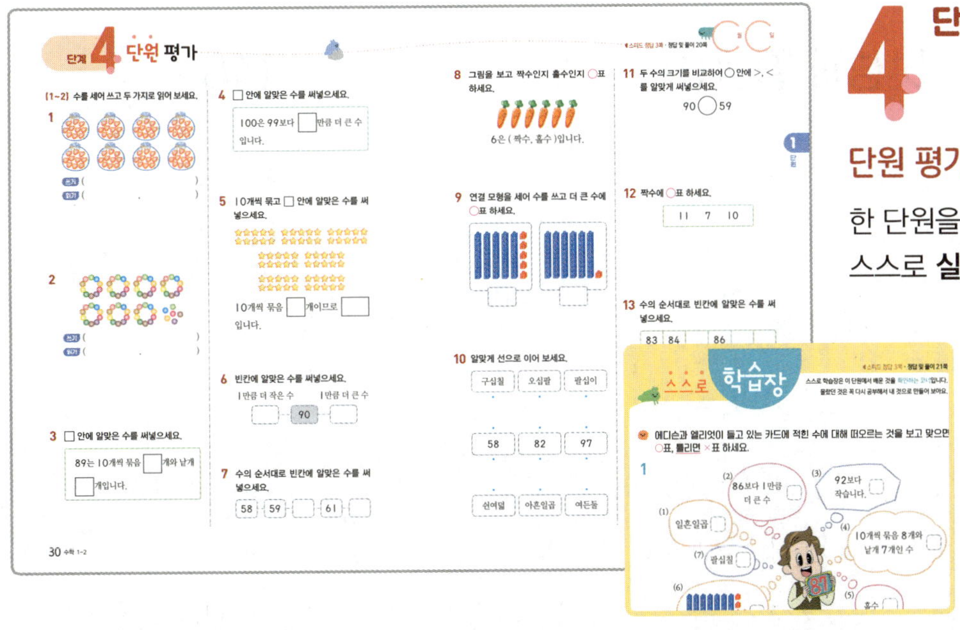

4 단계

단원 평가

한 단원을 마무리하며 스스로 **실력 체크**를 해요.

한 단원을 학습한 후 내가 무엇을 알고 무엇을 모르는지 **확인하는 코너**입니다.

차례

에디슨

엉뚱하고 호기심이 많은 8살 소년.
수학, 과학을 좋아하고 훗날 1000종이 넘는 발명
을 하는 유명한 과학자가 된다.

수아

용감하고 발랄한 8살 소녀.
삼촌과 함께 과거 여행을 두려움 없이
즐기게 된다.

엘리엇

에디슨을 좋아하는 부잣집 소녀.
심술이 많고 현재에서 온 수아를 질투하지만
알고보면 착한 아이이다.

삼촌

겁 많고 철없는 수아의 삼촌.
20대이지만 아이들보다 겁이 많고
체력이 약하다.

수아야~.
안녕하세요. 삼촌.

짜잔~. 수아 생일 선물!
그게 뭐예요?
짜잔!

과학 박람회 입장권이란다.
과학 박람회 〈입장권〉

삼촌 짱이지?!
네~! 감사합니다.

우아~ 제가 좋아하는 에디슨 전시장도 있네요.

주말에 저랑 같이 가요~!
그래, 좋아.

과학 박람회장

여기 전시장은 줄이 기네.
'8회' 과학 박람회
삼촌, 다른 곳을 먼저 둘러봐요.

그럼 어딜 먼저 가 볼까~?
삼촌, 저기요~!

여기 말이니?
위대한 발명가 50인 도서관
네~.

여긴 구경하는 사람들이 아무도 없네.
그러게요.

에디슨
장영실
에디슨이다.

삼촌, 책 읽어 주세요.
그래.
에디슨

수아, 넌 에디슨을 정말 좋아하는구나.
네!

그런데 이 책은 다른 책에 비해 많이 낡았네.
디슨

먼지도 많이 쌓였고….
척-

깨끗하게 봐야지!
팡
팡

후욱

그럼 어디 읽어 볼까~?
뭉게
뭉게
에디슨

발명왕 에디슨은 ….
스스스
에디슨

파   앗!

1854년 미국
펑!

헉, 삼촌!
에디슨
여기가 어디지?!

1

100까지의 수

QR 코드를 찍어 개념 동영상 강의를 보세요. 게임도 하고 문제도 풀 수 있어요.

😊 이번에 배울 내용

- 몇십 알아보기
- 99까지의 수 알아보기
- 수의 순서 알아보기
- 수의 크기 비교하기
- 짝수와 홀수 알아보기

수아야! 저기 신문 좀 줄래?
네!
상촌 줘 봐

헉! 1854년? 수아야, 우리 과거의 미국으로 온 거 같아!
착

우와! 짱이다. 신나요, 삼촌.
시… 신나?

당근 50개를 주문했는데 50개가 아니잖아요!!
무슨 일이지?
50개 맞는 거 같은데….

아저씨, 50을 제대로 센 거 맞아요?!
스윽
기웃 기웃
사실 수를 잘 몰라요.

50을 잘 모르나 보군요.

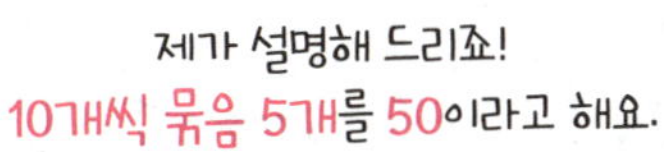

제가 설명해 드리죠!
10개씩 묶음 5개를 50이라고 해요.
50 (오십, 쉰)

이제 아시겠죠?
아 … 네.
삼촌 짱!
누구지?

그런데 아저씨는 누구신데 저희 집에 있어요?
난 그냥 지나가던….

도둑이군요!
걸렸어
도둑 아니에요. 사람을 뭘로 보고~.
잡아라!! 도둑이다.
수아야, 일단 도망가자!
네!
후 다 다 닥

60, 70, 80, 90을 알아볼까요

• 60, 70, 80, 90 알아보기

정답 | ❶ 예순

1
단원

(1~2) 달걀은 모두 몇 개인지 알아보려고 합니다. ☐ 안에 알맞은 수를 써넣으세요.

1
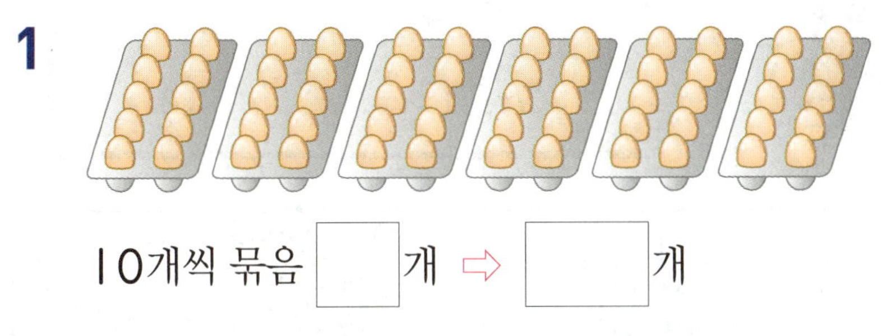

10개씩 묶음 ☐ 개 ⇨ ☐ 개

2

10개씩 묶음 ☐ 개 ⇨ ☐ 개

(3~4) 연결 모형의 수를 쓰고 두 가지로 읽어 보세요.

3
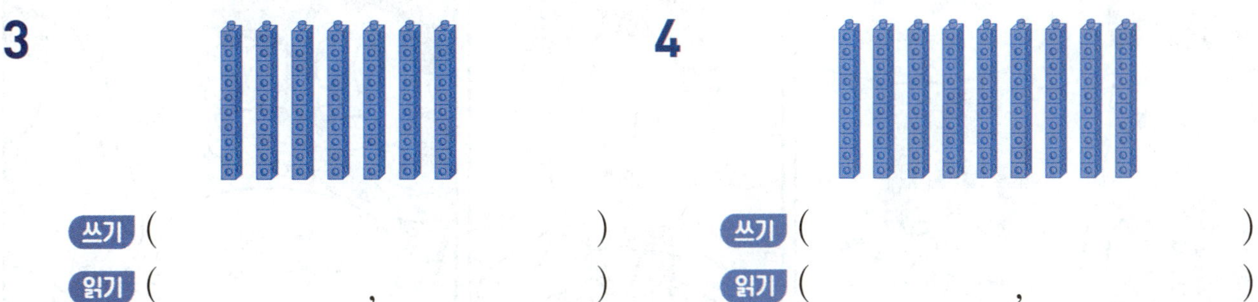

쓰기 (   )

읽기 (,   )

4

쓰기 (   )

읽기 (,   )

99까지의 수를 알아볼까요 (1)

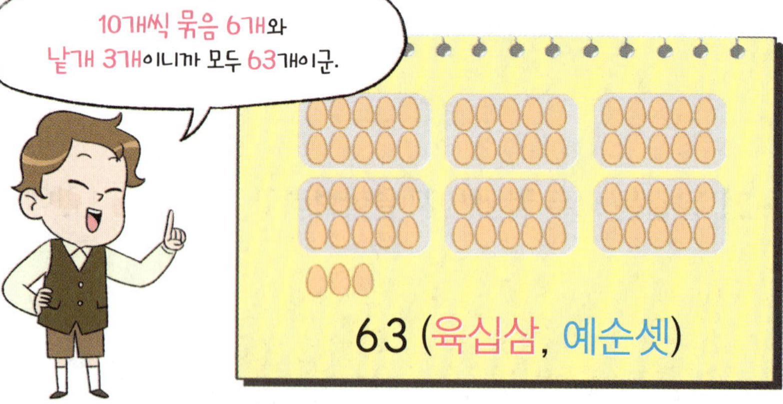

1 단원

개념 클릭

• 63 알아보기

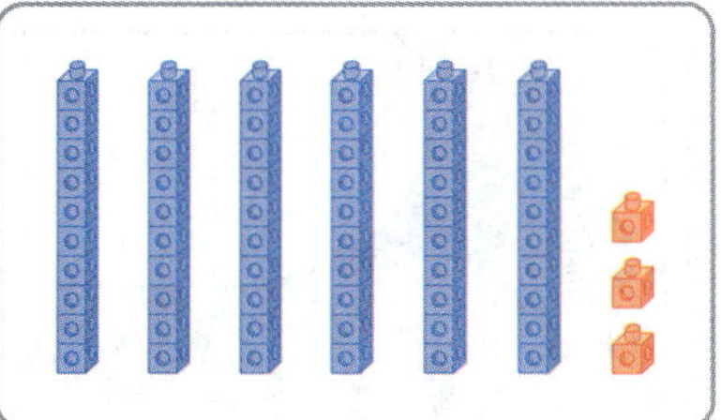

10개씩 묶음	낱개
6	3

63 **읽기** 육십삼, 예순셋

10개씩 묶음 6개와 낱개 **①** ☐ 개를 63이라고 합니다.

정답 | ❶ 3 ❷ 예순셋

(1~2) 연결 모형의 수를 세어 써 보세요.

1

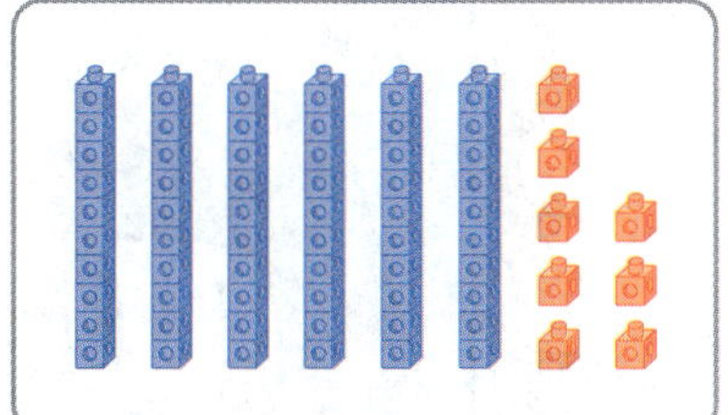

10개씩 묶음	낱개
6	

 ☐

2

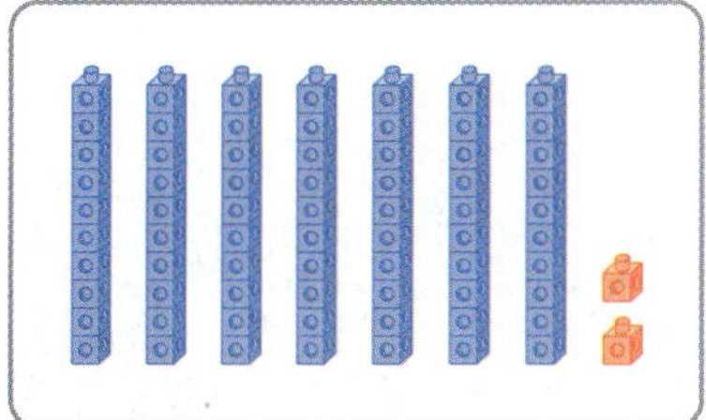

10개씩 묶음	낱개

 ☐

---

3 그림을 보고 ☐ 안에 알맞은 수나 말을 써넣으세요.

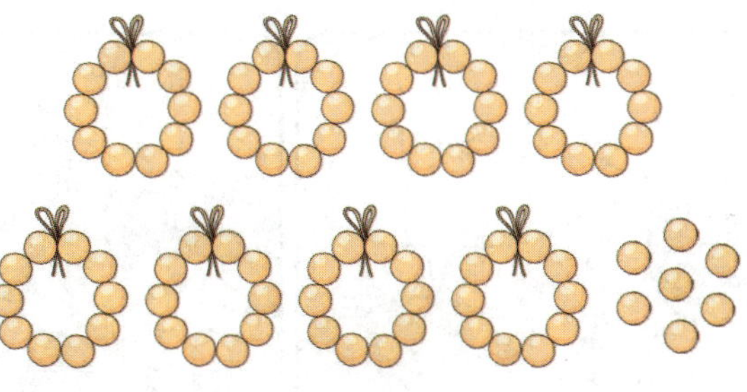

10개씩 묶음 8개와 낱개 7개를 ☐ (이)라 쓰고

☐ 또는 ☐ (이)라고 읽습니다.

99까지의 수를 알아볼까요 (2)

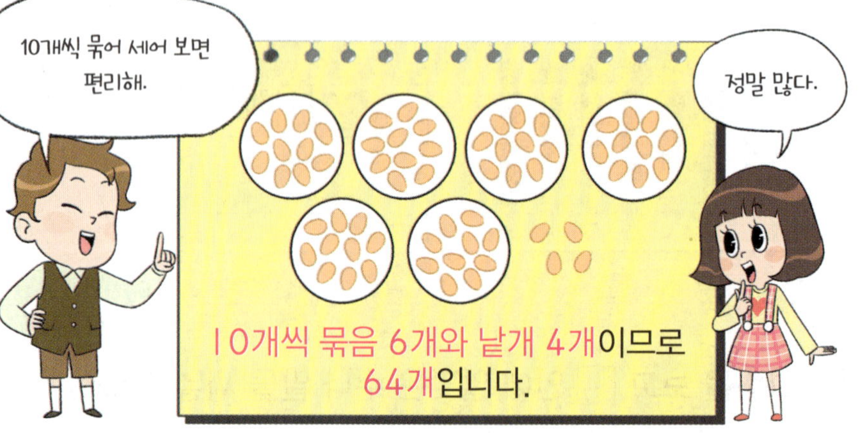

개념 클릭

· 64 알아보기

1 단원

[1~2] 구슬은 모두 몇 개인지 알아보려고 합니다. 물음에 답하세요.

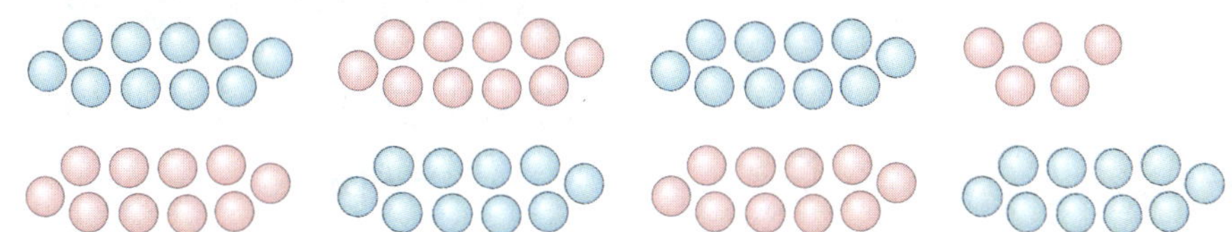

1 구슬을 10개씩 묶어 보세요.

2 구슬의 수를 세어 써 보세요.

10개씩 묶음	낱개

⇨

3 알맞게 선으로 이어 보세요.

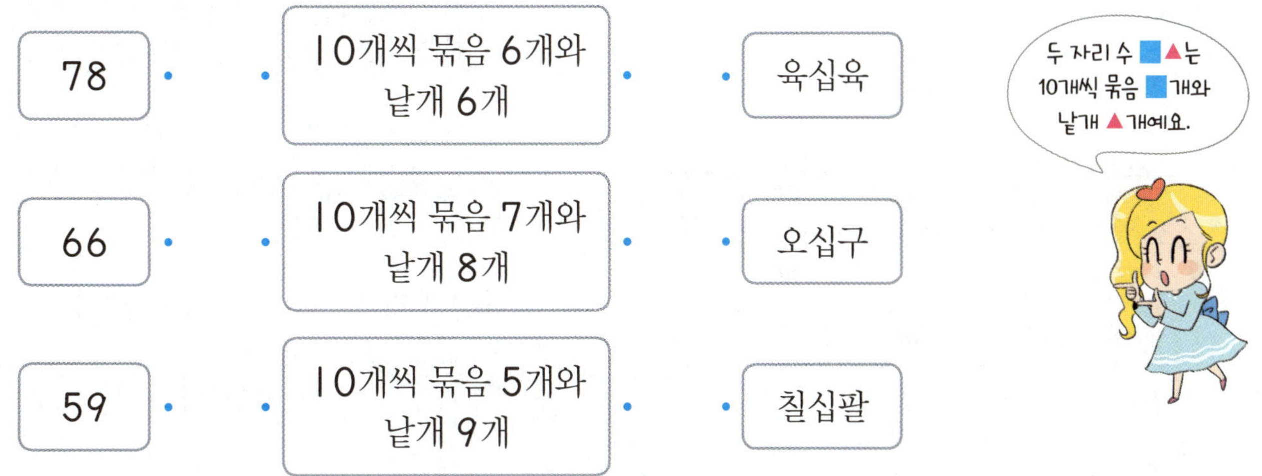

● **60, 70, 80, 90 알아보기**

(1~2) 수를 세어 써 보세요.

1

( )

2

( )

(3~4) 10개씩 묶고 수를 세어 써 보세요.

3

( )

4

( )

(5~6) ☐ 안에 알맞은 수를 써넣으세요.

5 10개씩 묶음 7개를 ☐ (이)라고 합니다.

6 10개씩 묶음 8개를 ☐ (이)라고 합니다.

● **99까지의 수 알아보기 (1)**

(7~8) 그림을 보고 ☐ 안에 알맞은 수를 써 넣으세요.

7
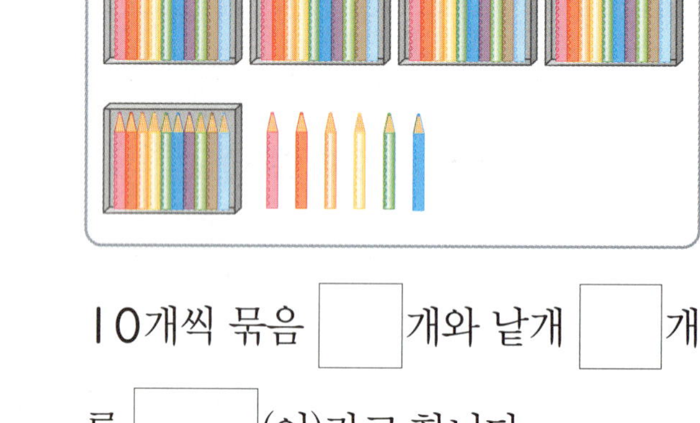

10개씩 묶음 ☐ 개와 낱개 ☐ 개 를 ☐ (이)라고 합니다.

8

10개씩 묶음 ☐ 개와 낱개 ☐ 개 를 ☐ (이)라고 합니다.

월   일

[9~11] 수로 써 보세요.

9 | 예순아홉 | (   )

10 | 구십사 | (   )

11 | 여든다섯 | (   )

[12~14] 수를 두 가지로 읽어 보세요.

12 | 53 |

읽기 (,   )

13 | 68 |

읽기 (,   )

14 | 96 |

읽기 (,   )

● **99까지의 수 알아보기 (2)**

[15~17] 연결 모형을 10개씩 묶고 수를 세어 써 보세요.

15

10개씩 묶음	낱개

⇨

16

10개씩 묶음	낱개

⇨

17

10개씩 묶음	낱개

⇨

1 단원

수의 순서를 알아볼까요

엘리엇, 수업 시간에 졸면 안 되지!
안 졸았어요. 오늘 배운 거 생각하고 있었어요.
스윽
그럼 99보다 1만큼 더 큰 수는?!
〈오늘 배울 내용〉
99보다 1 만큼 더 큰 수는?
모르겠어요….
헤헤
휴~ 다시 설명해 줄 테니 잘 들으렴.
99보다 1만큼 더 큰 수는 100이라 하고 백이라고 읽는단다.
100 (백)
99보다 1만큼 더 큰 수는 100이에요.
아 핫
잘했어. 오늘 수업은 여기… 헉! 벌써 갔군….
〈오늘 배운 내용〉
휴잉~
타 다 다
와~ 신난다. 놀러 가야지~.
아저씨! 저 좀 태워주세요~.
그래.
어디로 갈거니?
에디슨 집이요.
에디슨에게 오늘 본 이상한 사람들 이야기 해 줘야지~.
다 닥-
다그 닥-

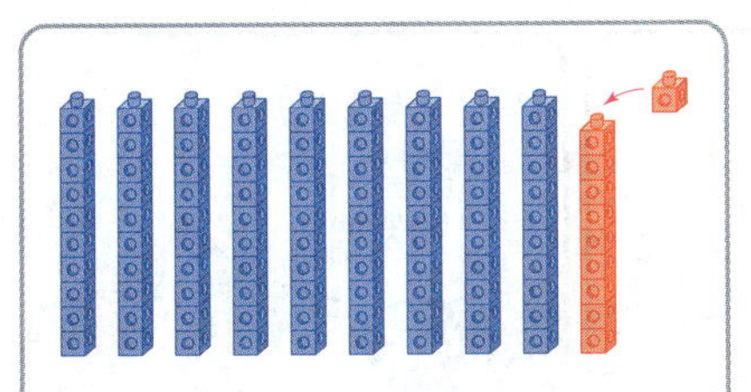

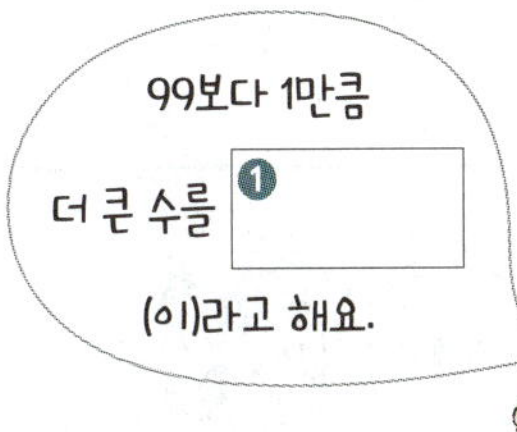

개념 클릭

• 수의 순서 알아보기

100

백

90 — 91 — 92 — 93 — 94 — 95 — 96 — 97 — 98 — 99 — 100

94보다 1만큼 더 작은 수 ←   → 94보다 1만큼 더 큰 수

정답 | ❶ 100

1 수의 순서대로 빈칸에 알맞은 수를 써넣으세요.

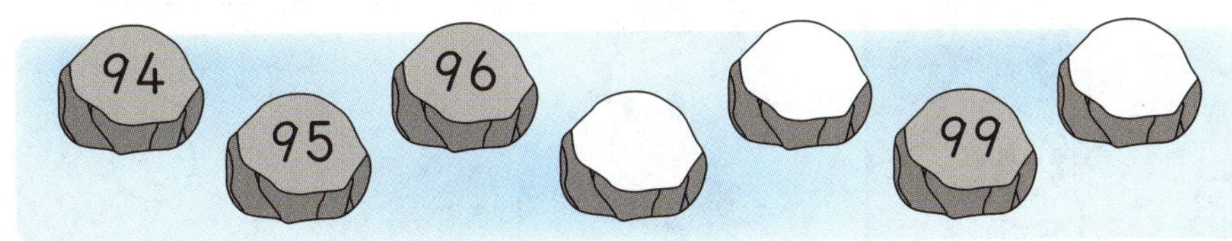

2 ☐ 안에 알맞은 수나 말을 써넣으세요.

99보다 1만큼 더 큰 수를 ☐ (이)라 하고 ☐ (이)라고 읽습니다.

(3~5) ☐ 안에 알맞은 수를 써넣으세요.

3 58보다 1만큼 더 작은 수는 ☐ 입니다.

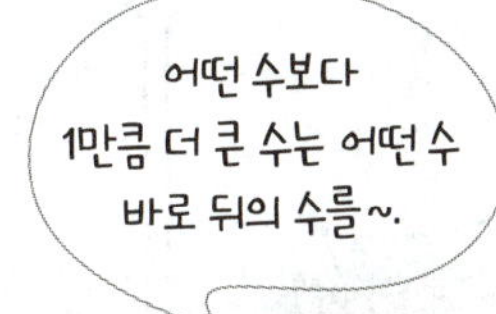

4 59보다 1만큼 더 큰 수는 ☐ 입니다.

5 62보다 1만큼 더 작은 수는 ☐ 입니다.

수의 크기를 비교해 볼까요

• 수의 크기 비교하기

|0개씩 묶음의 수가 다르면
|0개씩 묶음의 수가 클수록 큰 수입니다.

|0개씩 묶음의 수가 같으면
낱개의 수가 클수록 큰 수입니다.

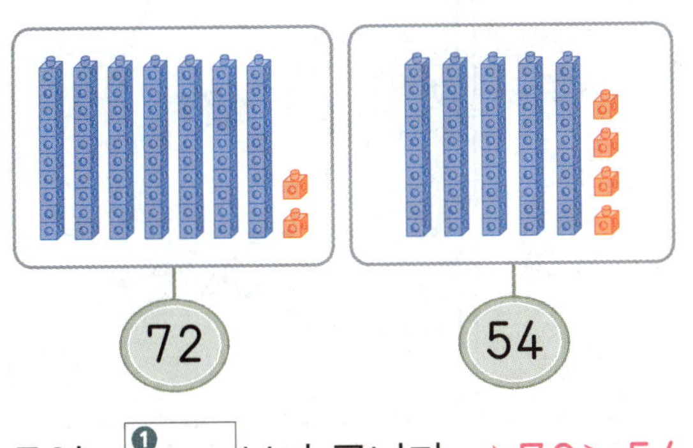

72　　54

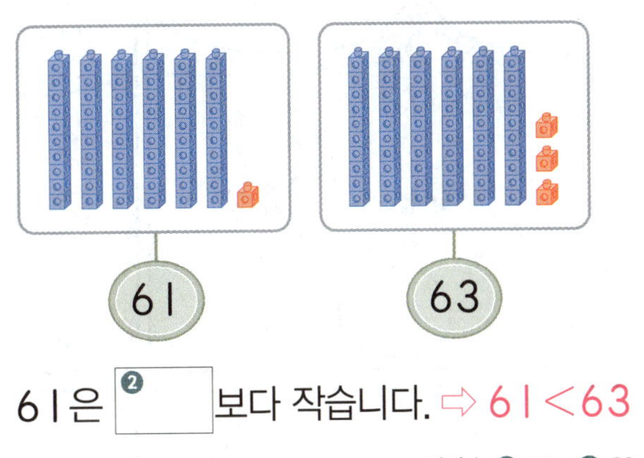

61　　63

72는 [①]　보다 큽니다. ⇨ 72 > 54

61은 [②]　보다 작습니다. ⇨ 61 < 63

정답 | ❶ 54　❷ 63

(1~2) 그림을 보고 74와 58의 크기를 비교하려고 합니다. 물음에 답하세요.

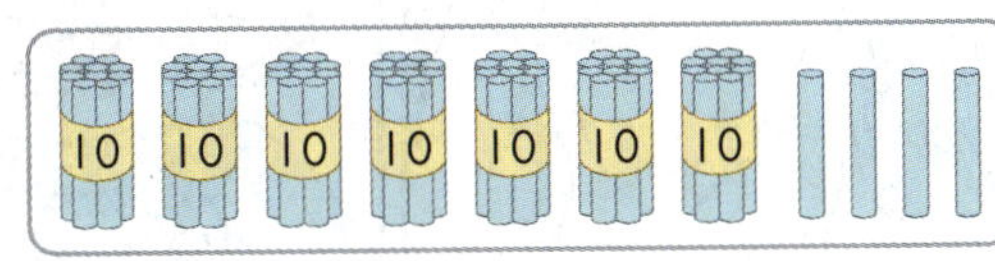
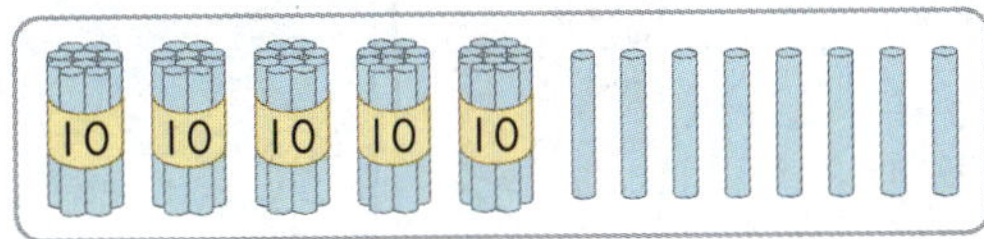

1 알맞은 수나 말에 ◯표 하세요.

┌ |0개씩 묶음의 수가 더 큰 수는 (74 , 58)입니다.
└ 74는 58보다 (큽니다 , 작습니다).

2 두 수의 크기를 비교하여 ◯ 안에 >, <를 알맞게 써넣으세요.

74 ◯ 58

(3~4) 두 수의 크기를 비교하여 ◯ 안에 >, <를 알맞게 써넣으세요.

3
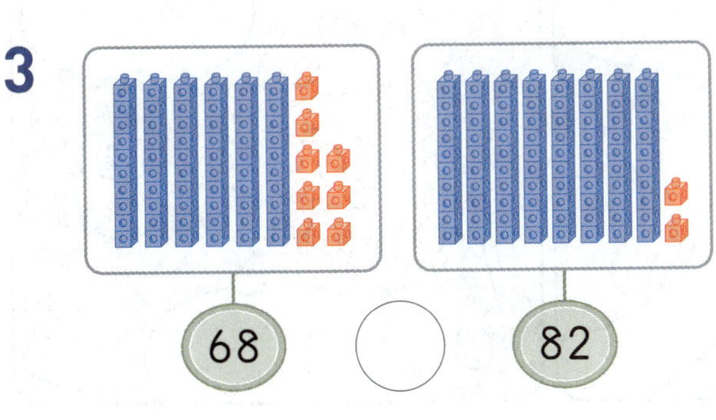

68　　　82

4
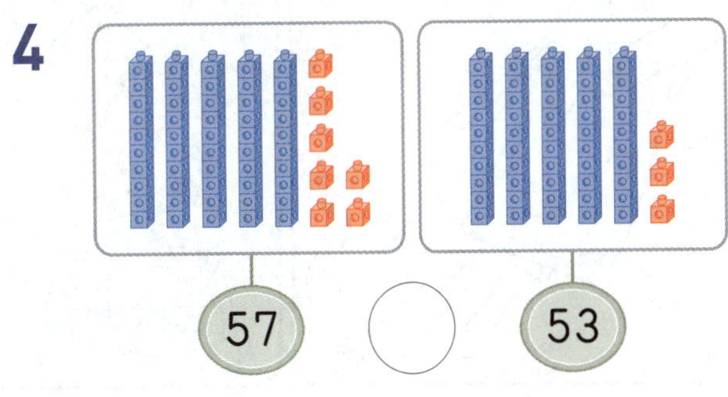

57　　　53

짝수와 홀수를 알아볼까요

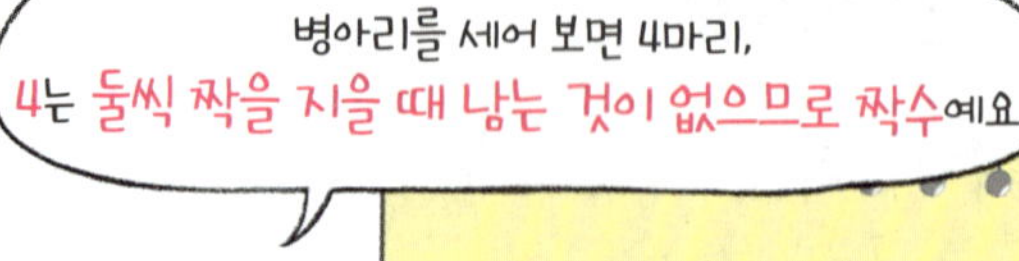

2, 4, 6, 8, 10과 같이 둘씩 짝을 지을 때 남는 것이 없는 수를 **짝수**라고 합니다.

• 짝수 알아보기

 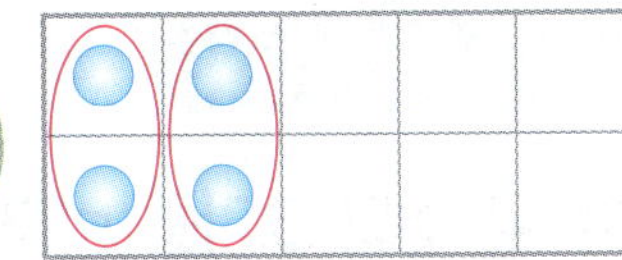

2, 4, 6, 8, 10, 12와 같이 둘씩 짝을 지을 때 남는 것이 없는 수를 ❶ ☐ 라고 합니다.

• 홀수 알아보기

 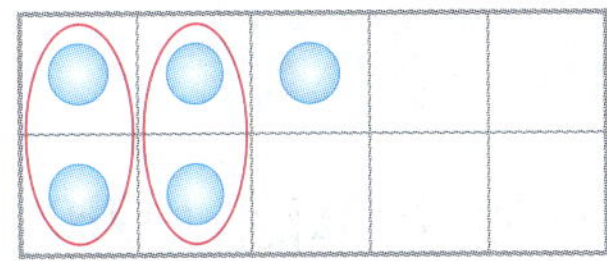

1, 3, 5, 7, 9, 11과 같이 둘씩 짝을 지을 때 하나가 남는 수를 ❷ ☐ 라고 합니다.

정답 | ❶ 짝수 ❷ 홀수

1
단원

(1~2) 그림을 보고 물음에 답하세요.

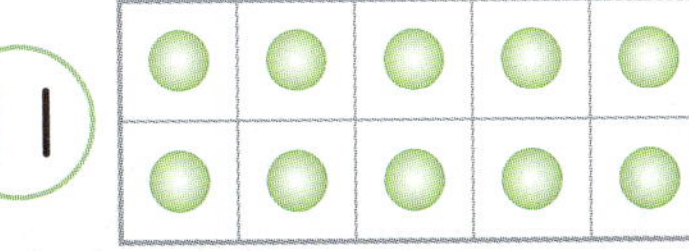
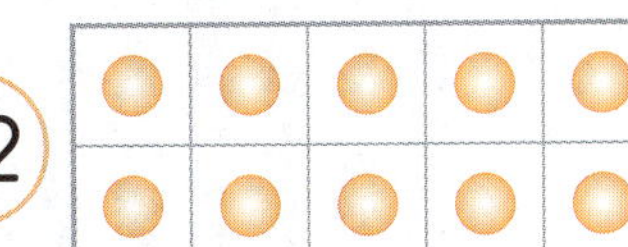

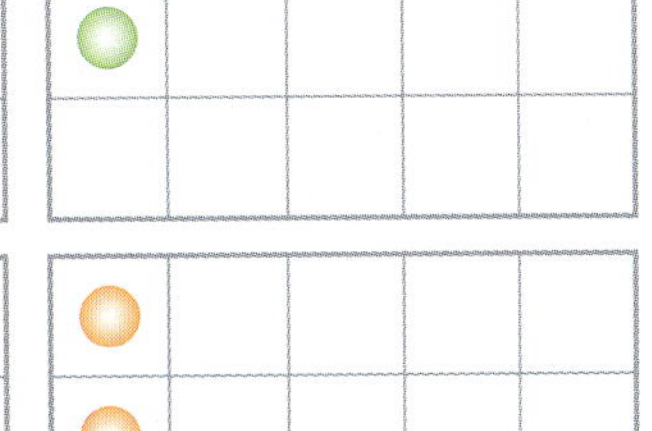

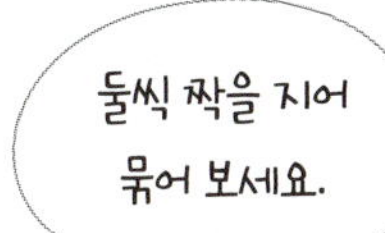

1   같은 색 구슬끼리 둘씩 짝을 지어 묶어 보세요.

2   ☐ 안에 '짝수' 또는 '홀수'를 써넣으세요.

11은 ☐ 입니다.

12는 ☐ 입니다.

(3~4) 구슬의 수를 세어 쓰고 둘씩 짝을 지어 짝수인지 홀수인지 ◯표 하세요.

3    ☐

(짝수, 홀수)

4    ☐

(짝수, 홀수)

[1~4] 수의 순서대로 빈칸에 알맞은 수를 써 넣으세요.

1 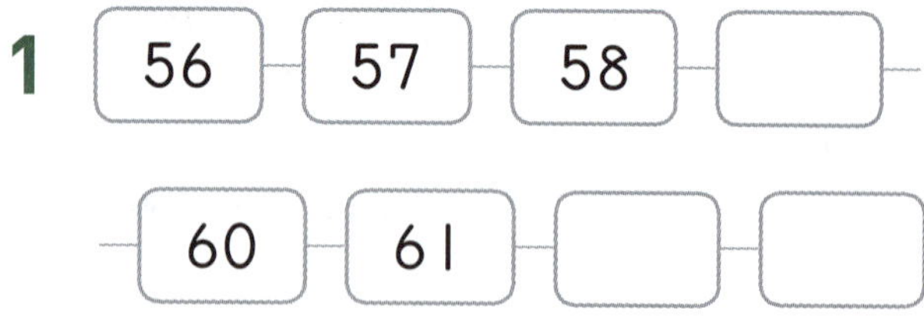

2 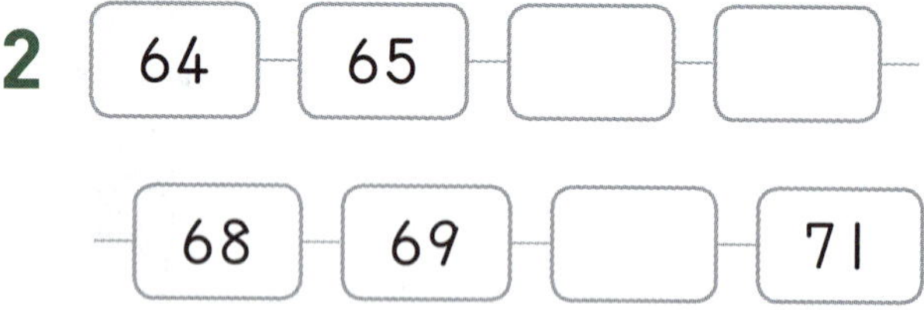

3 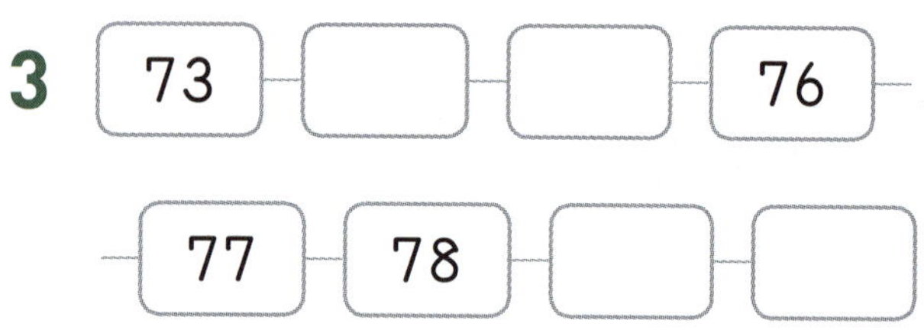

4 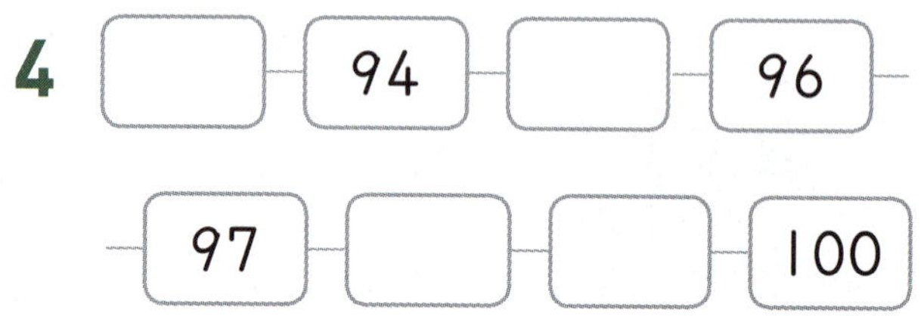

[5~8] 두 수의 크기를 비교하여 알맞은 말에 ○표 하세요.

5 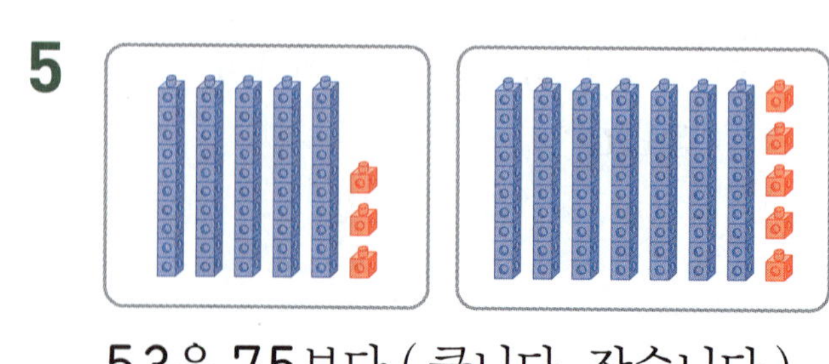

53은 75보다 (큽니다, 작습니다).

6 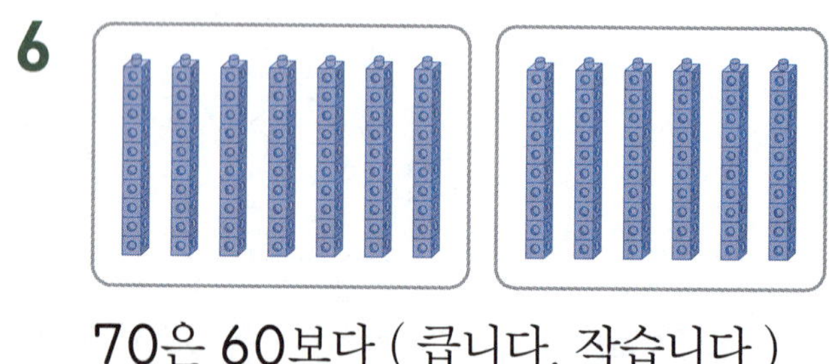

70은 60보다 (큽니다, 작습니다).

7 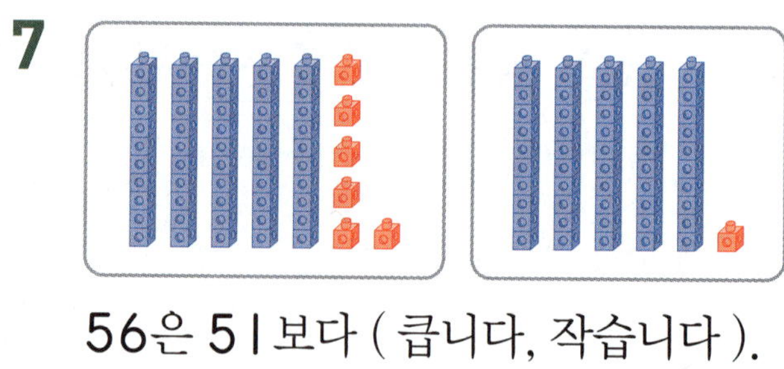

56은 51보다 (큽니다, 작습니다).

8 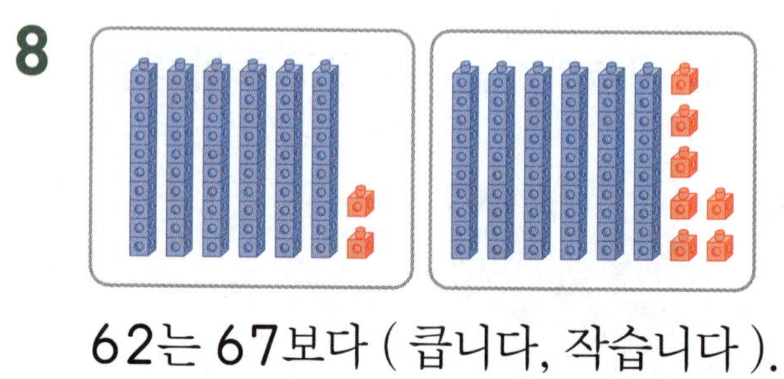

62는 67보다 (큽니다, 작습니다).

(9~11) 더 큰 수에 ◯표 하세요.

9

| 71 | 56 |

10

| 59 | 63 |

11

| 82 | 80 |

(12~14) 두 수의 크기를 비교하여 ◯ 안에 >, <를 알맞게 써넣으세요.

12 74 ◯ 79

13 65 ◯ 85

14 96 ◯ 89

짝수와 홀수 알아보기

(15~17) 둘씩 짝을 지어 보고 짝수인지 홀수인지 ◯표 하세요.

15 ⑤ 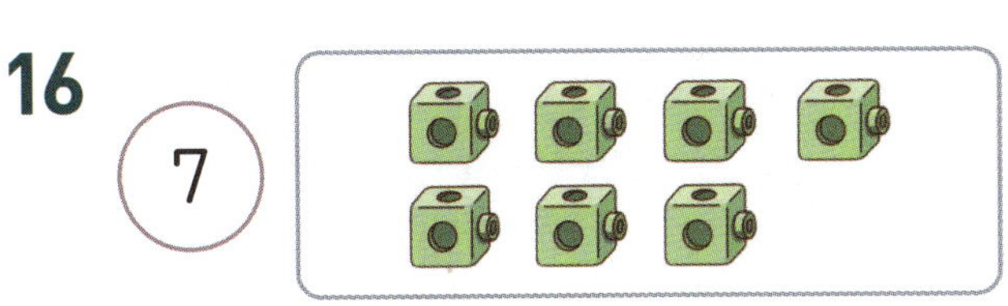

5는 (짝수, 홀수)입니다.

16 ⑦ 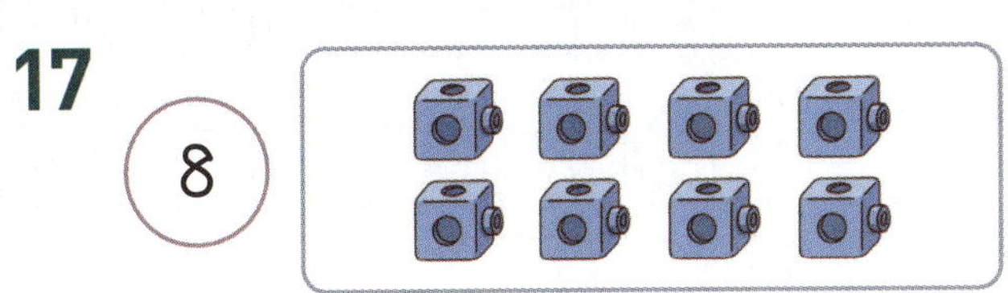

7은 (짝수, 홀수)입니다.

17 ⑧

8은 (짝수, 홀수)입니다.

(18~20) 수를 보고 짝수이면 '짝', 홀수이면 '홀'이라고 써 보세요.

18 | 10 | ⇨ (   )

19 | 22 | ⇨ (   )

20 | 17 | ⇨ (   )

1 IO개씩 묶고 ☐ 안에 알맞은 수를 써넣으세요.

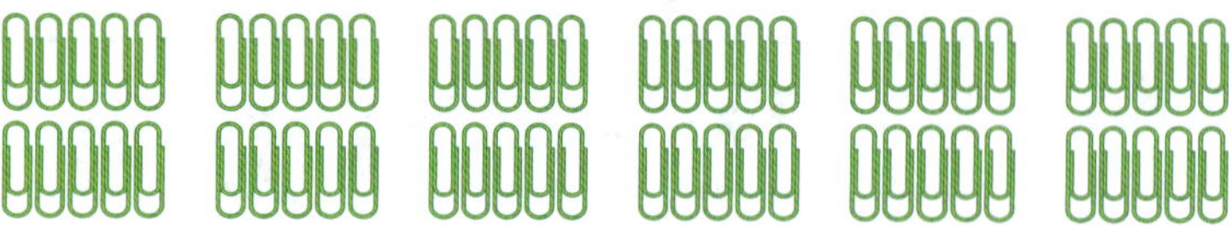

IO개씩 묶음 ☐ 개 ⇨ ☐

2 그림을 보고 ☐ 안에 알맞은 수를 써넣으세요.

IO개씩 묶음 ☐ 개와 낱개 ☐ 개를 ☐ (이)라고 합니다.

· 10개씩 묶음의 수와 낱개의 수를 세어 봅니다.

3 알맞게 선으로 이어 보세요.

60	· ·	육십	· ·	여든
80	· ·	구십	· ·	아흔
90	· ·	팔십	· ·	예순

월 　 일

(4~5) 수를 세어 쓰고 두 가지로 읽어 보세요.

4

10개씩 묶음	낱개

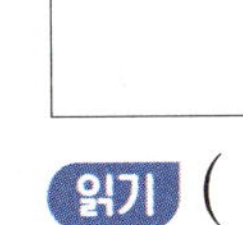

읽기 (　　　　　　, 　　　　　　)

5

10개씩 묶음	낱개

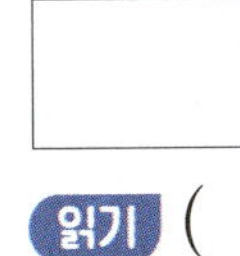

읽기 (　　　　　　, 　　　　　　)

6 빈칸에 알맞은 수를 써넣으세요.

|만큼 더 작은 수　　　　　　　　　　|만큼 더 큰 수

◯　——　87　——　◯

7 원숭이의 수를 세어 쓰고 짝수인지 홀수인지 ◯표 하세요.

(짝수, 홀수)

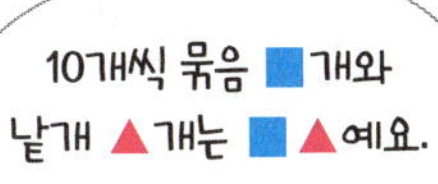

1 단원

· 짝수: 둘씩 짝을 지을 때
　남는 것이 없는 수
· 홀수: 둘씩 짝을 지을 때
　하나가 남는 수

8 알맞게 선으로 이어 보세요.

육십삼	•	•	78	•	•	예순셋
칠십팔	•	•	63	•	•	아흔아홉
구십구	•	•	99	•	•	일흔여덟

9 수의 순서대로 빈칸에 알맞은 수를 써넣으세요.

| | 86 | 87 | 88 | | |

10 두 수의 크기를 비교하여 ◯ 안에 >, <를 알맞게 써넣고 알맞은 말에 ◯표 하세요.

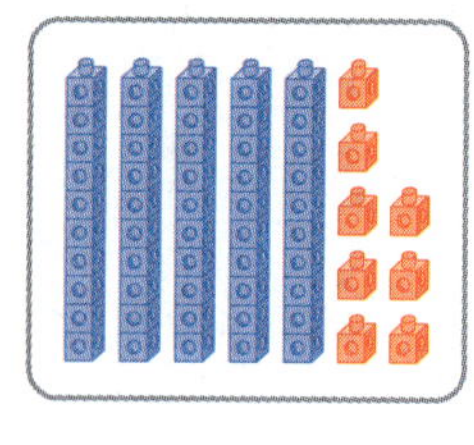 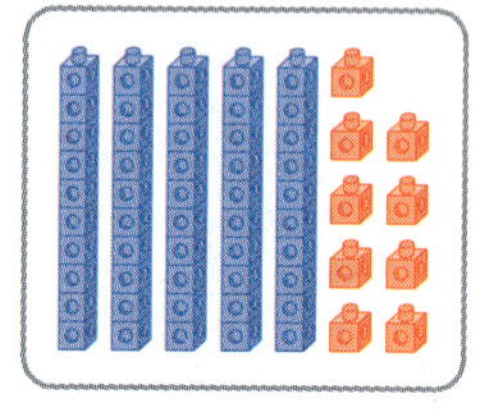

58 ◯ 59

58은 59보다 (큽니다, 작습니다).

11 짝수를 모두 찾아 ◯표, 홀수를 모두 찾아 △표 하세요.

1	2	3	4	5	6	7	8	9	10
11	12	13	14	15	16	17	18	19	20

12 두 수의 크기를 비교하여 ◯ 안에 >, <를 알맞게 써넣으세요.

(1) 59 ◯ 70

(2) 81 ◯ 68

13 짝수는 빨간색으로, 홀수는 파란색으로 칠해 보세요.

14 짝수만 모여 있는 것을 찾아 ◯표 하세요.

(   )

(   )

(   )

• 짝수: 일의 자리 수가
　　　 0, 2, 4, 6, 8인 수
• 홀수: 일의 자리 수가
　　　 1, 3, 5, 7, 9인 수

15 가장 큰 수에 ◯표, 가장 작은 수에 △표 하세요.

83　　95　　79

[1~2] 수를 세어 쓰고 두 가지로 읽어 보세요.

1

쓰기 (   )

읽기 (,   )

2

쓰기 (   )

읽기 (,   )

3 ☐ 안에 알맞은 수를 써넣으세요.

89는 10개씩 묶음 ☐ 개와 낱개 ☐ 개입니다.

4 ☐ 안에 알맞은 수를 써넣으세요.

100은 99보다 ☐ 만큼 더 큰 수 입니다.

5 10개씩 묶고 ☐ 안에 알맞은 수를 써 넣으세요.

10개씩 묶음 ☐ 개이므로 ☐ 입니다.

6 빈칸에 알맞은 수를 써넣으세요.

1만큼 더 작은 수		1만큼 더 큰 수
	90	

7 수의 순서대로 빈칸에 알맞은 수를 써 넣으세요.

58	59		61	

8 그림을 보고 짝수인지 홀수인지 ◯표 하세요.

6은 (짝수, 홀수)입니다.

9 연결 모형을 세어 수를 쓰고 더 큰 수에 ◯표 하세요.

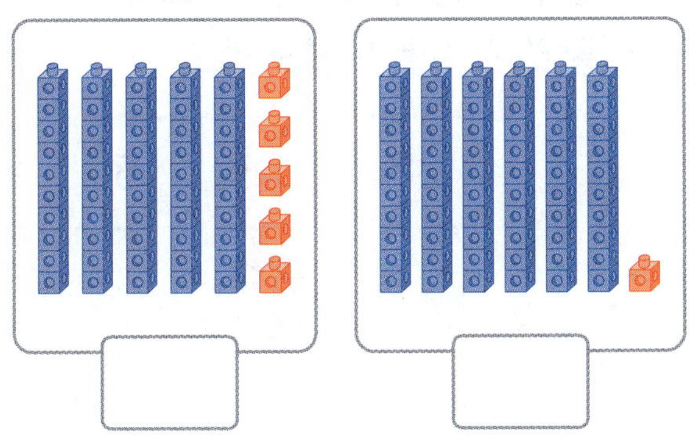

10 알맞게 선으로 이어 보세요.

구십칠	오십팔	팔십이

58	82	97

쉰여덟	아흔일곱	여든둘

11 두 수의 크기를 비교하여 ◯ 안에 >, < 를 알맞게 써넣으세요.

90 ◯ 59

12 짝수에 ◯표 하세요.

11	7	10

13 수의 순서대로 빈칸에 알맞은 수를 써 넣으세요.

83	84		86		
89	90	91		93	
		97	98		

14 가장 작은 수에 △표 하세요.

83	57	59

15 색연필의 수를 옳게 말한 사람의 이름을 써 보세요.

> 수아: 색연필은 10자루씩 묶음 6개
> 와 낱개 5자루로 65자루야.
> 지은: 색연필이 쉰여섯 자루 있어.
> 헌재: 색연필이 예순여섯 자루 있어.

(   )

16 지민이가 공깃돌을 한 통에 10개씩 담았더니 7통이 되고, 3개가 남았습니다. 공깃돌은 모두 몇 개일까요?

(   )

17 윤호는 사과 60개를 한 상자에 10개씩 모두 담았습니다. 사과가 담긴 상자는 몇 개가 될까요?

(   )

18 87보다 크고 90보다 작은 수는 모두 몇 개일까요?

(   )

19 홀수를 골라 크기를 비교하여 ◯ 안에 알맞은 수를 써넣으세요.

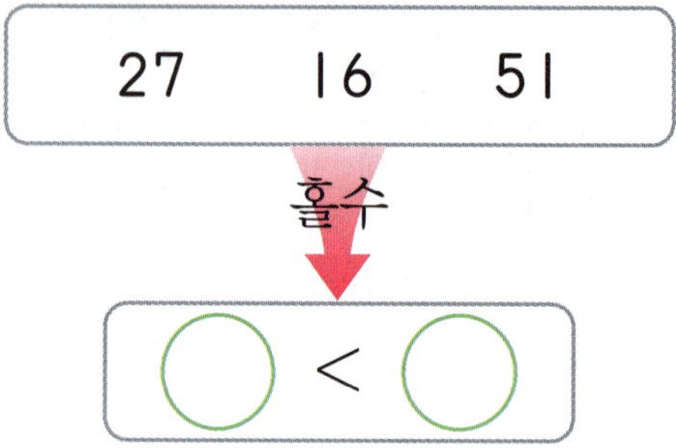

20 수수깡이 10개씩 묶음 7개와 낱개 14개가 있습니다. 수수깡은 모두 몇 개일까요?

(   )

스스로 학습장은 이 단원에서 배운 것을 확인하는 코너입니다.
몰랐던 것은 꼭 다시 공부해서 내 것으로 만들어 보아요.

🟠 에디슨과 엘리엇이 들고 있는 카드에 적힌 수에 대해 떠오르는 것을 보고 맞으면
○표, **틀리면** ×표 하세요.

1

2

2

덧셈과 뺄셈 (1)

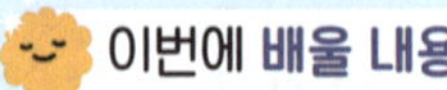

QR 코드를 찍어 개념 동영상 강의를 보세요. 게임도 하고 문제도 풀 수 있어요.

이번에 배울 내용

- 세 수의 덧셈
- 세 수의 뺄셈
- 10이 되는 더하기
- 10에서 빼기
- 10을 만들어 더하기

삼촌 여기예요.
빨리 오세요.
어, 그래~.

줄 서시고
표를 주세요.

자, 어린이 3명,
어른 1명이면…

으악~,
총 몇 명인 거야?
모르겠다~.
3＋1을
하면 되잖아요.

더하기는 ＋로 같다는 ＝로 나타내고,
3＋1＝4이니까 모두 4명이에요.
3＋1＝4
3 더하기 1은 4와 같습니다.
3과 1의 합은 4입니다.

오~
당신은 수학 천재?
대단해요!
제가
잠좀
으쓱
감사합니다.

수아야~ 봤니?
삼촌보고 천재라는구나!
휘!

어라?
다들 어디갔지?
두리번~
두리번~
쌩~

나만 두고
가다니!!

얘들아~
수학 천재 삼촌이랑
같이 가야지~!

철퍼덕~
으악!
쿵!

2 단원

세 수의 덧셈을 해 볼까요

우와 아ー
솜사탕
놀이동산이라니~ 너무 신난다!
흠, 재미있어 보이긴 하네.
얘들아, 같이 가!
우와~ 저기 신기한 게 있어!
가보자!
나 누구랑 얘기하니?
솜사탕
이게 뭐지? 달콤한 냄새가 나.
그러게! 생긴 건 솜뭉치 같은데!
이건 솜사탕이야. 아주 부드럽고 달콤해~.
솜사탕? 맛있겠다!
노란색 4개, 파란색 1개, 분홍색 3개가 있어~.
솜사탕 수는 두 수를 더해 나온 수에 나머지 한 수를 더하면 모두 8개야.
4+1+3=8
5
8
으음….
맛있겠다.
알았어~ 나도 먹고 싶었단 말이야.
여기 솜사탕 전부 주세요.
이걸 다!?

개념클릭

• 세 수의 덧셈 — $4+1+3$의 계산

$$4+1=5$$
$$\boxed{1}+3=8$$

$$4+1+3=\boxed{2}$$
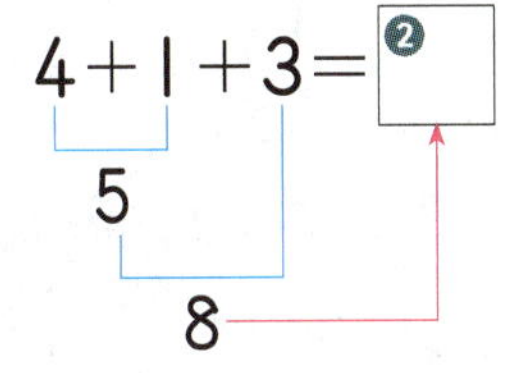

은행잎 4장, 나뭇잎 1장, 단풍잎 3장이 있어요.

⇨ 두 수를 더해 나온 수에 나머지 한 수를 더합니다.

정답 | ❶ 5　❷ 8

2단원

1 파란색 구슬 2개, 분홍색 구슬 2개, 노란색 구슬 4개가 있습니다. 물음에 답하세요.

(1) 그림을 보고 □ 안에 알맞은 수를 써넣으세요.

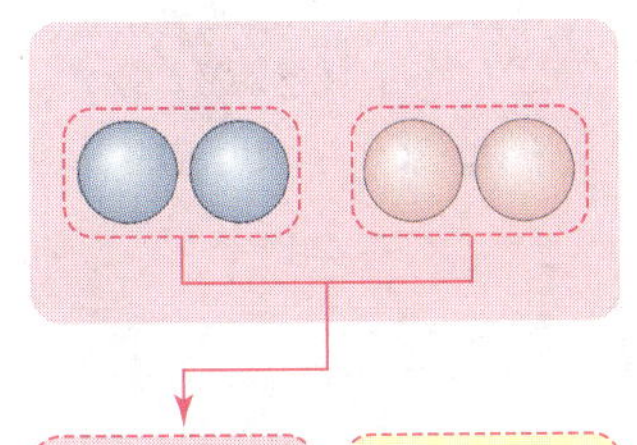
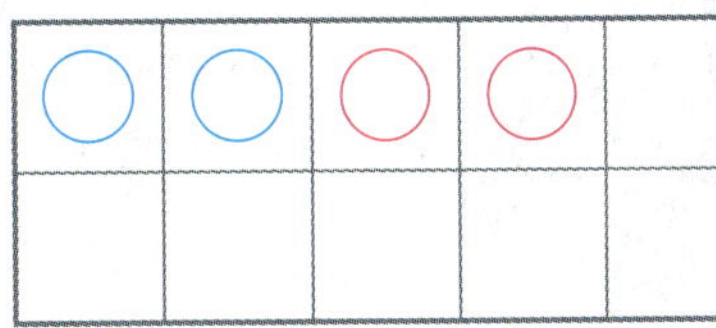

$$2+2=\boxed{}$$

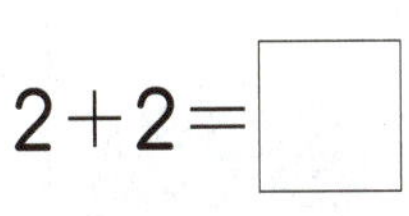

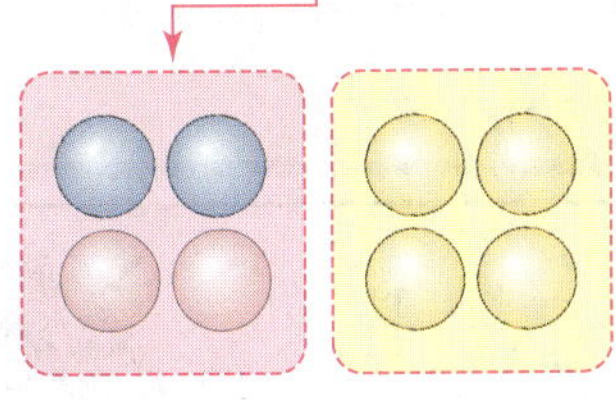
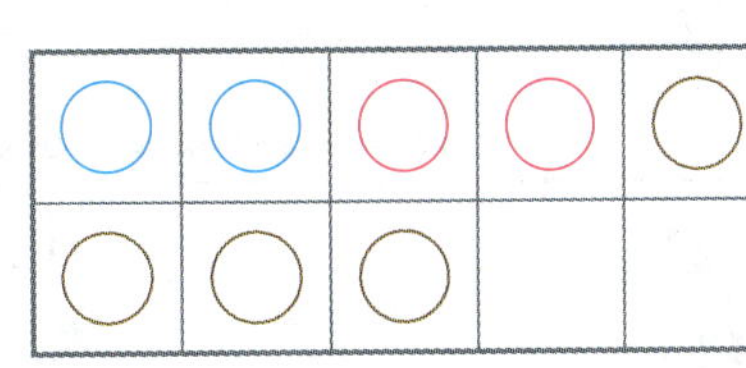

$$4+4=\boxed{}$$

(2) 구슬은 모두 몇 개인지 식으로 나타내 구하세요.

$$2+2+\boxed{}=\boxed{}$$

(2~4) □ 안에 알맞은 수를 써넣으세요.

2 $1+2+3=\boxed{}$
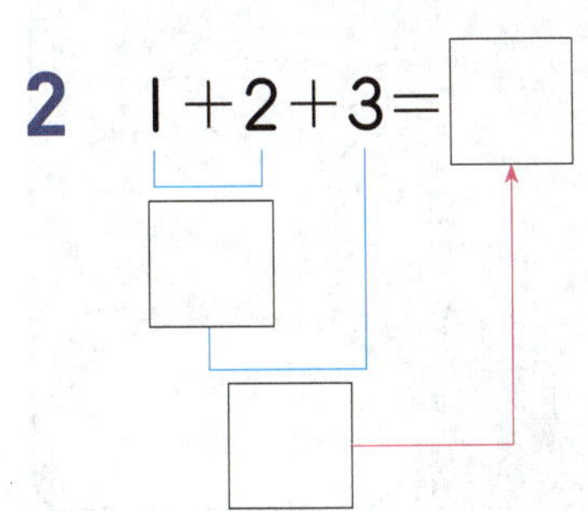

3 $3+5+1=\boxed{}$
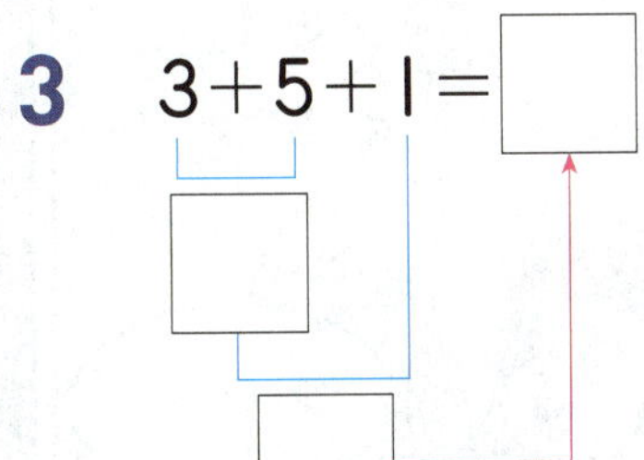

4 $1+3+3=\boxed{}$
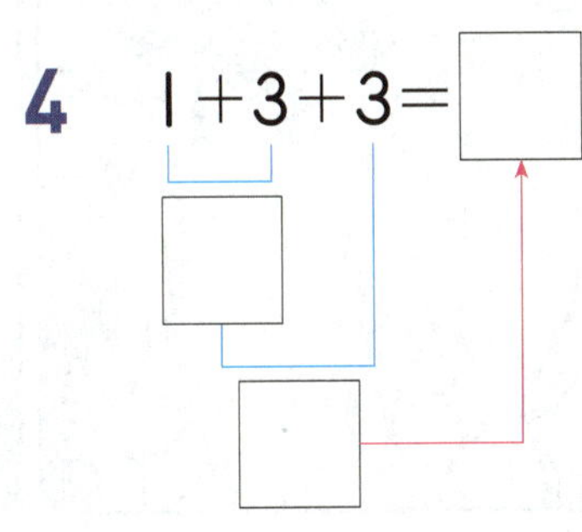

세 수의 뺄셈을 해 볼까요

솜사탕! 이거 맛있네.
엘리엇은 용돈이 많은가 봐.

내 용돈?
응응

일주일 용돈이 9달러야. 어제 인형을 산다고 3달러를 썼어.
3$

오늘은 솜사탕 값으로 2달러 썼으니 얼마 남았지?

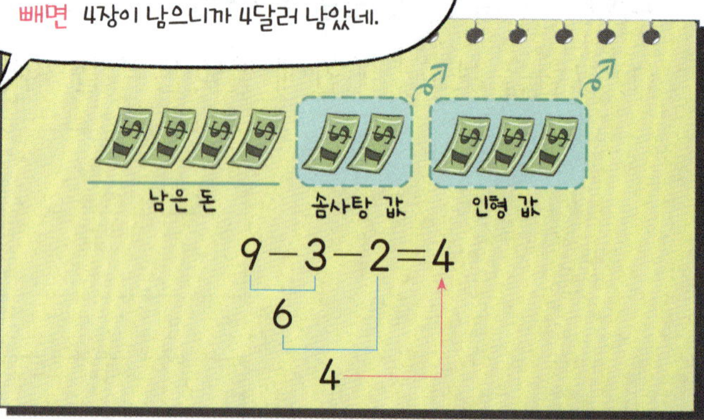
앞의 두 수를 빼서 나온 수에서 나머지 한 수를 빼면 4장이 남으니까 4달러 남았네.
남은 돈   솜사탕 값   인형 값
9 - 3 - 2 = 4
6
4

너 수학 좀 한다?
그런가?
빨리 수아랑 내가 살던 시대로 돌아가야 하는데….

어떻게 하면 돌아갈 수 있을까?

얘들아 저기 봐! 새로운 놀이기구가 있어.
공포의 특급열차
가자!

삼촌 뭐해요? 빨리 오세요.
분명 이 책에 비밀이.
탈탈
휘리릭~

삼촌! 이 놀이기구 타고 싶어요.
왜 이런 걸~

공포의 특급열차
오싹~
입구부터가 마음에 안 들어.

- **세 수의 뺄셈** — 9—3—2의 계산

$$9-3=6$$
$$\boxed{\text{①}}-2=4$$

$$9-3-2=\boxed{\text{②}}$$

전구 9개 중에서 먼저 3개가 꺼진 다음 2개가 꺼졌어요.

⇨ 앞의 두 수를 빼서 나온 수에서 나머지 한 수를 뺍니다.

정답 | ❶ 6 ❷ 4

1 사탕 7개 중에서 민아가 1개를 먹고 준우가 4개를 먹었습니다. 물음에 답하세요.

(1) 그림을 보고 ☐ 안에 알맞은 수를 써넣으세요.

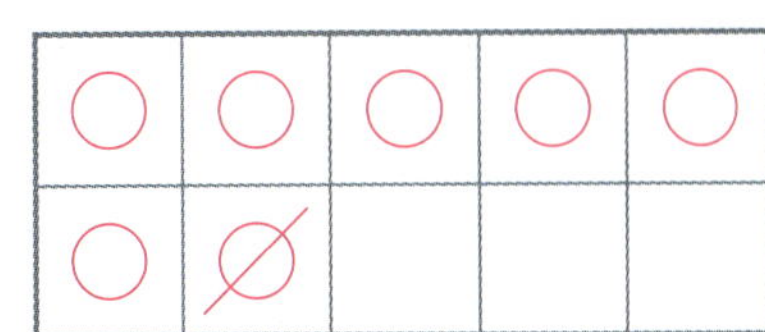

$$7-1=\boxed{}$$

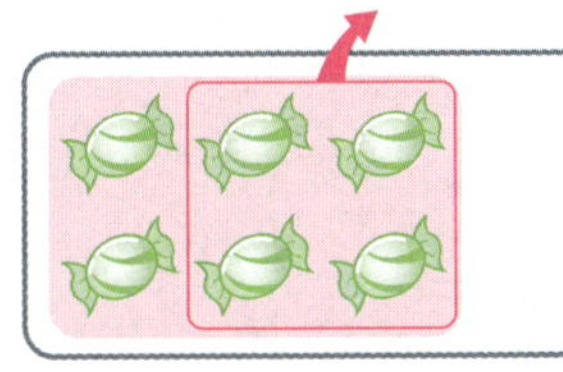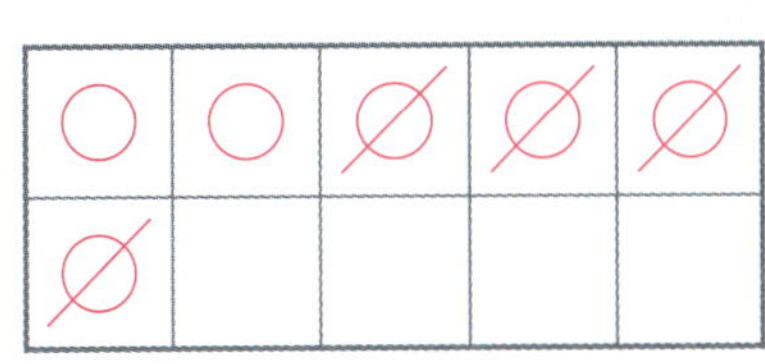

$$6-4=\boxed{}$$

(2) 남은 사탕은 몇 개인지 식으로 나타내 구하세요.

$$7-1-\boxed{}=\boxed{}$$

(2~4) ☐ 안에 알맞은 수를 써넣으세요.

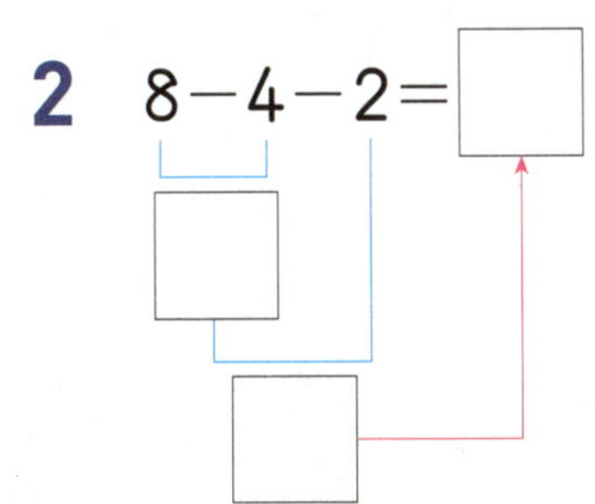

2 $8-4-2=\boxed{}$

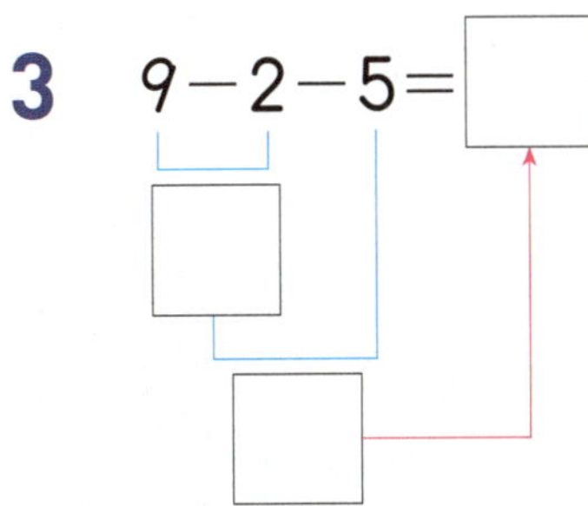

3 $9-2-5=\boxed{}$

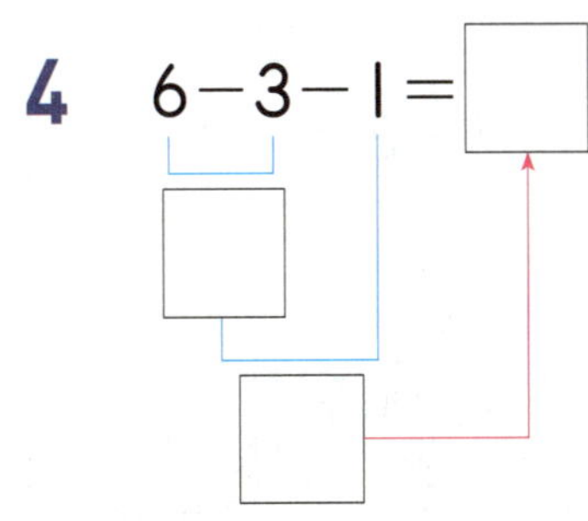

4 $6-3-1=\boxed{}$

● 세 수의 덧셈

(1~2) 그림을 보고 덧셈을 해 보세요.

1

$$4+2+3=\boxed{}$$

2

$$4+1+4=\boxed{}$$

(3~8) ☐ 안에 알맞은 수를 써넣으세요.

3 $5+1+2=\boxed{}$

$5+1=\boxed{}$

$\boxed{}+2=\boxed{}$

4 $1+3+4=\boxed{}$

$1+3=\boxed{}$

$\boxed{}+4=\boxed{}$

5 $2+6+1=\boxed{}$

$2+6=\boxed{}$

$\boxed{}+1=\boxed{}$

6 $1+5+3=\boxed{}$

$1+5=\boxed{}$

$\boxed{}+3=\boxed{}$

7 $3+3+2=\boxed{}$

$3+3=\boxed{}$

$\boxed{}+2=\boxed{}$

8 $4+2+1=\boxed{}$

$4+2=\boxed{}$

$\boxed{}+1=\boxed{}$

월 　 일

● 세 수의 뺄셈

(9~10) 그림을 보고 뺄셈을 해 보세요.

9

$9 - 1 - 2 = \boxed{}$

10

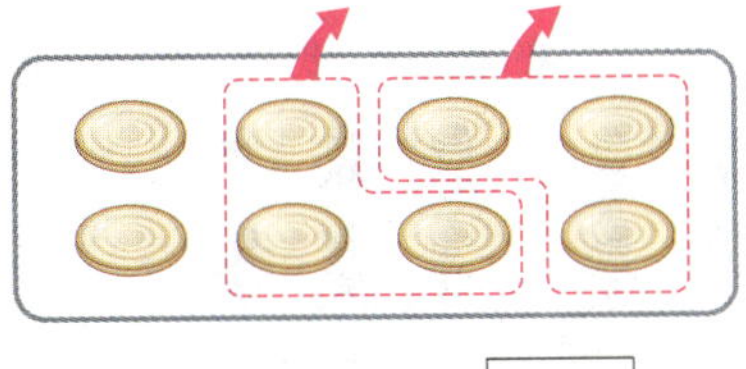

$8 - 3 - 3 = \boxed{}$

(11~16) $\boxed{}$ 안에 알맞은 수를 써넣으세요.

11 $6 - 2 - 1 = \boxed{}$

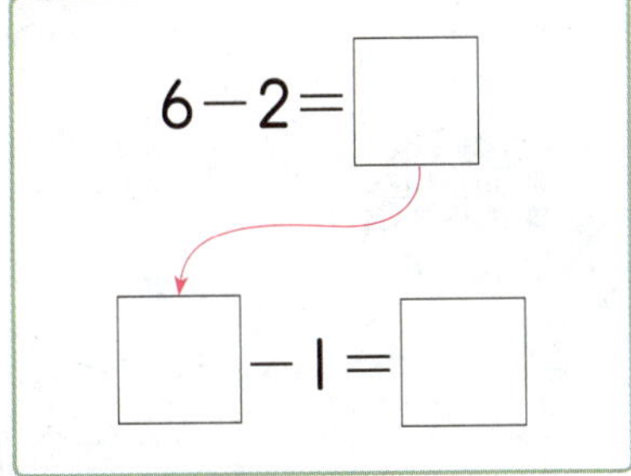

12 $8 - 2 - 5 = \boxed{}$

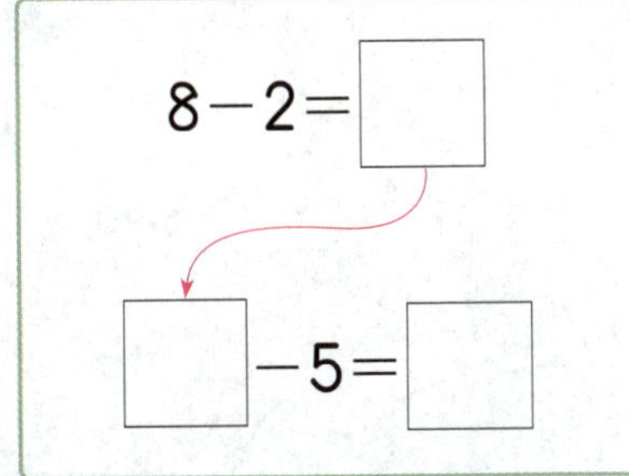

13 $5 - 1 - 2 = \boxed{}$

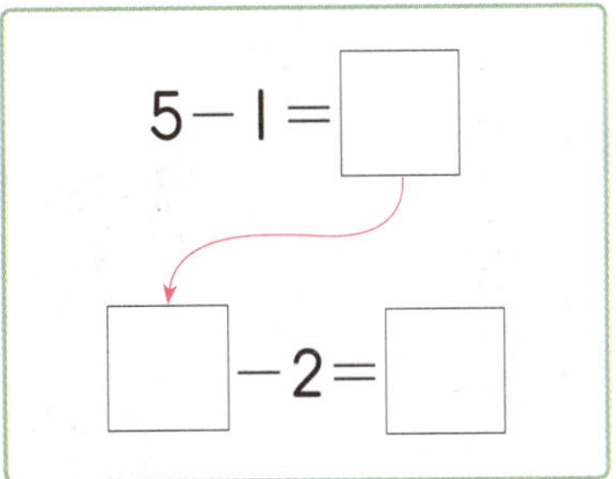

14 $7 - 3 - 2 = \boxed{}$

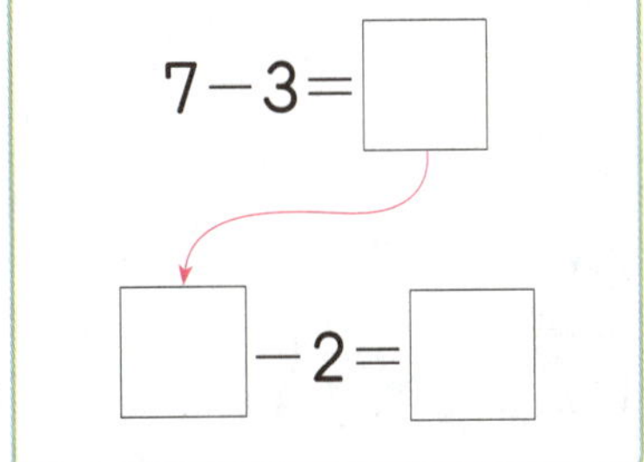

15 $9 - 5 - 1 = \boxed{}$

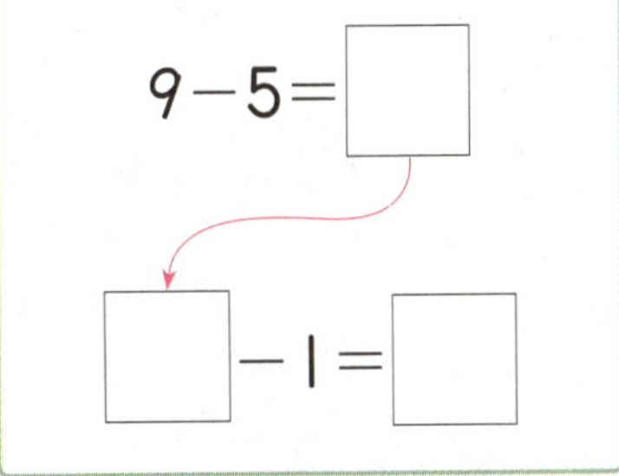

16 $7 - 1 - 3 = \boxed{}$

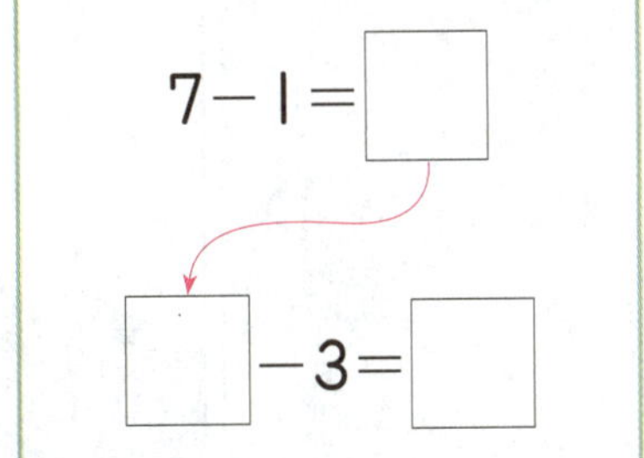

2 단원

10이 되는 더하기를 해 볼까요

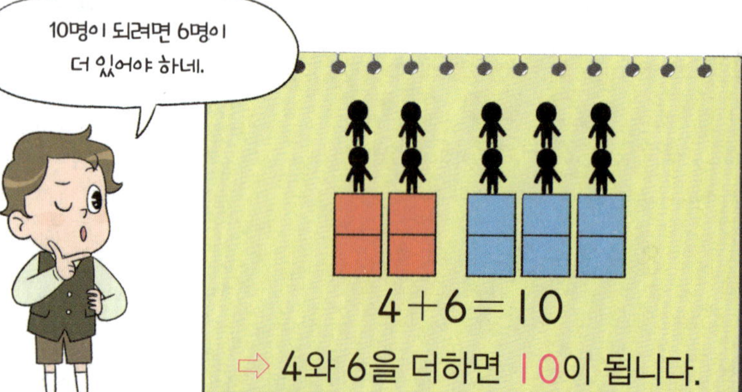

개념 클릭

• 10이 되는 더하기

$1+9=10$

$2+8=10$

$3+7=10$

$4+6=10$

$5+\boxed{❶}=10$

$6+4=10$

$7+\boxed{❷}=10$

$8+2=10$

$9+1=10$

정답 | ❶ 5 ❷ 3

2단원

1 그림을 보고 □ 안에 알맞은 수를 써넣고, 알맞은 말에 ◯표 하세요.

(1) $8+\boxed{}=10$

(2) $2+\boxed{}=10$

(3) 두 수를 바꾸어 더해도 결과가 (같습니다 , 다릅니다).

(2~5) 10이 되도록 빈칸에 ◯를 그리고, □ 안에 알맞은 수를 써넣으세요.

2
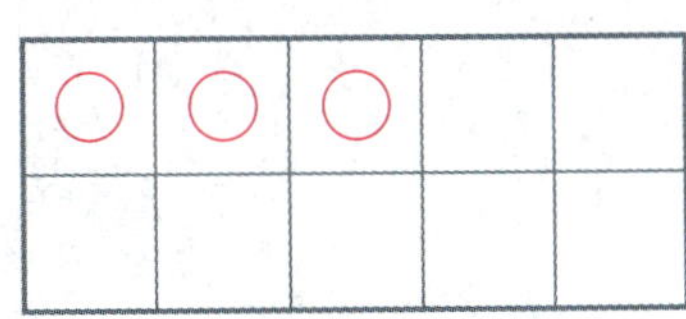

$3+\boxed{}=10$

3
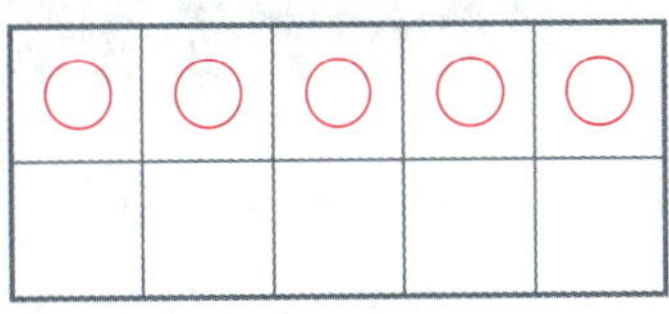

$5+\boxed{}=10$

4
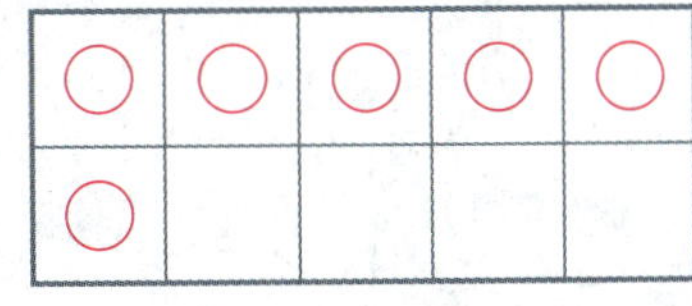

$6+\boxed{}=10$

5
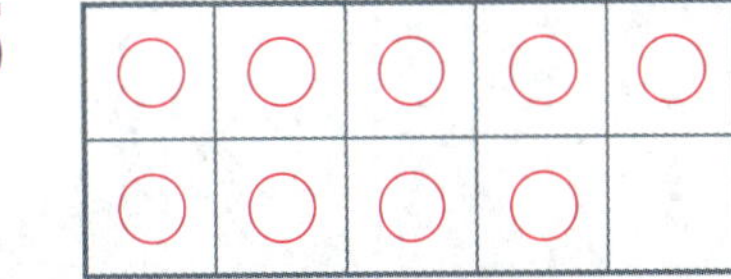

$9+\boxed{}=10$

10에서 빼기를 해 볼까요

$$10-4=6$$

⇨ 10에서 4를 빼면 6입니다.

개념 클릭

- 10에서 빼기

$10-1=9$
$10-2=8$
$10-3=7$
$10-4=6$
$10-\boxed{❶}=5$

$10-6=4$
$10-7=3$
$10-\boxed{❷}=2$
$10-9=1$

정답 | ❶ 5 ❷ 8

1 달걀판에 남은 달걀의 수를 구하세요.

(1) 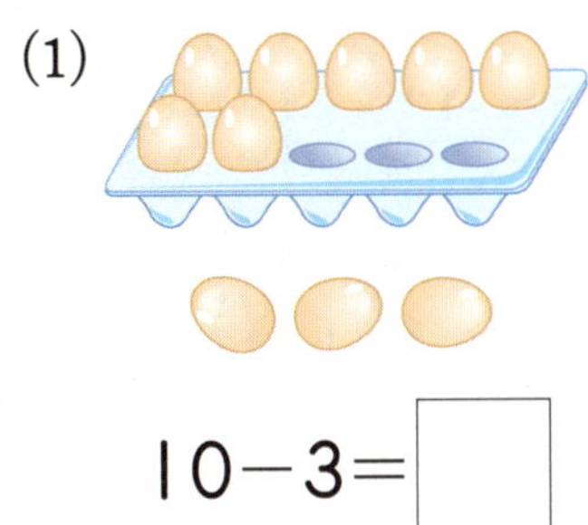

$10-3=\boxed{}$

(2) 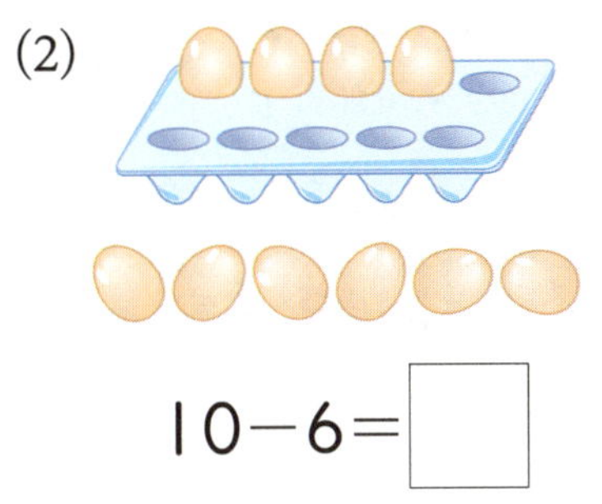

$10-6=\boxed{}$

(2~3) 그림을 보고 뺄셈을 해 보세요.

2 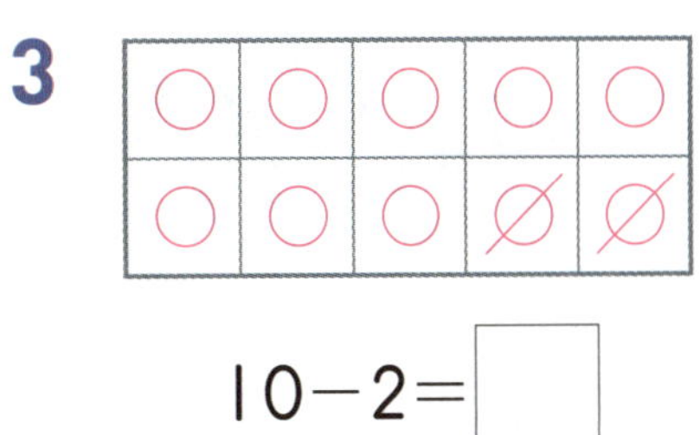

$10-5=\boxed{}$

3

$10-2=\boxed{}$

(4~5) 보라색 연결 모형은 노란색 연결 모형보다 몇 개 더 많은지 구하세요.

4 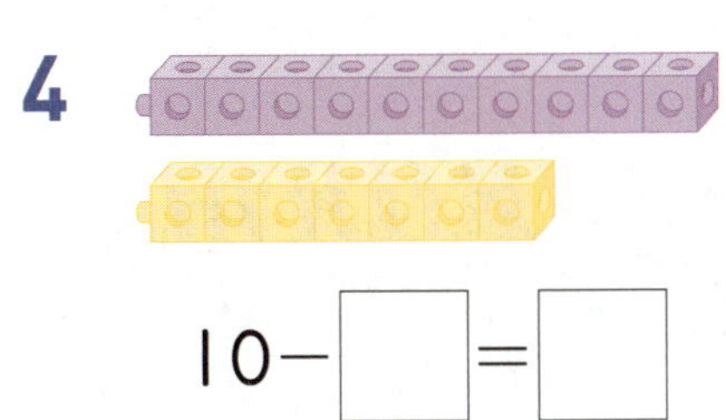

$10-\boxed{}=\boxed{}$

5 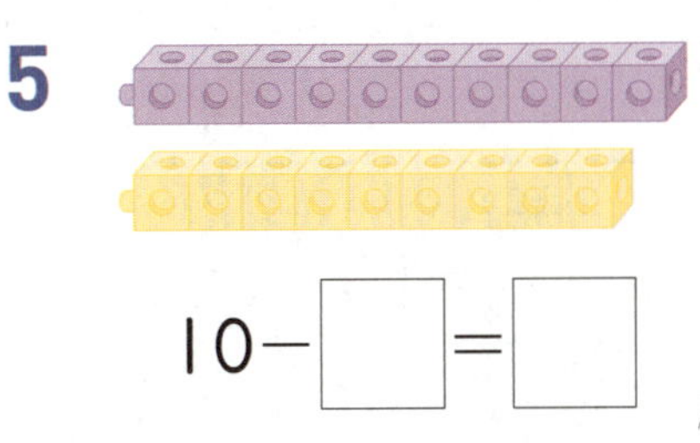

$10-\boxed{}=\boxed{}$

● 10이 되는 더하기

1 ☐ 안에 알맞은 수를 써넣으세요.

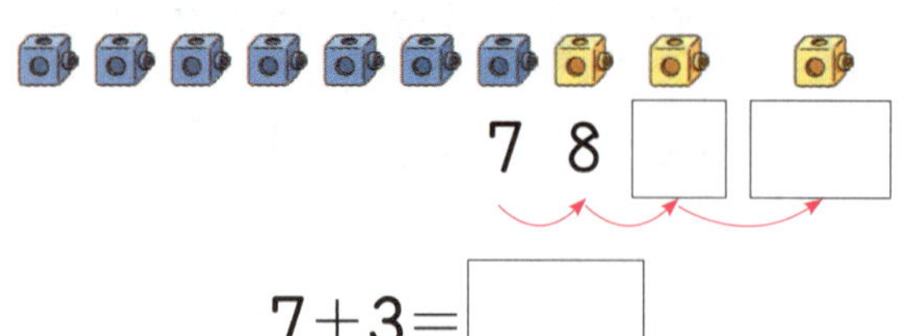

7 8 ☐ ☐

$$7+3=\boxed{}$$

(2~4) 그림을 보고 ☐ 안에 알맞은 수를 써 넣으세요.

2
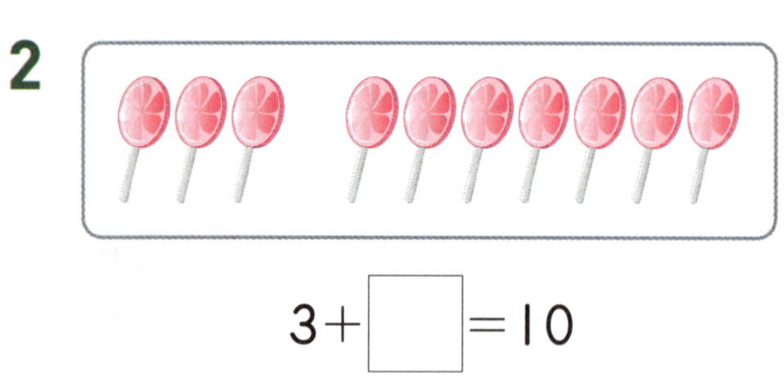

$$3+\boxed{}=10$$

3
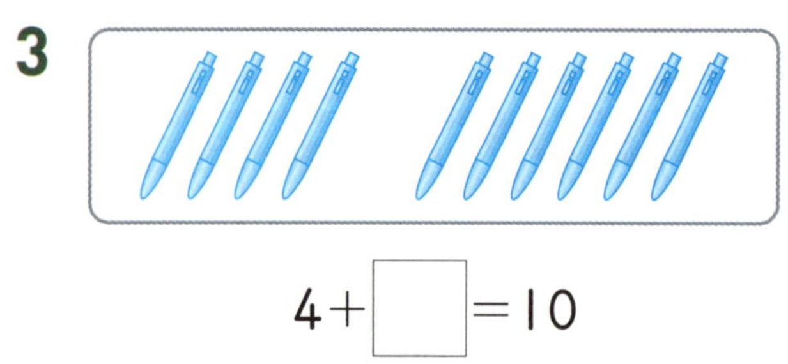

$$4+\boxed{}=10$$

4

$$5+\boxed{}=10$$

(5~6) 10이 되도록 빈칸에 ◯를 그리고, ☐ 안에 알맞은 수를 써넣으세요.

5
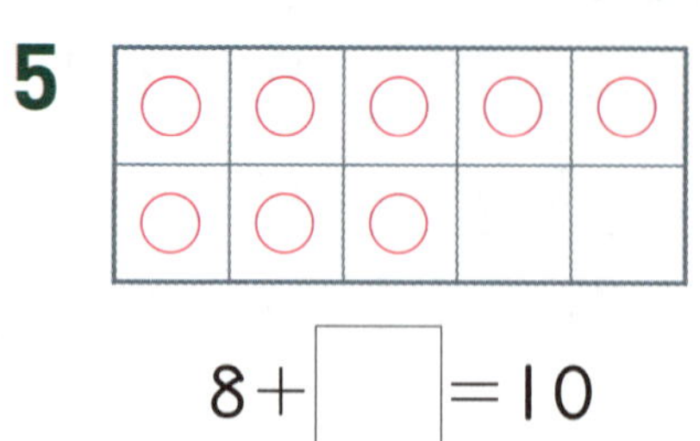

$$8+\boxed{}=10$$

6
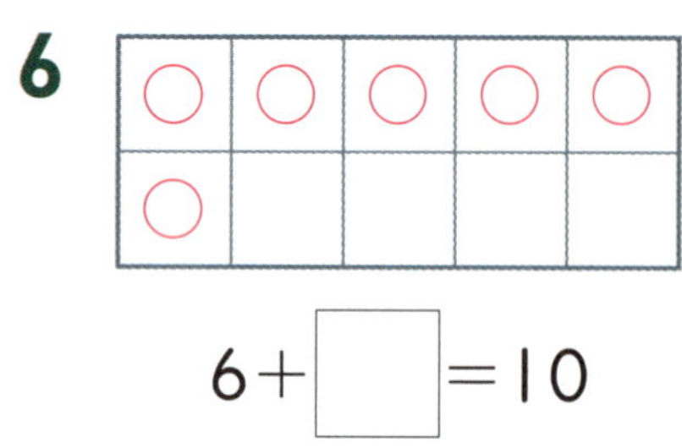

$$6+\boxed{}=10$$

(7~9) 그림을 보고 ☐ 안에 알맞은 수를 써 넣으세요.

7
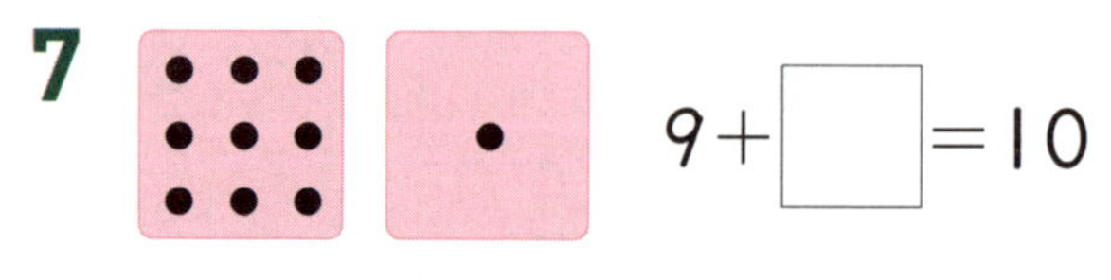

$$9+\boxed{}=10$$

8

$$2+\boxed{}=10$$

9

$$7+\boxed{}=10$$

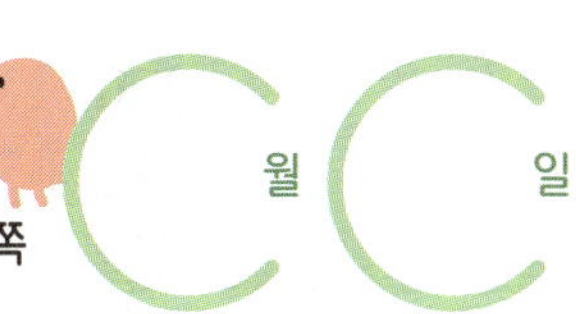

● **10에서 빼기**

10 ☐ 안에 알맞은 수를 써넣으세요.

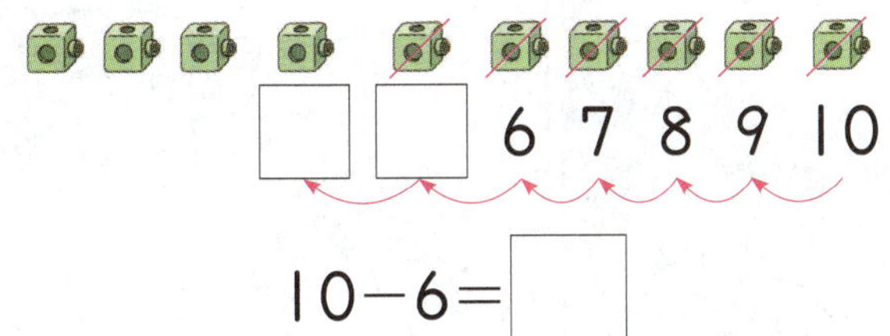

☐ ☐ 6 7 8 9 10

10−6=☐

(11~13) 그림을 보고 ☐ 안에 알맞은 수를 써넣으세요.

11
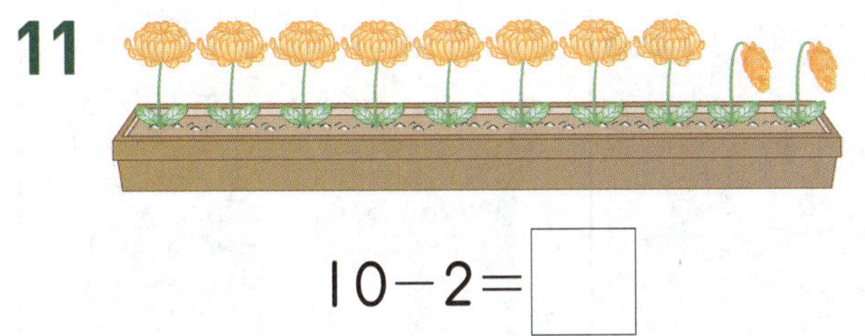

10−2=☐

12

10−3=☐

13

10−4=☐

(14~15) 그림을 보고 뺄셈을 해 보세요.

14
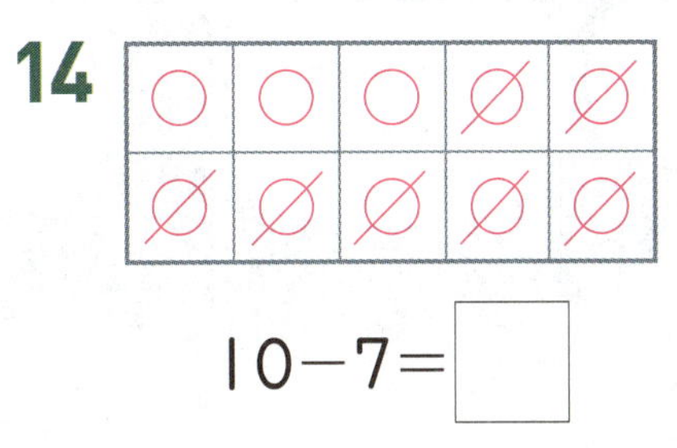

10−7=☐

15
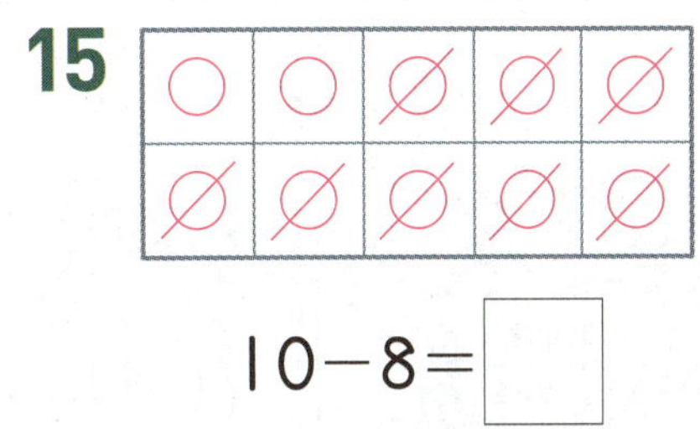

10−8=☐

(16~17) 그림을 보고 ☐ 안에 알맞은 수를 써넣으세요.

16
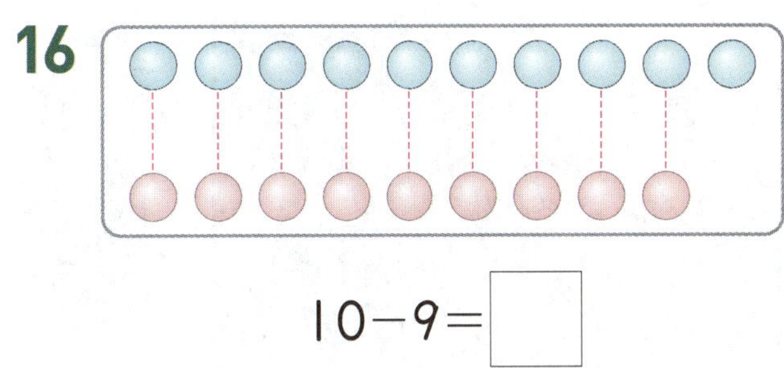

10−9=☐

17
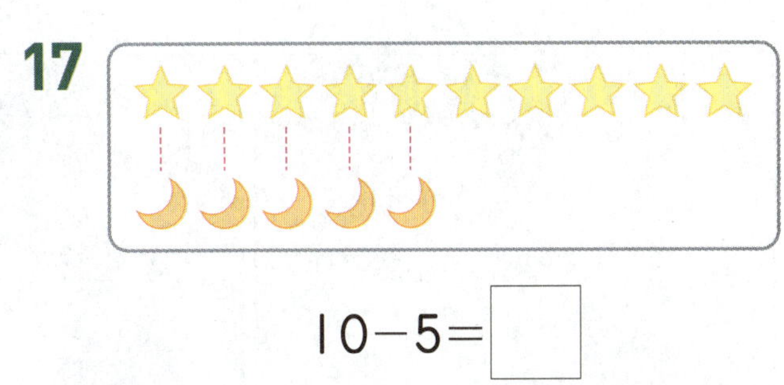

10−5=☐

2단원

10을 만들어 더해 볼까요 (1)

개념 클릭

• 10을 만들어 더하기 (1) — 앞의 두 수로 10을 만들기

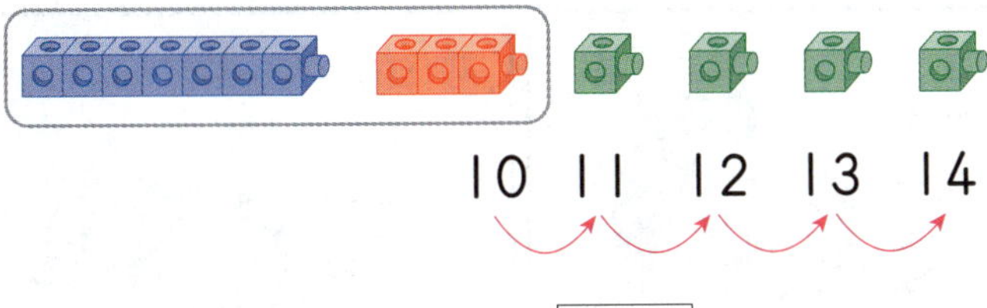

$$10+4=\boxed{①}$$

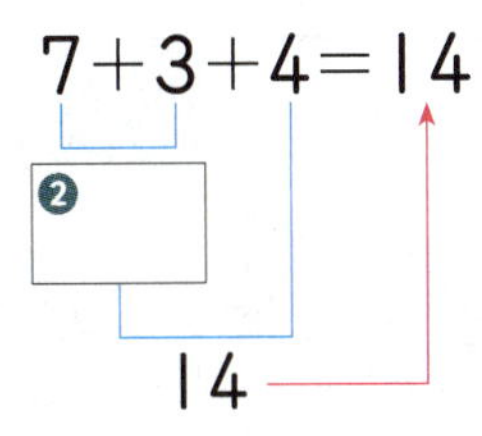

⇨ 앞의 두 수를 더해 10을 만들고 남은 수를 더하여 세 수의 덧셈을 합니다.

정답 | ① 14 ② 10

2단원

1 야구공 8개, 농구공 2개, 축구공 5개가 있습니다. 물음에 답하세요.

(1) 공의 수에 맞게 ☐ 안에 알맞은 수를 써넣으세요.

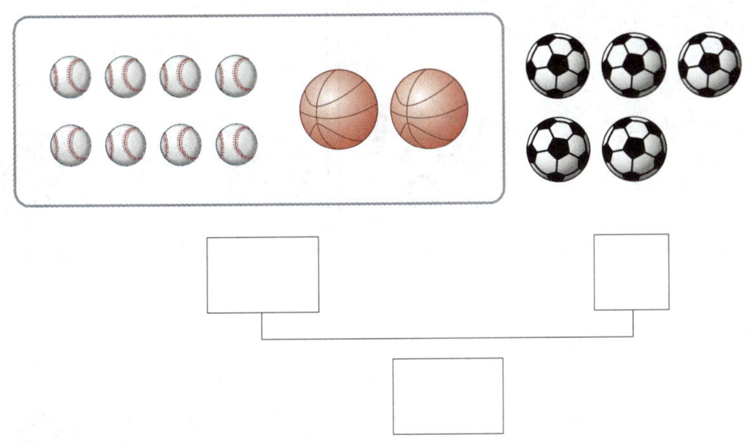

(2) 공은 모두 몇 개인지 식으로 나타내 구하세요.

$$8+2+\boxed{}=\boxed{}$$

[2~4] ☐ 안에 알맞은 수를 써넣으세요.

2 $3+7+1=\boxed{}$
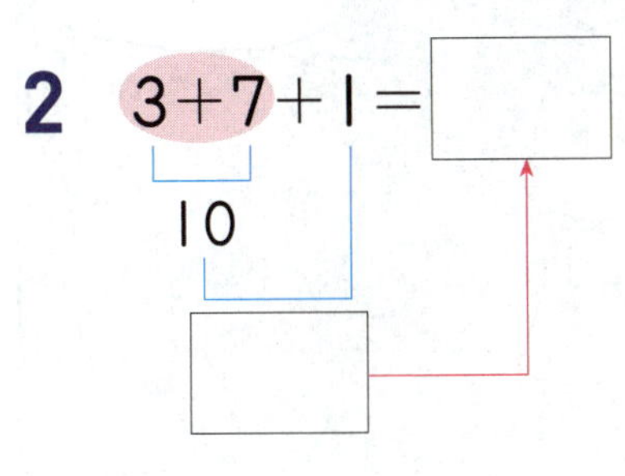

3 $2+8+4=\boxed{}$
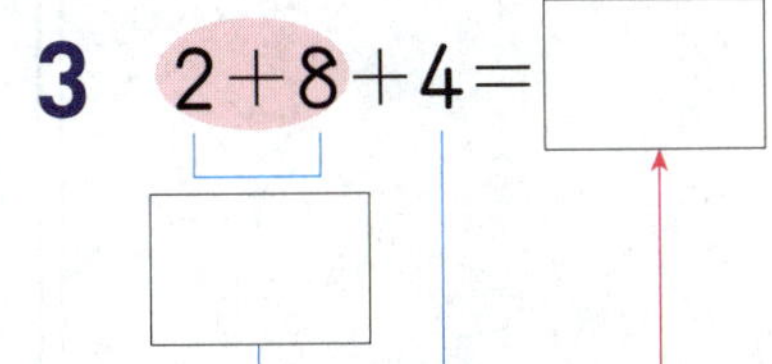

4 $1+9+2=\boxed{}$
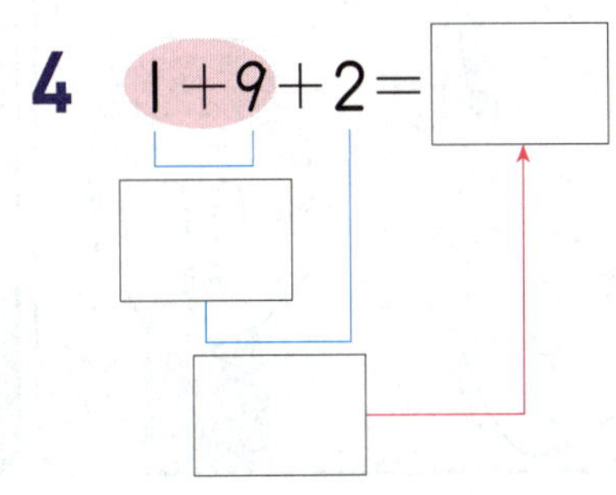

10을 만들어 더해 볼까요 (2)

개념 클릭

• 10을 만들어 더하기 (2) — 뒤의 두 수로 10을 만들기

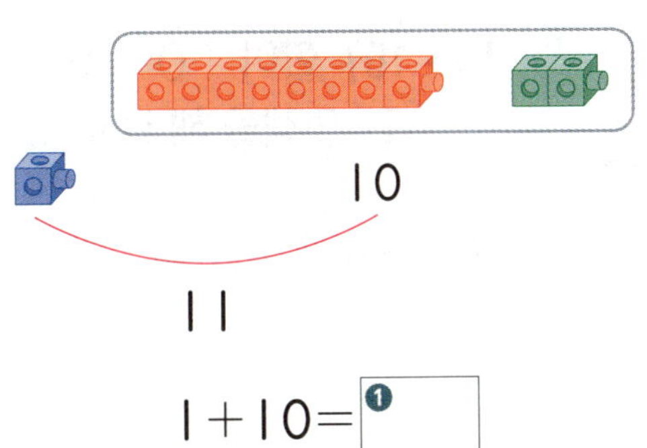

$$1+10=\boxed{❶}$$

$$1+8+2=11$$
(❷)

⇨ 뒤의 두 수를 더해 10을 만들고 남은 수를 더하여 세 수의 덧셈을 합니다.

정답 | ❶ 11 ❷ 10

2단원

1 2+6+4를 계산하려고 합니다. ☐ 안에 알맞은 수를 써넣으세요.

(1)

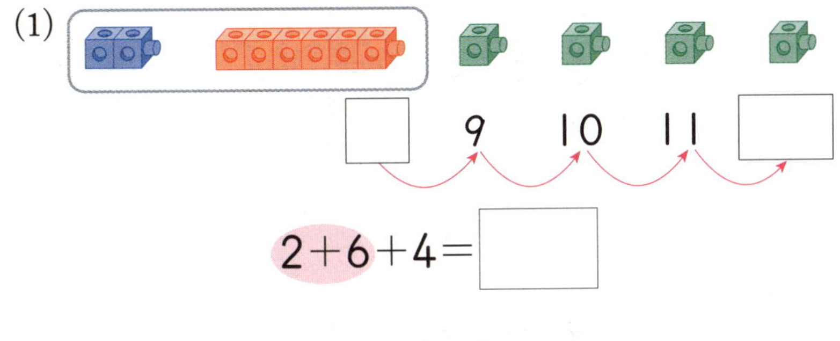

9   10   11

$$2+6+4=\boxed{}$$

(2)

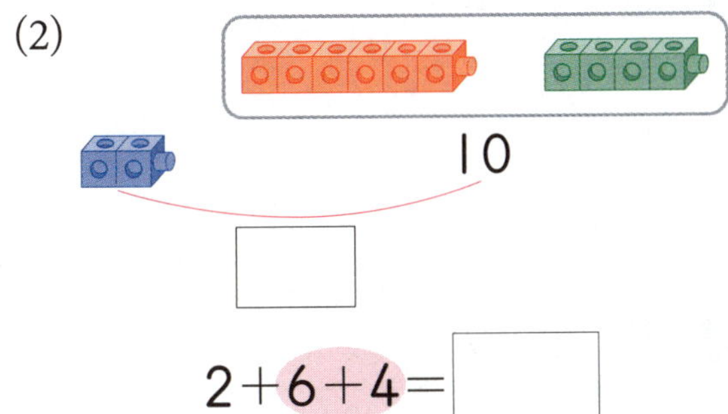

10

$$2+6+4=\boxed{}$$

[2~4] ☐ 안에 알맞은 수를 써넣으세요.

2 $4+5+5=\boxed{}$
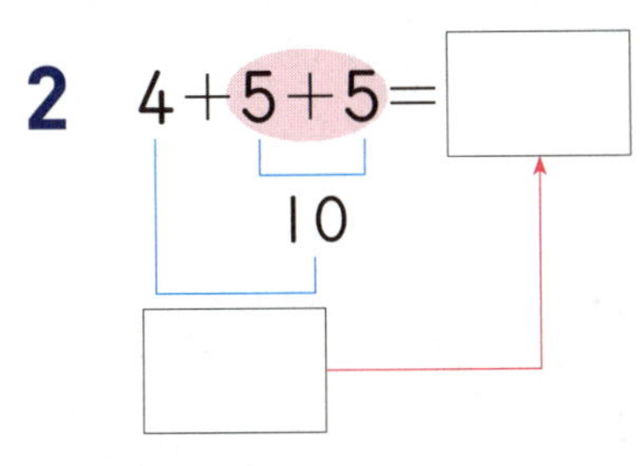

3 $6+1+9=\boxed{}$
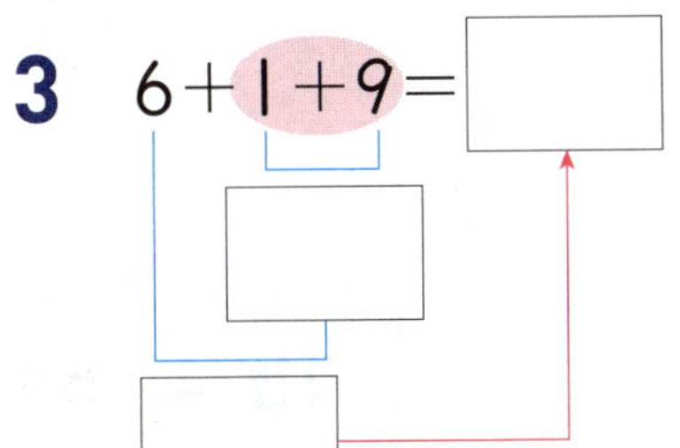

4 $7+7+3=\boxed{}$
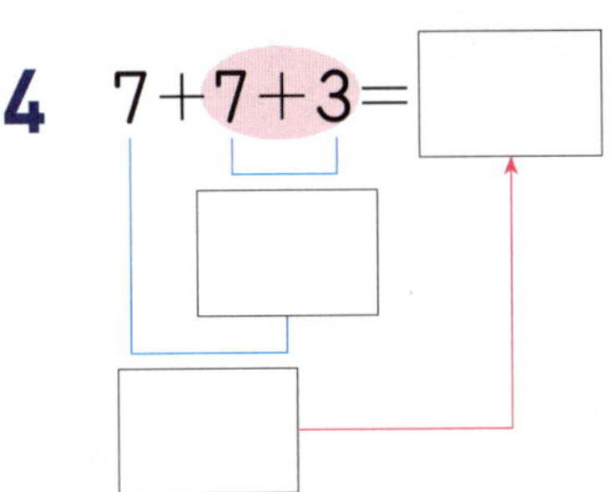

10을 만들어 더하기 (1)

1 그림을 보고 □ 안에 알맞은 수를 써넣으세요.

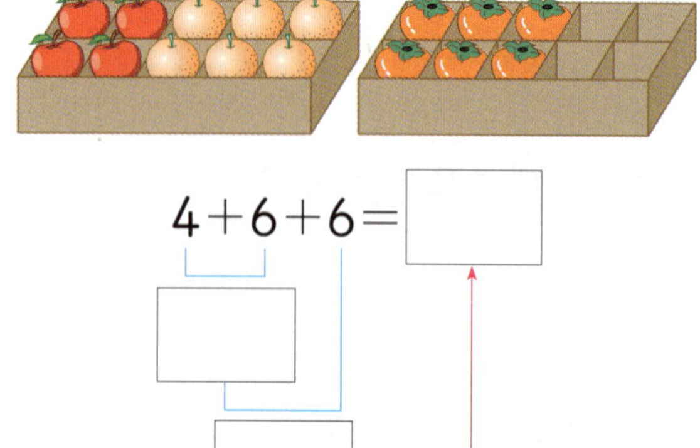

$$4+6+6=\boxed{}$$

(2~3) □ 안에 알맞은 수를 써넣으세요.

2 $7+3+8=\boxed{}$

10

3 $6+4+2=\boxed{}$

(4~10) 합이 Ｉ０이 되는 두 수를 ◯로 묶고, 덧셈을 해 보세요.

4 $8+2+3=\boxed{}$

5 $Ｉ+9+6=\boxed{}$

6 $5+5+9=\boxed{}$

7 $3+7+4=\boxed{}$

8 $9+Ｉ+7=\boxed{}$

9 $2+8+Ｉ=\boxed{}$

10 $4+6+9=\boxed{}$

● **10을 만들어 더하기 (2)**

11 그림을 보고 □ 안에 알맞은 수를 써넣으세요.

$$5+8+2=\boxed{}$$

(12~13) □ 안에 알맞은 수를 써넣으세요.

12 $4+3+7=\boxed{}$

10

13 $6+6+4=\boxed{}$

(14~20) 합이 10이 되는 두 수를 ◯로 묶고, 덧셈을 해 보세요.

14 $4+1+9=\boxed{}$

15 $8+7+3=\boxed{}$

16 $5+4+6=\boxed{}$

17 $7+2+8=\boxed{}$

18 $2+5+5=\boxed{}$

19 $3+9+1=\boxed{}$

20 $9+3+7=\boxed{}$

2
단원

1 ☐ 안에 알맞은 수를 써넣으세요.

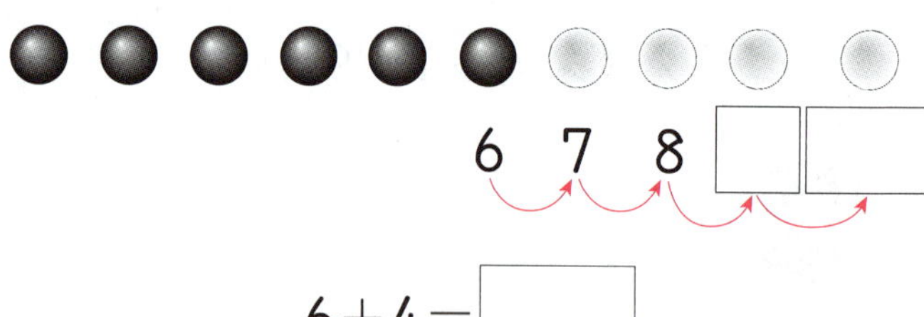

6 7 8 ☐ ☐

6+4=☐

2 알맞은 것을 찾아 선으로 이어 보세요.

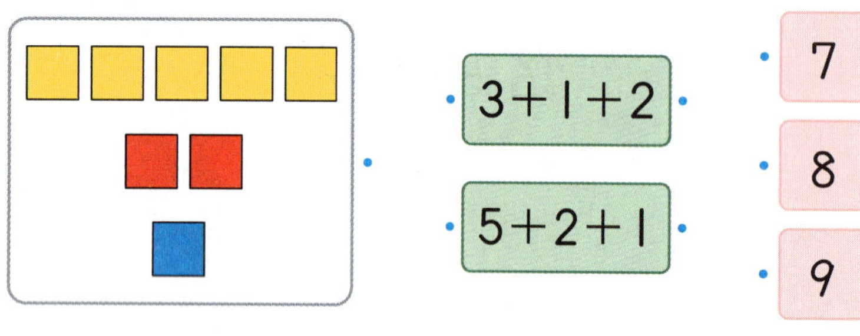

3+1+2 · · 7

5+2+1 · · 8

· 9

3 그림을 보고 ☐ 안에 알맞은 수를 써넣으세요.

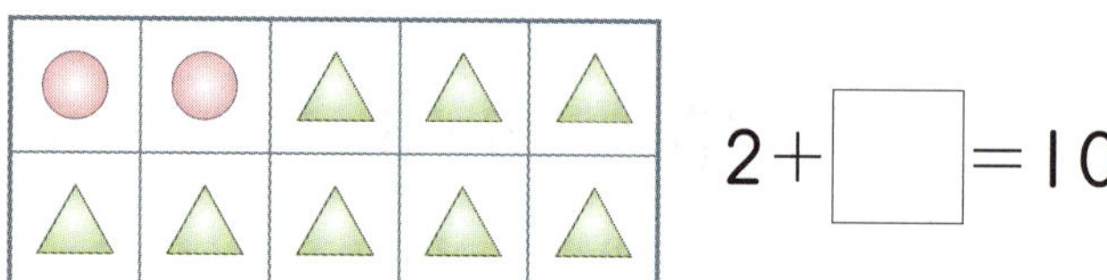

2+☐=10

4 그림을 보고 ☐ 안에 알맞은 수를 써넣으세요.

(1) 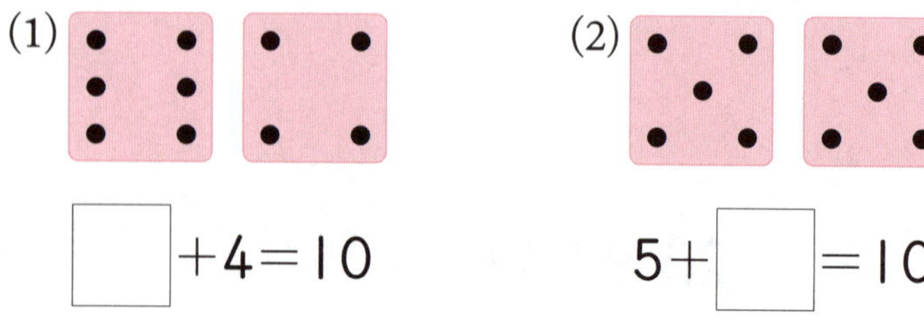

☐+4=10

(2)

5+☐=10

· 6부터 이어 세어 봅니다.

· 더해서 10이 되는 수를 찾아 봅니다.

5 그림을 보고 ☐ 안에 알맞은 수를 써넣으세요.

(1) 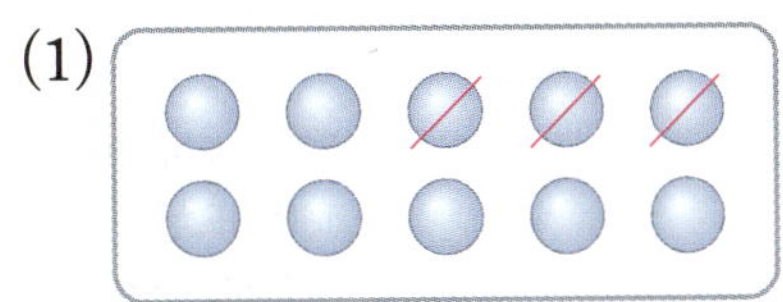

$$10-3=\boxed{}$$

(2) 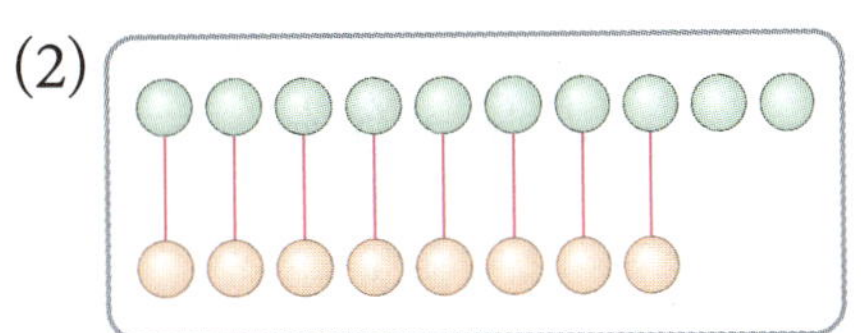

$$10-8=\boxed{}$$

(6~7) 그림을 보고 ☐ 안에 알맞은 수를 써넣으세요.

6 

$$2+4+2=\boxed{}$$

7 

$$9-3-2=\boxed{}$$

8 두 수를 더해서 10이 되도록 빈칸에 알맞은 수를 써넣으세요.

다시 확인

• 세 수의 덧셈을 할 때 두 수를 더해 나온 수에 나머지 한 수를 더합니다.

• 연두색 부분과 분홍색 부분의 수를 더하면 10이 됩니다.

9 □ 안에 알맞은 수를 써넣으세요.

(1) $5+5+7=$ 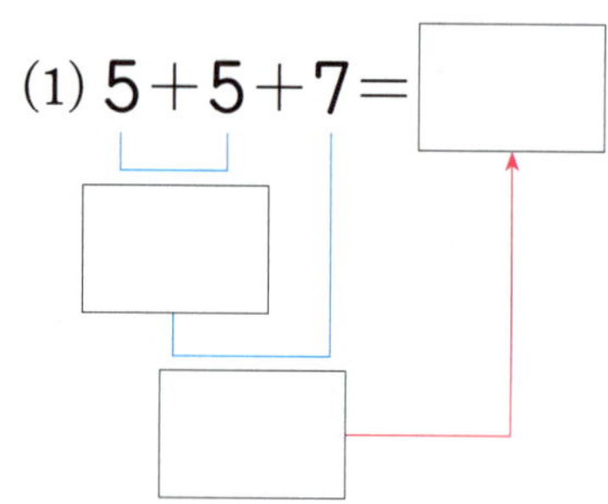

(2) $9+6+4=$ 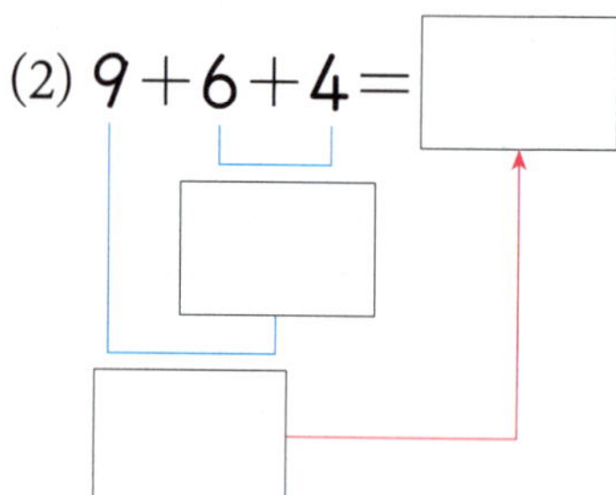

• 세 수의 뺄셈은 앞에서부터 차례대로 계산합니다.

10 차를 구하여 선으로 이어 보세요.

$6-2-1$	$5-3-2$	$8-1-2$

0	3	5

11 10을 만들어 더할 수 있는 식에 ◯표 하세요.

$3+5+4$	$1+9+2$
(　　　)	(　　　)

12 합이 같은 것끼리 선으로 이어 보세요.

$9+1+3$	$6+8+2$	$5+6+4$

$5+10$	$10+3$	$6+10$

13 /을 그려 뺄셈식을 만들고, ☐ 안에 알맞은 수를 써넣으세요.

보기

♣ 모양 10개에서 6개를 빼면 10−6=4입니다.

⭐ 모양 10개에서 ☐ 개를 빼면 10−☐=☐ 입니다.

• 10에서 빼는 뺄셈식을 만들어 봅니다.

• 고리 2개, 8개, 5개가 걸려 있습니다.

14 고리의 수는 모두 몇 개인지 식을 만들고 계산해 보세요.

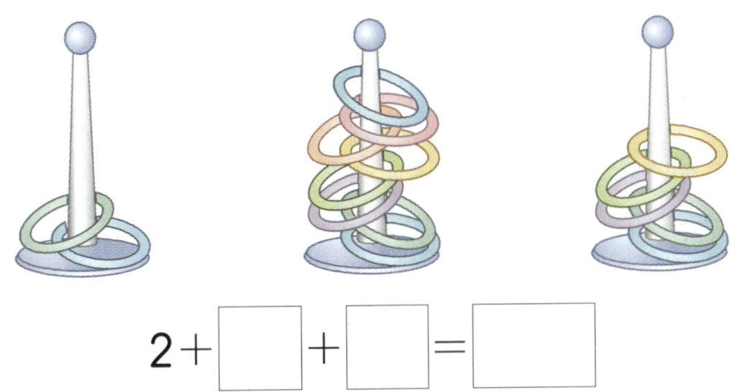

$$2+\boxed{}+\boxed{}=\boxed{}$$

15 초콜릿이 10개 있습니다. 수영이가 초콜릿을 4개 먹으면 몇 개가 남을까요?

(   )

16 수 카드 두 장을 골라 덧셈식을 완성해 보세요.

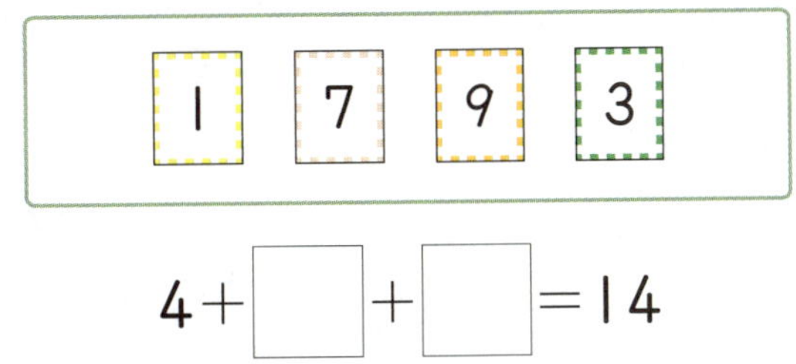

| 1 | 7 | 9 | 3 |

$$4+\boxed{}+\boxed{}=14$$

1 수직선을 보고 □ 안에 알맞은 수를 써넣으세요.

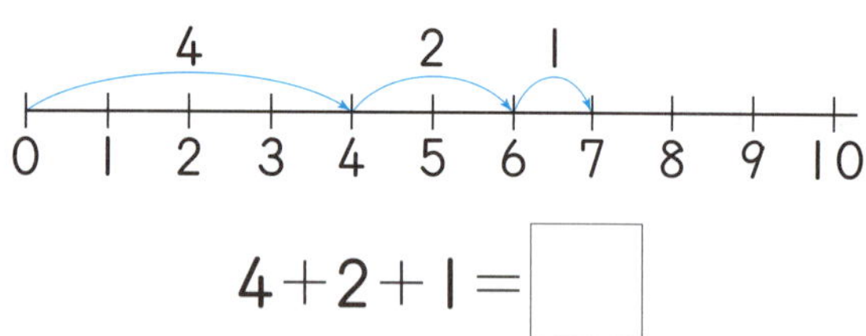

$$4+2+1=\boxed{}$$

2 그림을 보고 알맞은 식에 ○표 하세요.

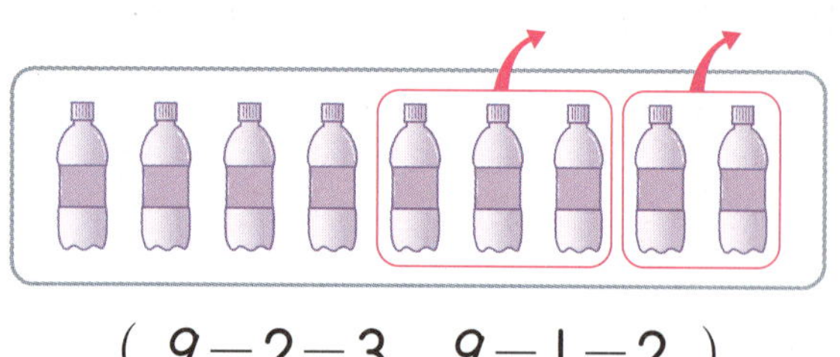

($9-2-3$, $9-1-2$)

[3~4] 그림을 보고 □ 안에 알맞은 수를 써넣으세요.

3

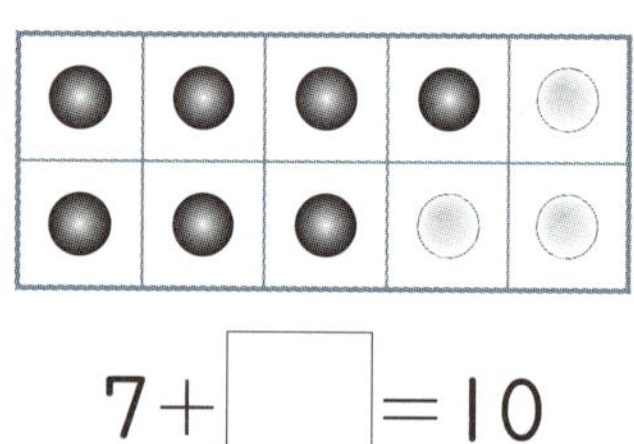

$$7+\boxed{}=10$$

4

$$10-5=\boxed{}$$

[5~6] □ 안에 알맞은 수를 써넣으세요.

5 $2+6+1=\boxed{}$

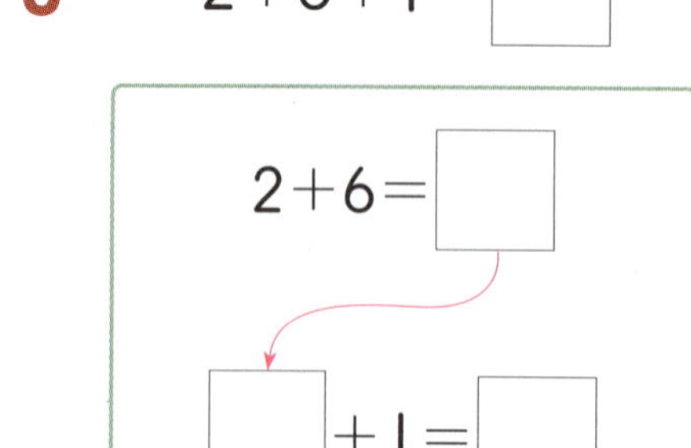

6 $7-2-3=\boxed{}$

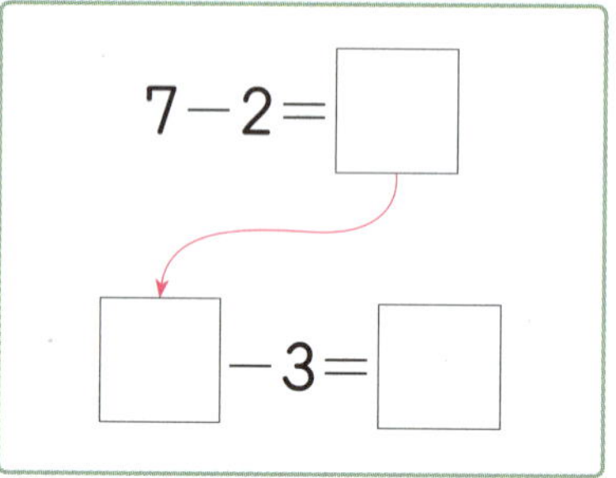

7 □ 안에 알맞은 수를 써넣으세요.

$$6+\boxed{}=10$$
$$\boxed{}+6=10$$

8 그림을 보고 ☐ 안에 알맞은 수를 써넣으세요.

$4+8+2=$ ☐

9 ☐ 안에 알맞은 수를 써넣으세요.

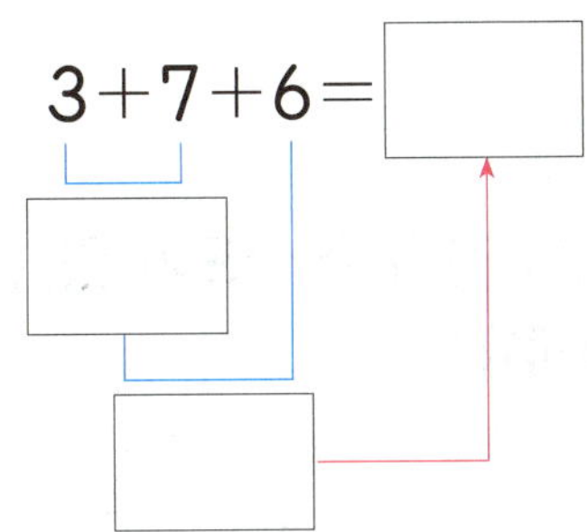

$3+7+6=$ ☐

10 그림을 보고 ☐ 안에 알맞은 수를 써넣으세요.

$10-8=$ ☐ , $10-$ ☐ $=8$

11 빈칸에 세 수의 합을 써넣으세요.

2	8	3

12 계산해 보세요.

$8+5+5=$ ☐

13 합이 10이 되는 두 수를 ◯로 묶고, ☐ 안에 세 수의 합을 써넣으세요.

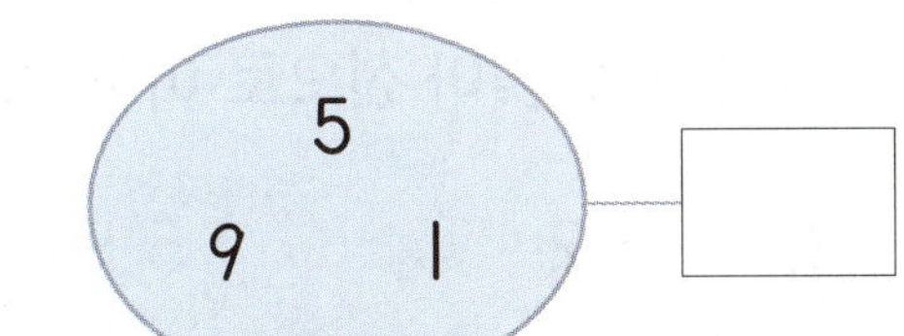

☐

14 그림을 보고 동물은 모두 몇 마리인지 식을 만들고 답을 구하세요.

☐ $+$ ☐ $+$ ☐ $=$ ☐

답 ___________

15 귤 따기 체험에서 주혁이는 10개, 민지는 7개를 땄습니다. 주혁이는 민지보다 몇 개 더 많이 땄을까요?

(   )

16 계산 결과를 찾아 선으로 이어 보세요.

2+2+2	5+1+3

6	7	9

17 바구니에 사과 6개, 키위 4개, 감 7개가 들어 있습니다. 바구니에 들어 있는 과일은 모두 몇 개일까요?

(   )

18 계산 결과가 가장 큰 것의 기호를 써 보세요.

㉠ 10−5
㉡ 9−2−1
㉢ 8−3−2

(   )

(19~20) 4장의 수 카드가 있습니다. 물음에 답하세요.

1	4	6	9

19 작은 수부터 3장을 뽑아 합을 구하면 얼마일까요?

(   )

20 큰 수부터 3장을 뽑아 합을 구하면 얼마일까요?

(   )

스스로 학습장

스스로 학습장은 이 단원에서 배운 것을 확인하는 코너입니다.
몰랐던 것은 꼭 다시 공부해서 내 것으로 만들어 보아요.

□ 안에 알맞은 수를 써넣으면서 덧셈과 뺄셈을 정리해 보세요.

1 $3+2+4=\square$

2 $8-1-5=\square$

3 $4+\square=10$

4 $10-8=\square$

5 $9+1+6=\square$

6 $5+7+3=\square$

모양과 시각

QR 코드를 찍어 개념
동영상 강의를 보세요.
게임도 하고 문제도 풀
수 있어요.

😊 이번에 배울 내용

- 여러 가지 모양 찾아보기
- 여러 가지 모양 알아보기
- 여러 가지 모양으로 만들기
- 몇 시 알아보기
- 몇 시 30분 알아보기

대체 어디 계셨어요.
헉! 혹시….

내가 또 시간 여행을 한 건가?
철퍼덕

넘어졌을 때 분명 책장이 넘어갔었어.

그래! 책장이 넘어가는 게 시간 여행과 관계가 있어.
삼촌~, 마술보러 가요.
에디슨

그래, 수아야.
빨리 오세요~.

그런데 책장을 어떻게 넘겨야 하는 거지?
신기한 마술

마술의 방에 오신 걸 환영합니다.

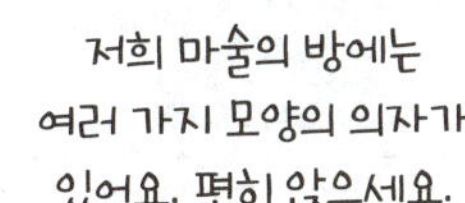

저희 마술의 방에는 여러 가지 모양의 의자가 있어요. 편히 앉으세요.

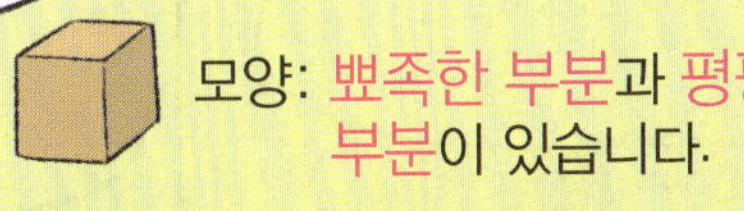

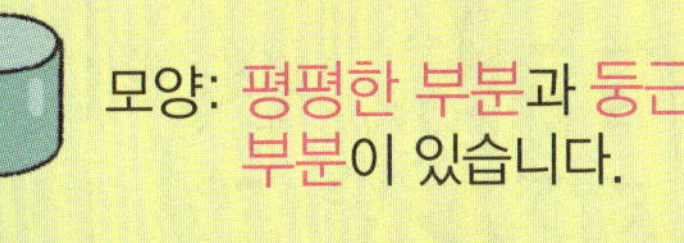

모양: 뾰족한 부분과 평평한 부분이 있습니다.
모양: 평평한 부분과 둥근 부분이 있습니다.
모양: 둥근 부분만 있습니다.

삼촌은 그냥 바닥에 앉을게. 너희는 의자에 앉으렴.

난 모양에 앉을래.
난 모양에 앉아야지.
그럼 난 모양에 앉아야겠….
으악! 평평한 부분이 없잖아~!
꽈당

여러 가지 모양을 찾아볼까요

개념 클릭

• 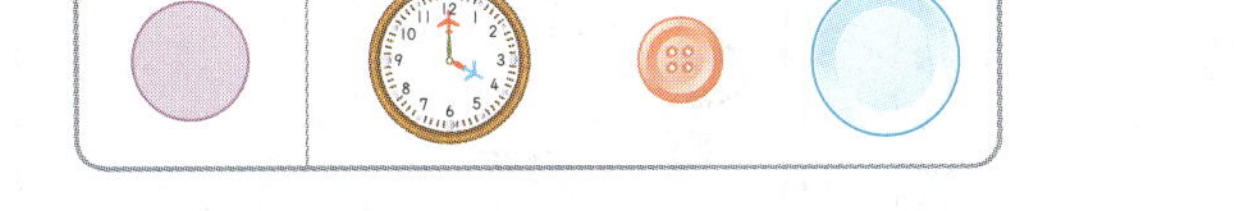 , △ , ● 모양 찾아보기

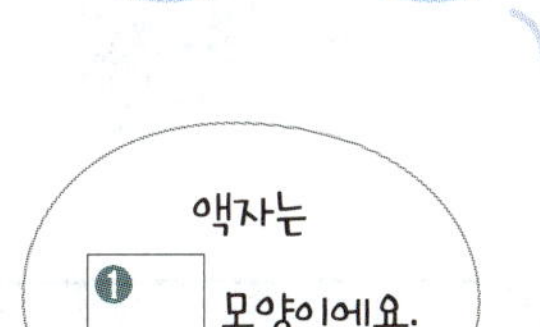

주위에서 여러 가지 ■ , △ , ● 모양을 찾아 같은 모양끼리 모아 봅니다.

정답 | ❶ ■

(1~2) 왼쪽과 같은 모양의 물건에 모두 ○표 하세요.

1

   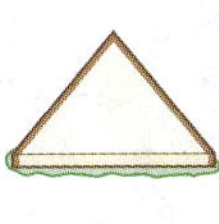  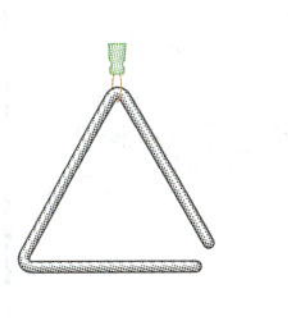

2

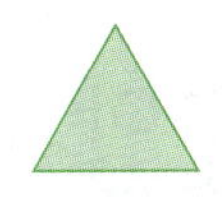    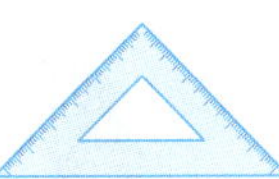 

3 각 모양의 물건을 찾아 빈칸에 알맞은 기호를 써넣으세요.

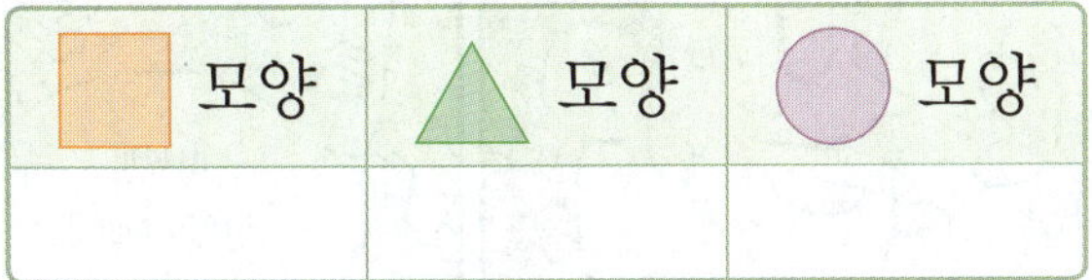

■ 모양	△ 모양	● 모양

여러 가지 모양을 알아볼까요

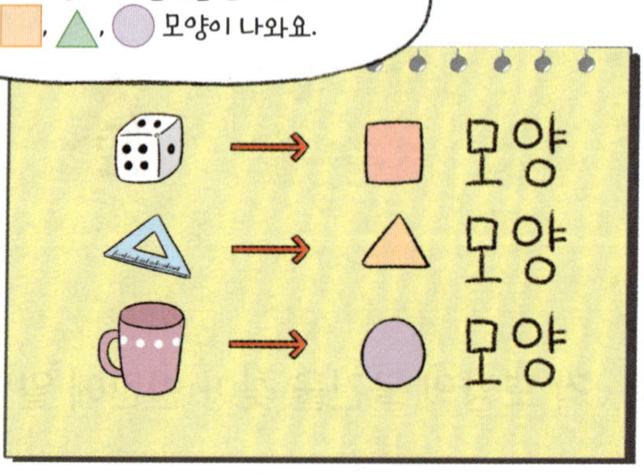

개념 클릭

- **여러 가지 모양 알아보기**

  - ■ 모양 알아보기

     ⇨ 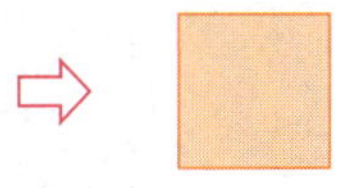
    ┌ 반듯한 선으로 되어 있습니다.
    └ 뾰족한 부분이 4군데입니다.

  - ▲ 모양 알아보기

    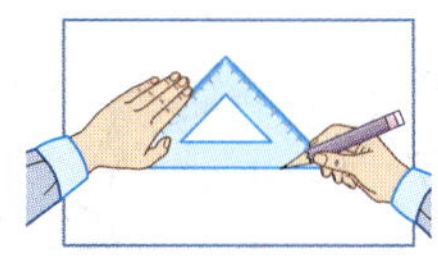 ⇨ 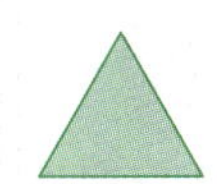
    ┌ 반듯한 선으로 되어 있습니다.
    └ 뾰족한 부분이 ❶ ☐ 군데입니다.

  - ● 모양 알아보기

    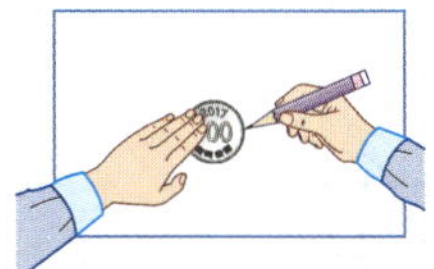 ⇨ 
    ┌ 둥근 부분으로만 되어 있습니다.
    └ 뾰족한 부분이 없습니다.

정답 | ❶ 3

3 단원

(1~2) 물건을 본떠서 나올 수 있는 모양을 찾아 ◯표 하세요.

1 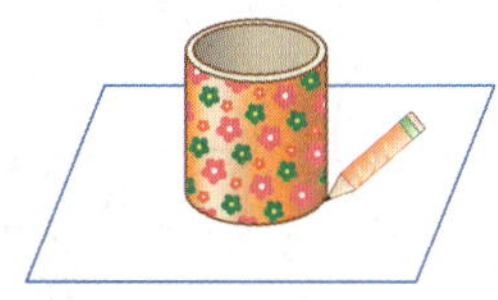 (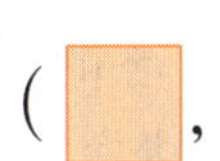 , ▲ , ●)

2 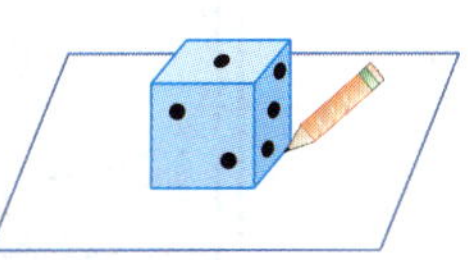 (■ , ▲ , ●)

---

3 찰흙 위에 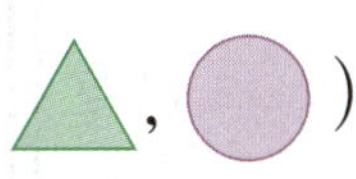 모양을 찍을 수 있는 물건에 ◯표 하세요.

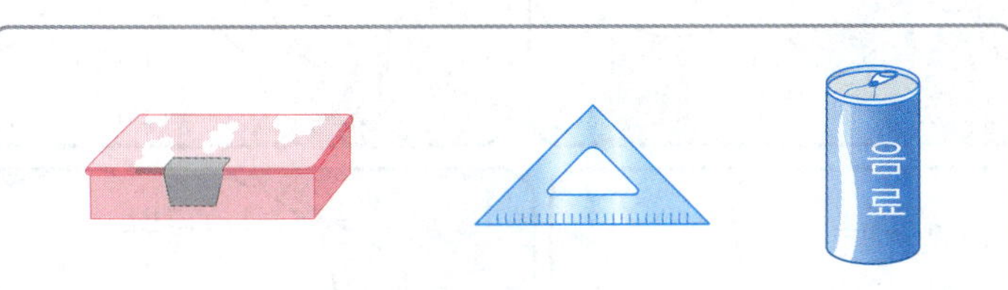

---

4 찰흙 위에  모양을 찍을 수 있는 물건에 ◯표 하세요.

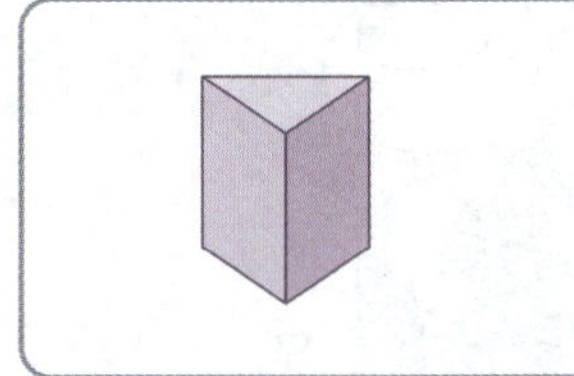

여러 가지 모양으로 꾸며 볼까요

□	△	●
4	2	5

개념 클릭

• 여러 가지 모양으로 꾸미기

모양 4개, △ 모양 2개,

모양 ❶ 개를 이용하여

기차 모양을 꾸몄습니다.

정답 | ❶ 5　❷ ◯

---

1  ◻, △, ◯ 모양을 이용하여 꾸민 그림입니다. 각각 몇 개씩 이용했는지 세어 보세요.

◻ 모양 ◻ 개, △ 모양 ◻ 개, ◯ 모양 ◻ 개

3
단원

[2~3] ◻, △, ◯ 모양을 이용하여 꾸민 그림입니다. 물음에 답하세요.

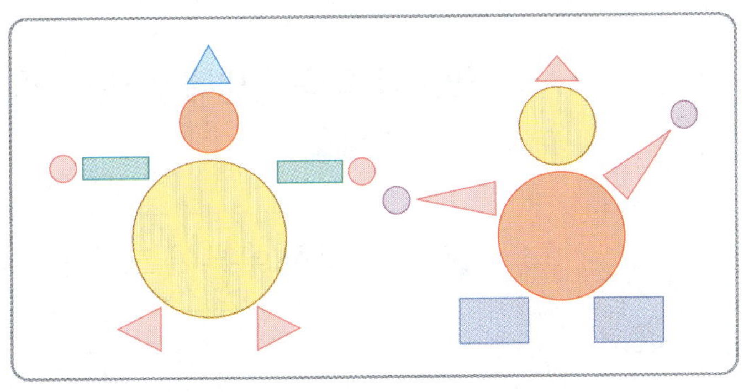

2 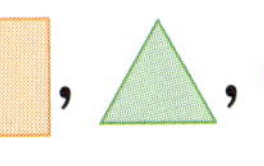 ◻, △, ◯ 모양을 각각 몇 개씩 이용했는지 세어 보세요.

 모양 ◻ 개,  모양 ◻ 개, 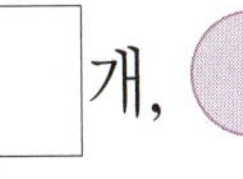 모양 ◻ 개

3 그림을 꾸미는 데 가장 많이 이용한 모양에 ◯표 하세요.

( ◻ , △ , ◯)

여러 가지 모양 찾아보기

[1~5] 왼쪽과 같은 모양의 물건을 찾아 ◯표 하세요.

1
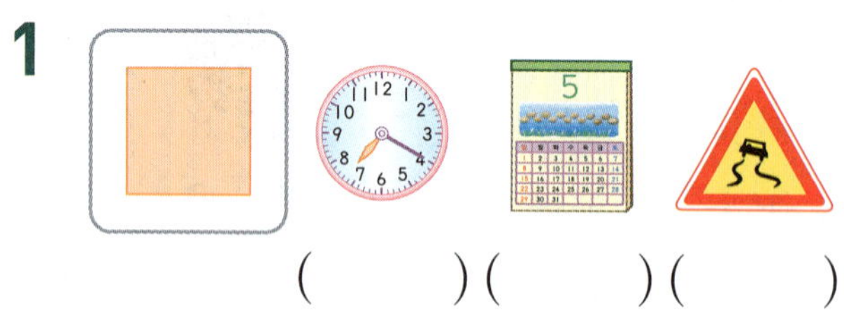
(　　) (　　) (　　)

2

(　　) (　　) (　　)

3
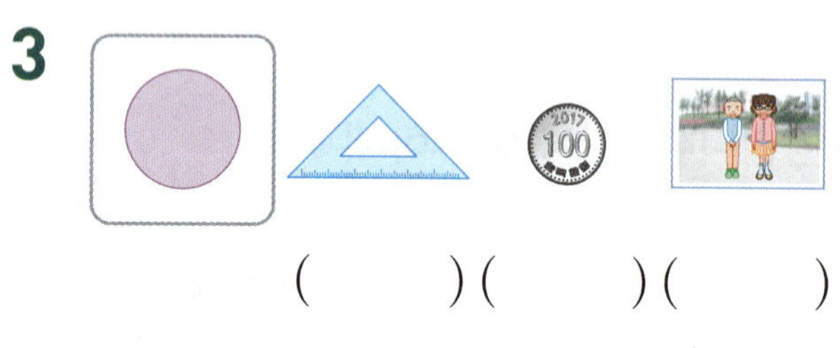
(　　) (　　) (　　)

4
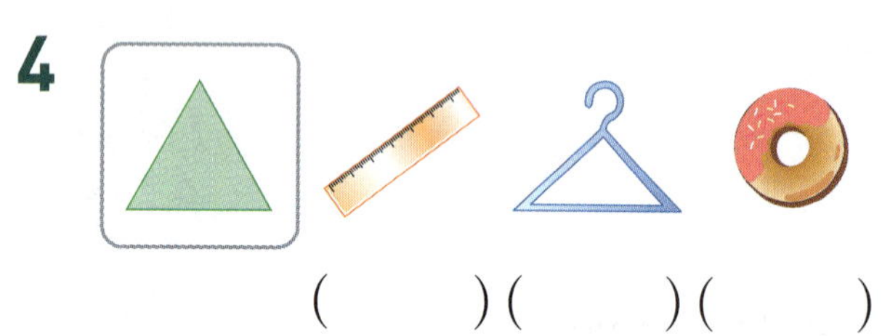
(　　) (　　) (　　)

5
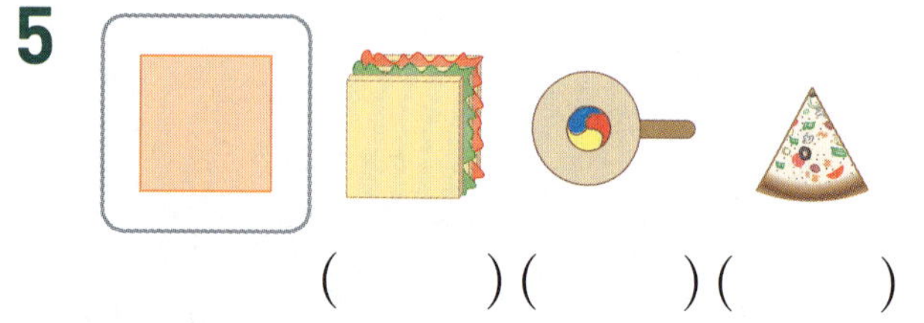
(　　) (　　) (　　)

여러 가지 모양 알아보기

[6~7] 왼쪽 물건을 본떠서 나올 수 있는 모양을 찾아 ◯표 하세요.

6
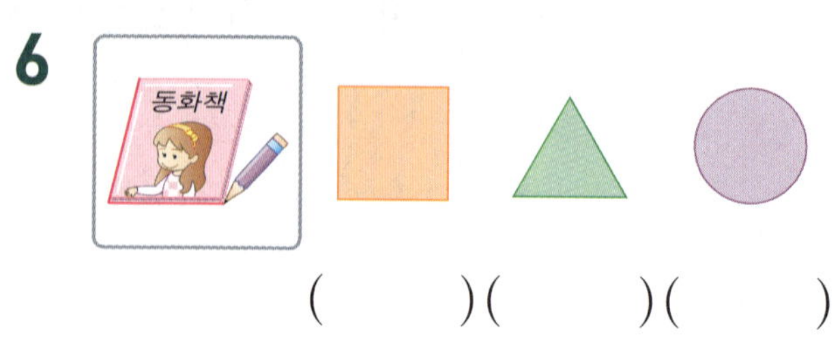
(　　) (　　) (　　)

7
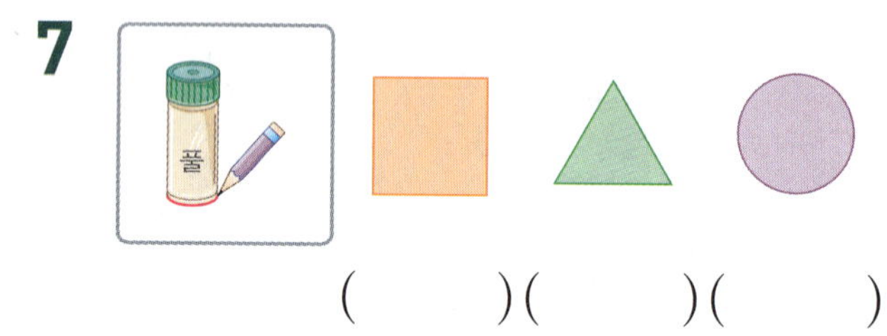
(　　) (　　) (　　)

[8~9] 다음 설명에 알맞은 모양을 찾아 ◯표 하세요.

8 뾰족한 부분이 모두 **3**군데입니다.

(▢ , ▲ , ●)

9 뾰족한 부분이 모두 **4**군데입니다.

(▢ , ▲ , ●)

월 일

● **여러 가지 모양으로 꾸미기**

[10~12] ⬜, 🔺, 🟣 모양을 이용하여 꾸민 그림입니다. 각각 몇 개씩 이용했는지 세어 보세요.

10

⬜ 모양 ( )

🔺 모양 ( )

🟣 모양 ( )

11

⬜ 모양 ( )

🔺 모양 ( )

🟣 모양 ( )

12

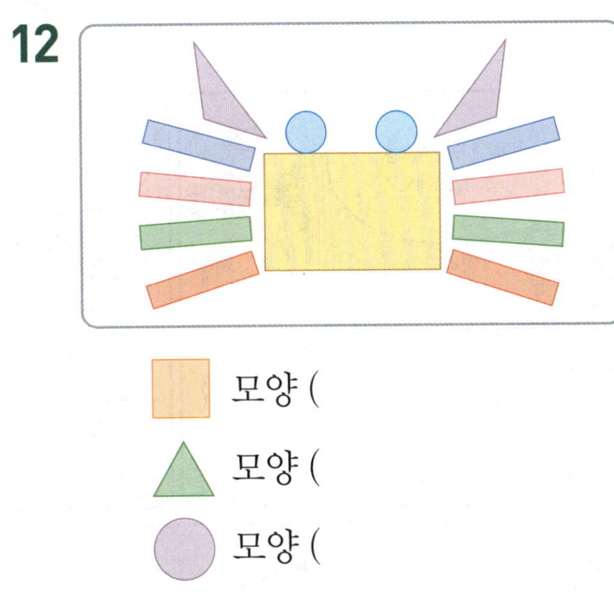

⬜ 모양 ( )

🔺 모양 ( )

🟣 모양 ( )

[13~14] ⬜, 🔺, 🟣 모양을 이용하여 꾸민 그림입니다. 가장 많이 이용한 모양을 찾아 ◯표 하세요.

13

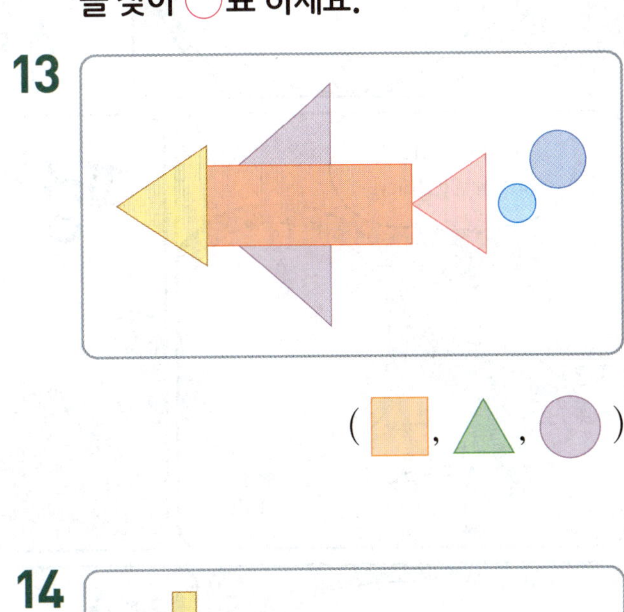

(⬜ , 🔺 , 🟣)

14

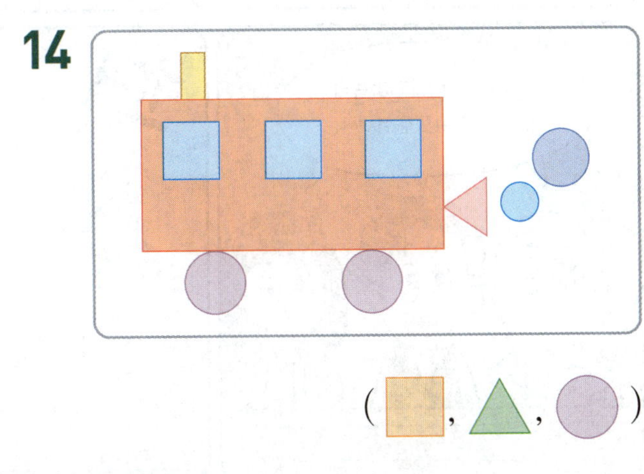

(⬜ , 🔺 , 🟣)

3
단원

몇 시를 알아볼까요

진짜 시간여행을 할 수 있으세요?
물론이죠!

제가 보여드리겠습니다.
퍼엉!

어쩌면 우리가 다시 미래로 되돌아 갈 수 있을지도 몰라.

자, 여기 시계를 보세요.

짧은바늘이 10, 긴바늘이 12를 가리키므로 10시예요.

제가 이제 11시로 이동해보겠습니다.
수리 수리 샤라라!

펑!

째깍!
지금 시각은?

짧은바늘이 11, 긴바늘이 12를 가리키므로 11시야.

퍼엉!

짠! 저는 지금 11시로 시간여행을 왔습니다.
우와~

월 일

• 몇 시 알아보기

긴바늘이 12를 가리킬 때 **몇 시**를 나타냅니다.

10:00

⇨ 짧은바늘이 10, 긴바늘이 12를 가리킬 때 시계는 10시를 나타내고
열 시라고 읽습니다.

정답 | ❶ 10

(1~2) ☐ 안에 알맞은 수를 써넣으세요.

1 

짧은바늘이 4, 긴바늘이 12를 가리키므로

☐ 시입니다.

2 

짧은바늘이 6, 긴바늘이 ☐ 을/를 가리키므로

☐ 시입니다.

(3~4) 시각을 써 보세요.

3 

 시

4 

 시

5 시각에 알맞게 시곗바늘을 그려 넣으세요.

몇 시 30분을 알아볼까요

개념 클릭

- **몇 시 30분 알아보기**

  긴바늘이 6을 가리킬 때 **몇 시 30분**을 나타냅니다.

  ⇨ 짧은바늘이 11과 12의 가운데, 긴바늘이 6을 가리킬 때
     시계는 **11시 30분**을 나타내고 **열한 시 삼십 분**이라고 읽습니다.

(1~2) ☐ 안에 알맞은 수를 써넣으세요.

1

> 짧은바늘이 4와 5의 가운데,
>
> 긴바늘이 6을 가리키므로 ☐ 시 ☐ 분입니다.

2

> 짧은바늘이 2와 3의 가운데,
>
> 긴바늘이 6을 가리키므로 ☐ 시 ☐ 분입니다.

(3~4) 시각을 써 보세요.

3

☐ 시 ☐ 분

4

☐ 시 ☐ 분

5 시각에 알맞게 시곗바늘을 그려 넣으세요.

몇 시 알아보기

(1~2) 시계를 보고 ☐ 안에 알맞은 수를 써넣으세요.

1 짧은바늘이 ☐, 긴바늘이 12를 가리킵니다.

2 시계가 나타내는 시각은 ☐시입니다.

(3~6) 시각을 써 보세요.

3 

☐시

4 

☐시

5 

☐시

6 

☐시

(7~8) 그림을 보고 시각을 써 보세요.

7 

☐시

8 

☐시

(9~10) 시각에 알맞게 시곗바늘을 그려 넣으세요.

9 

10 

몇 시 30분 알아보기

[11~12] 시계를 보고 ☐ 안에 알맞은 수를 써넣으세요.

11 짧은바늘이 ☐ 와/과 4의 가운데,

긴바늘이 6을 가리킵니다.

12 시계가 나타내는 시각은

☐ 시 ☐ 분입니다.

[13~14] 시각을 써 보세요.

13  ☐ 시 ☐ 분

14  ☐ 시 ☐ 분

[15~16] 그림을 보고 시각을 써 보세요.

15 

☐ 시 ☐ 분

16 

☐ 시 ☐ 분

[17~18] 시각에 알맞게 시곗바늘을 그려 넣으세요.

17 

18 

(1~3) 오른쪽 그림에서 왼쪽 모양을 찾아 그 모양을 모두 따라 그려 보세요.

- 같은 모양을 찾을 때에는 크기와 색깔은 생각하지 않습니다.

1

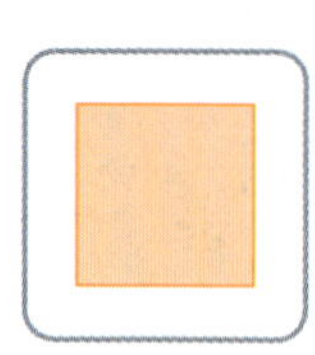 

2

3

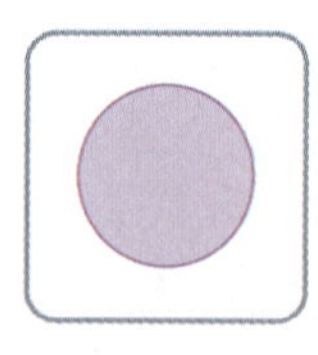 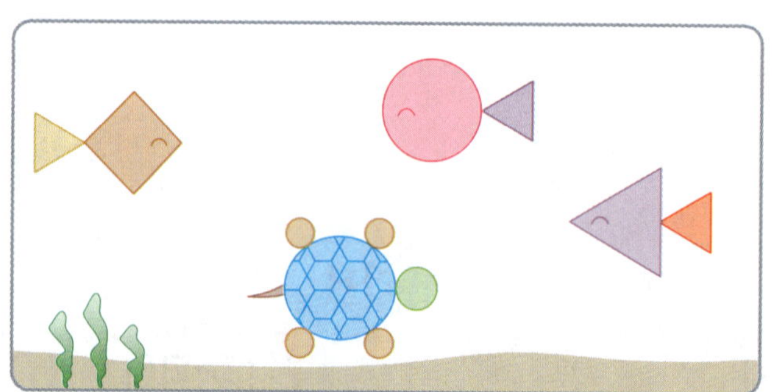

월   일

4 모양이 같은 것끼리 선으로 이어 보세요.

(5~7) 친구들이 손으로 만든 모양을 보고 알맞은 모양에 ◯표 하세요.

5

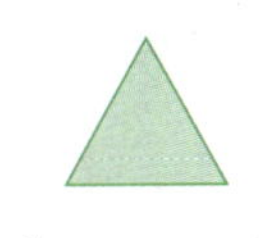

(   ) (   ) (   )

3
단원

6

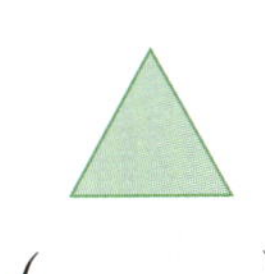

(   ) (   ) (   )

7

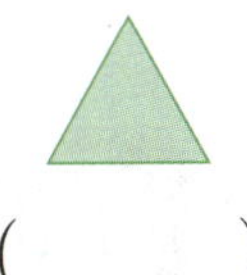
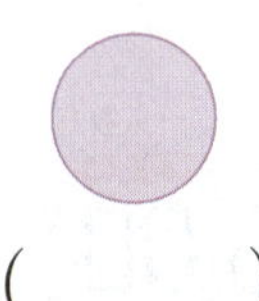

(   ) (   ) (   )

8 본뜬 모양을 찾아 알맞게 선으로 이어 보세요.

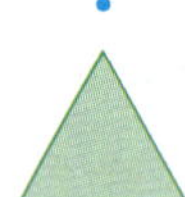

9 시각을 써 보세요.

(1)
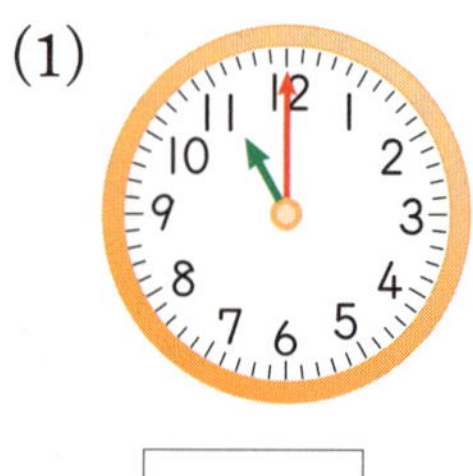

 시

(2)
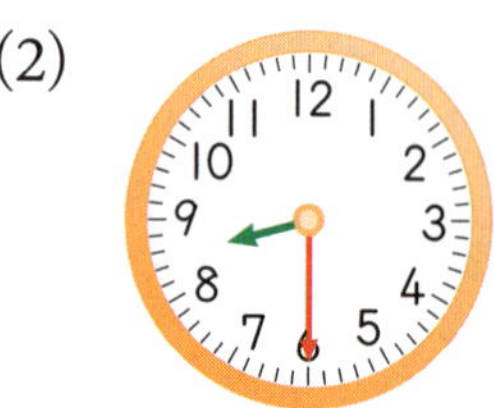

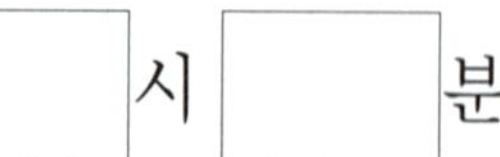 시 　 분

10 같은 시각끼리 선으로 이어 보세요.

(11~12)  , △ , ○ 모양으로 만든 모양입니다. 각각 몇 개씩 이용했는지 세어 보세요.

11

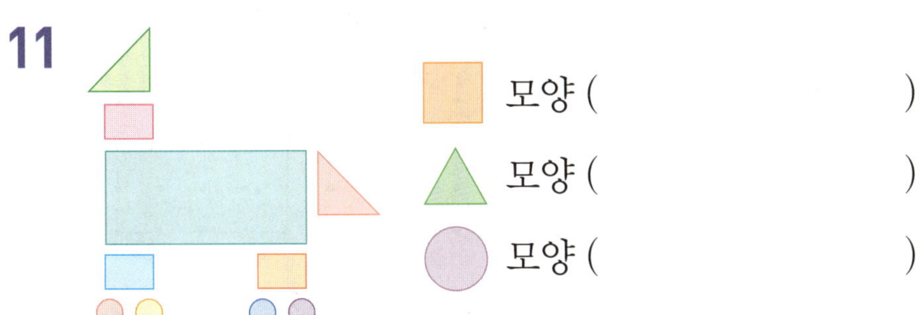

모양 (   )

△ 모양 (   )

○ 모양 (   )

12

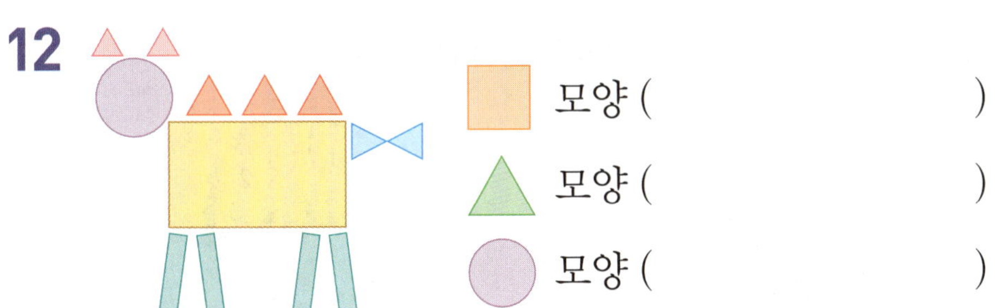

모양 (   )

△ 모양 (   )

○ 모양 (   )

3

단원

13 시각에 알맞게 시곗바늘을 그려 넣으세요.

(1)  7시 30분

(2)  5시 30분

· '몇 시 30분'일 때 짧은바늘은 두 수의 가운데를 가리킵니다.

단계 **4.** 단원 평가

1  모양을 찾아 ◯표 하세요.

(   )   (   )   (   )

2 모양을 모두 찾아 ◯표 하세요.

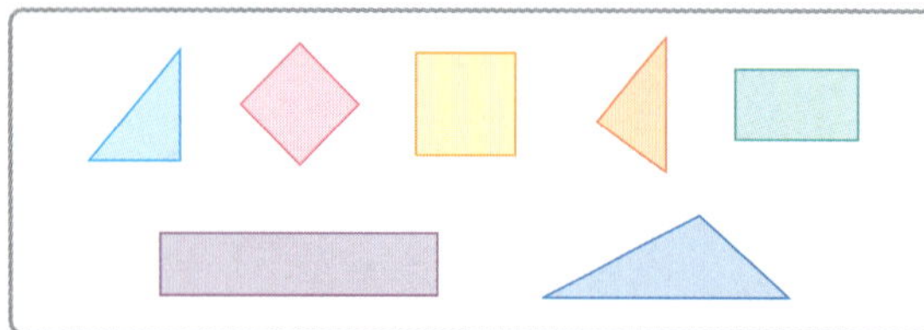

3 모양이 다른 하나를 찾아 ◯표 하세요.

(   )   (   )   (   )

4 ㅣㅣ시 30분을 나타내는 시계에 ◯표 하세요.

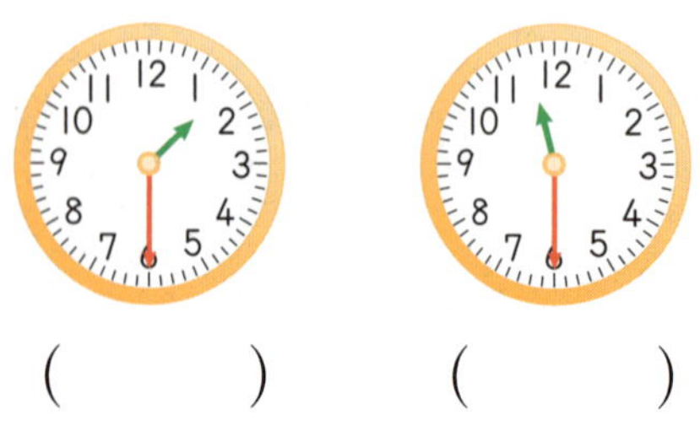

(   )   (   )

5 다음 종이 위에 그린 모양은 어떤 모양인지 찾아 ◯표 하세요.

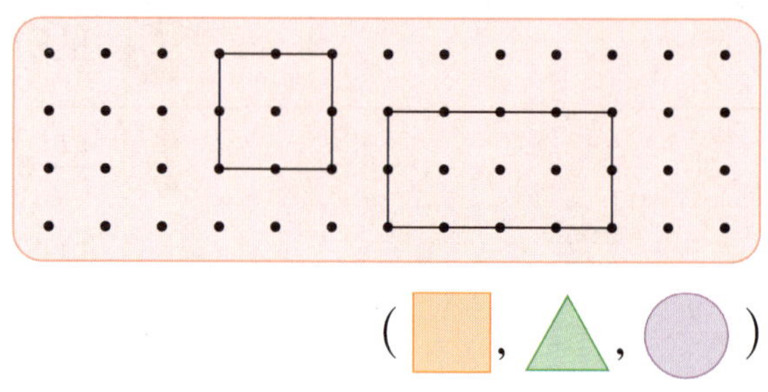

(◻, △, ◯)

6 시각을 써 보세요.

◻ 시 ◻ 분

7 물감을 묻혀 찍기를 할 때 나올 수 있는 모양을 찾아 선으로 이어 보세요.

월 □ 일

8 시후가 손으로 만든 모양을 찾아 ◯표 하세요.

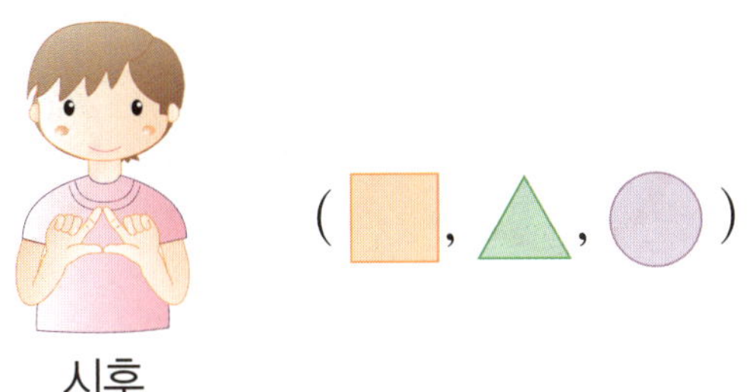

9 관계있는 것끼리 선으로 이어 보세요.

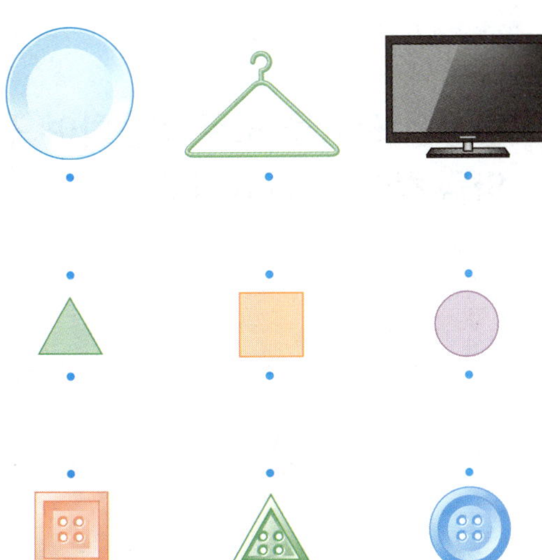

10 나은이가 설명하는 모양을 찾아 ◯표 하세요.

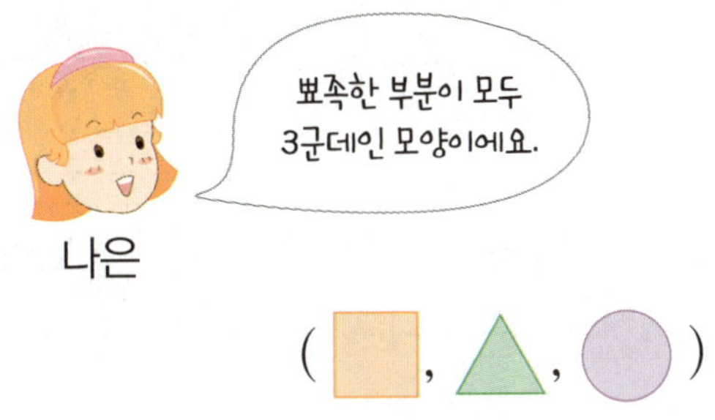

11 시각에 알맞게 시곗바늘을 그려 넣으세요.

12 재형이가 말하는 물건과 모양이 같은 물건을 찾아 ◯표 하세요.

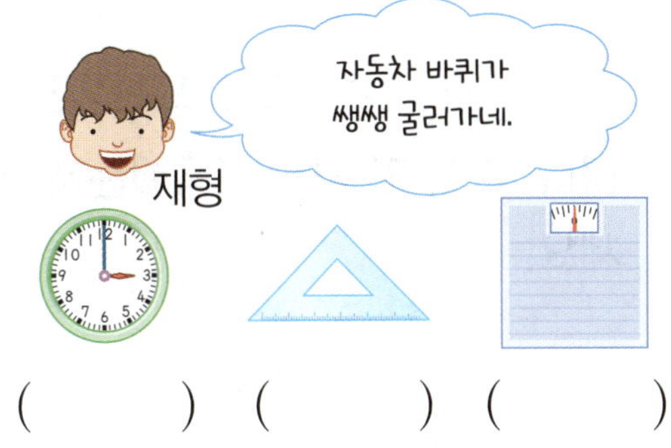

13 같은 시각끼리 선으로 이어 보세요.

14 그림을 바르게 설명한 친구는 누구일까요?

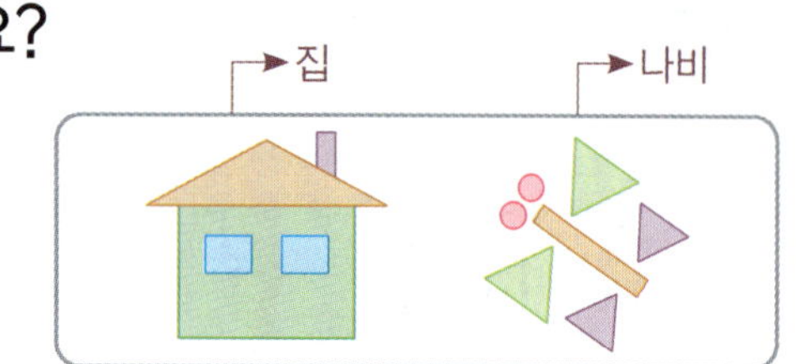

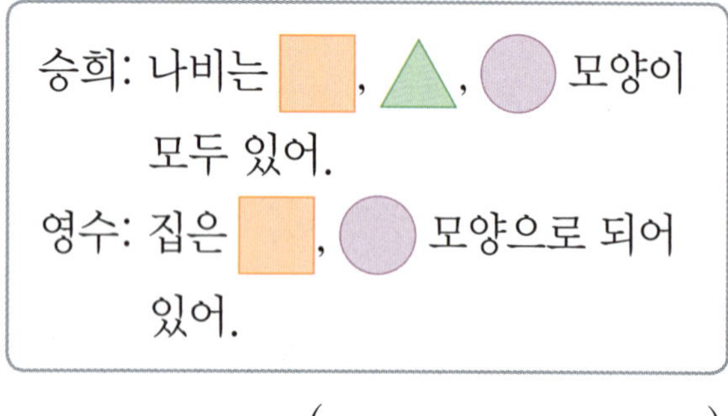

( )

15 ■, ▲, ● 모양으로 꾸민 모양입니다. 각각 몇 개씩 이용했는지 세어 보세요.

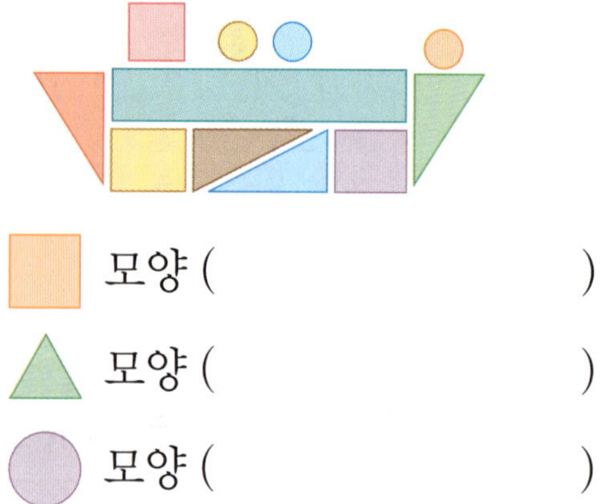

■ 모양 ( )

▲ 모양 ( )

● 모양 ( )

16 ■, ▲, ● 모양을 이용하여 모자를 꾸며 보세요.

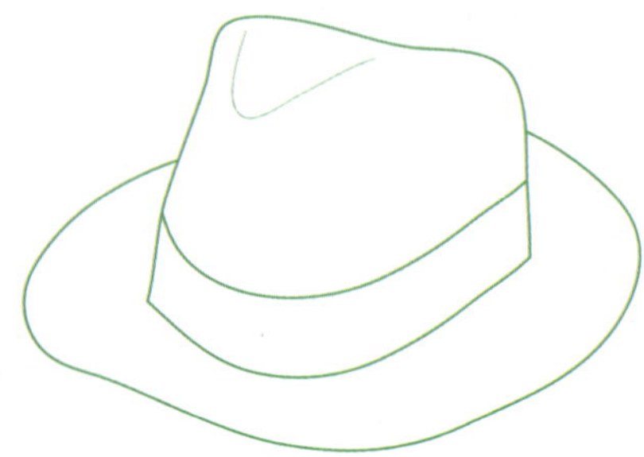

[17~18] 수아네 가족이 저녁에 집에 돌아온 시각입니다. 물음에 답하세요.

17 가장 먼저 집에 돌아온 사람은 누구일까요?

( )

18 가장 늦게 집에 돌아온 사람은 누구일까요?

( )

19 보기 의 모양을 모두 이용하여 꾸민 모양을 찾아 ◯표 하세요.

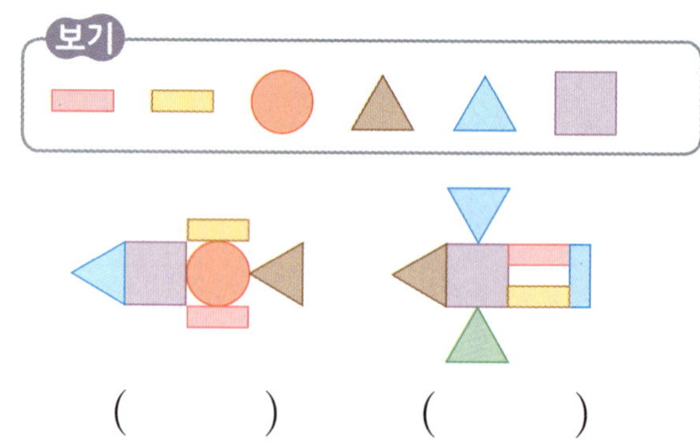

( ) ( )

20 원영이 방에 대한 설명을 보고 잘못된 부분을 찾아 바르게 고쳐 보세요.

원영이 방의 시계는 ■ 모양입니다.

➡ _______________________

스스로 학습장

스스로 학습장은 이 단원에서 배운 것을 확인하는 코너입니다.
몰랐던 것은 꼭 다시 공부해서 내 것으로 만들어 보아요.

😊 친구들이 왼쪽 모양에 대해 설명한 것을 보고 맞으면 ⭕표, 틀리면 ❌표 하세요.

1

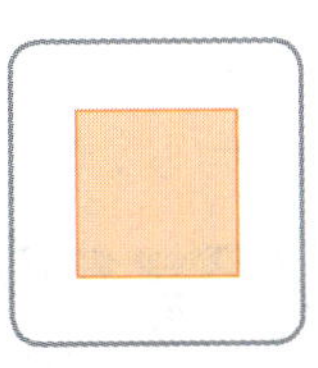

 를 본떠서 만들 수 있는 모양이야.

 뾰족한 부분이 모두 3군데 있어.

 과 같은 모양이야.

2

 과 같은 모양이야.

 뾰족한 부분이 모두 4군데 있어.

 를 본떠서 만들 수 있는 모양이야.

3

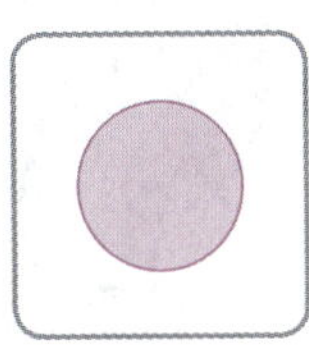

 과 같은 모양이야.

 뾰족한 부분이 한 군데도 없어.

 을 본떠서 만들 수 없는 모양이야.

4

덧셈과 뺄셈 (2)

QR 코드를 찍어 개념 동영상 강의를 보세요. 게임도 하고 문제도 풀 수 있어요.

😊 이번에 배울 내용

- 덧셈 알아보기
- 덧셈하기
- 여러 가지 덧셈하기
- 뺄셈 알아보기
- 뺄셈하기
- 여러 가지 뺄셈하기

모두 몇 개일까요?

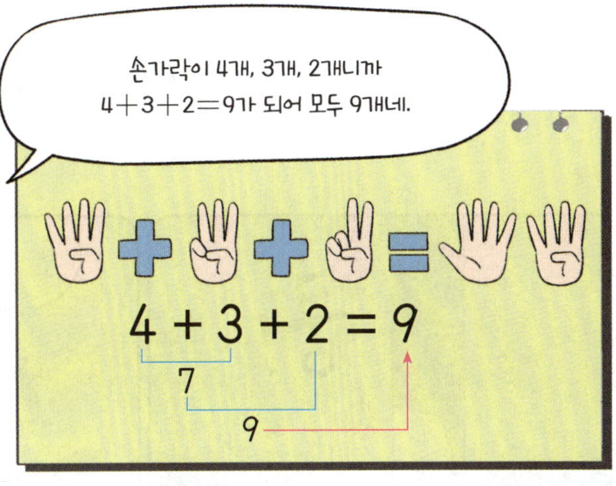

손가락이 4개, 3개, 2개니까
4＋3＋2＝9가 되어 모두 9개네.
4 + 3 + 2 = 9
7
9

이제 괜찮으신가 봐!
휴~ 다행이다.

분명 마술쇼를 보고 있었는데…
왜 잠들었지?
펑!

책을 떨어트렸고….
귀신
툭!

연기가 났었지.
뭉게 뭉게

하얀 물체도 있었고,
귀히히
귀히히

귀… 귀신도 있었어!!
귀 귀 귀
으힉!
쿵!

여긴 위험해!!
귀신이 나온다고!!

삼촌~
치사해. 혼자 도망치다니!!
으 악 악 악 -

문이다!!

덧셈을 알아볼까요

쿵!
으악
별… 별이 보이네.
노란색 별이 8개, 빨간색 별이 3개…. 이게 다 몇 개야~!
헤롱~
헤롱~
별이 8개하고 3개가 더 있으니까 이어 세기 하면 8하고 9, 10, 11이네.
8 9 10 11
8+3=11
삼촌! 괜찮아요?
앗, 수아야!
쑤욱~
멋진 삼촌은 끄떡없단다.
많이 아플 거 같은데…. 삼촌, 왕 혹 났어요!
웃음 참는 중
앗! 내 이마~
그나저나 여기는 어디냐?
글쎄요?
여긴 우리가 예전에 와봤던 곳 같은데….
그러게요. 눈에 익어요!
서… 설마!!
현재로 다시 돌아왔다!!

개념 클릭

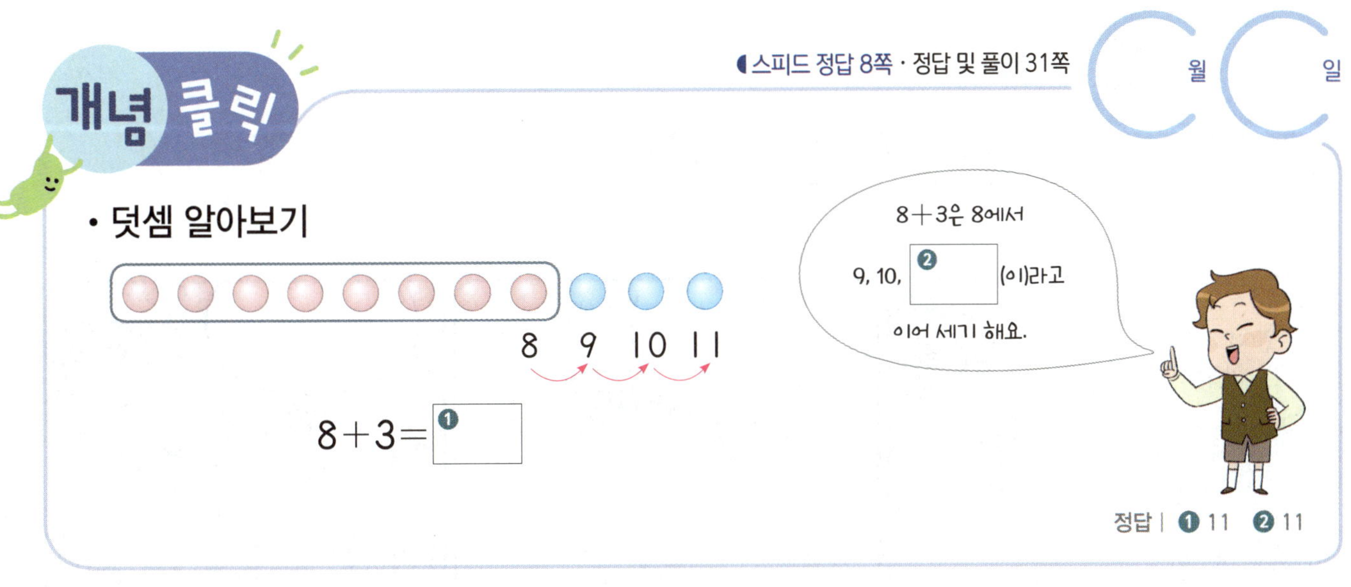

4단원

(1~2) 그림을 보고 이어 세기 하여 □ 안에 알맞은 수를 써넣으세요.

1
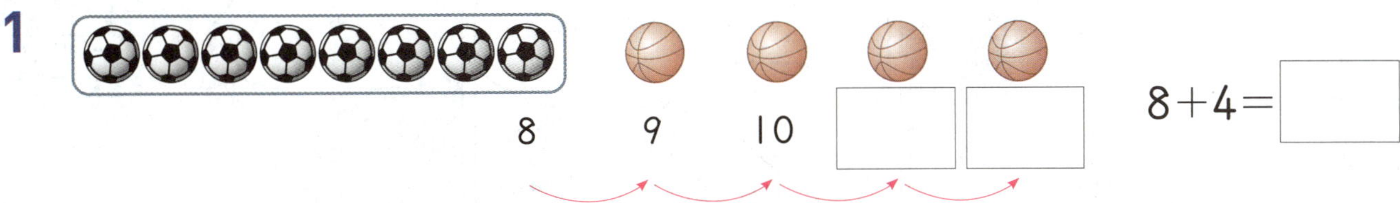

2
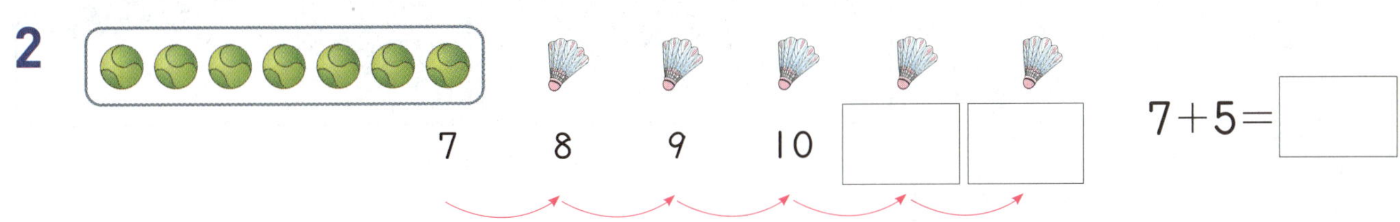

(3~4) 사과와 오렌지는 모두 몇 개인지 구하려고 합니다. 물음에 답하세요.

3 오렌지의 수만큼 △를 그려 보세요.

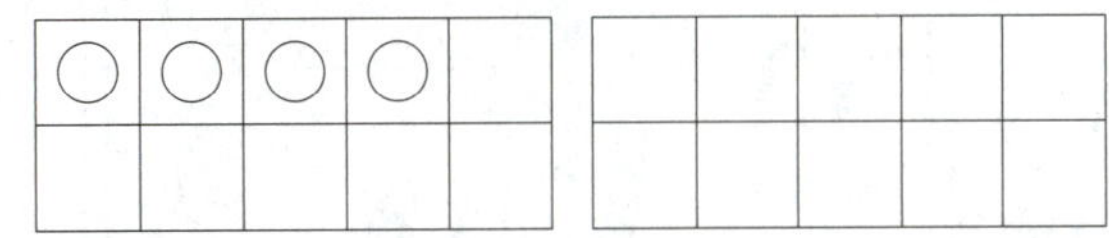

4 사과와 오렌지는 모두 몇 개인지 덧셈식으로 나타내 보세요.

$$4+\boxed{}=\boxed{}$$

덧셈을 해 볼까요 (1)

현재요? 그게 무슨 말씀이죠?
헉!!

사실 너흰 미래로 온 거란다.

미래라고요?
그렇다면….

완전 신나는 일이잖아!!
이게 아닌데….

미래로 와서 그런가 배고프네요.
꼬르르륵

그럼 미래의 도넛을 먹으러 가자!!
도넛
삼촌 최고!!

도넛이 왼쪽 상자에 7개, 오른쪽 상자에 5개가 있지.
우와! 그럼 모두 몇 개죠?

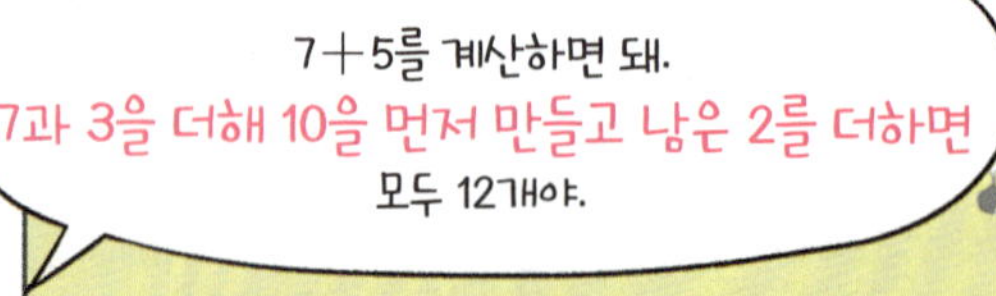

7+5를 계산하면 돼.
7과 3을 더해 10을 먼저 만들고 남은 2를 더하면 모두 12개야.

7 + 5 = 12
3 2

맛있다~
얘들을 이제 과거로 다시 보내야 하는데….

꼬르르륵

일단 먹고 생각하자!!
와구 와구

개념 클릭

• 덧셈하기 (1)

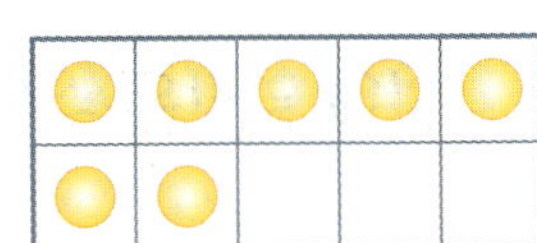 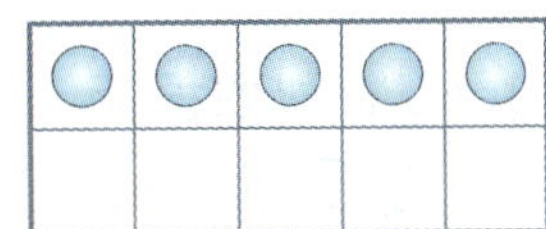

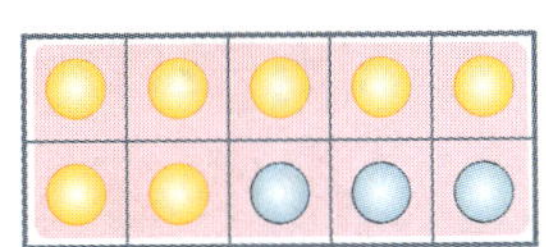 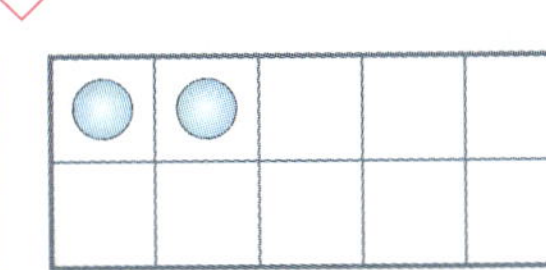

$7+5=12$

➡ 🟡 7개와 🔵 3개를 더해서 10을 먼저 만들면 10과 2가 되어 12가 됩니다.

정답 | ❶ 10

(1~2) 그림을 보고 □ 안에 알맞은 수를 써넣으세요.

1 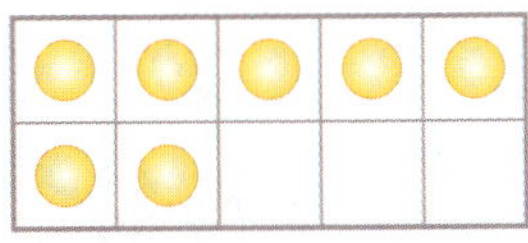 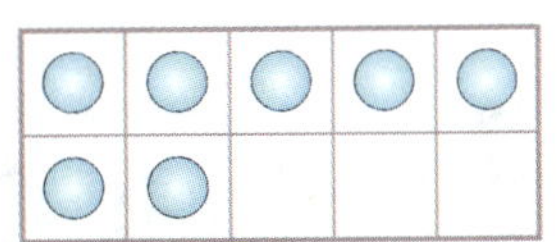

$8+6=$

2 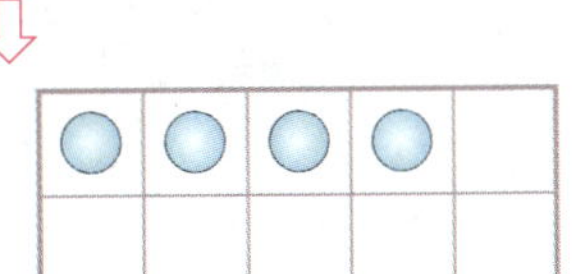

$5+8=$

(3~4) 그림을 보고 덧셈을 해 보세요.

3 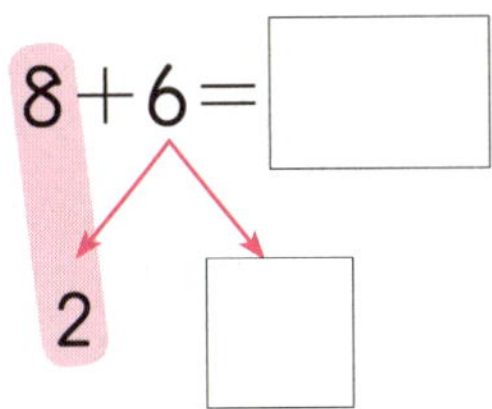

$7+7=$

4 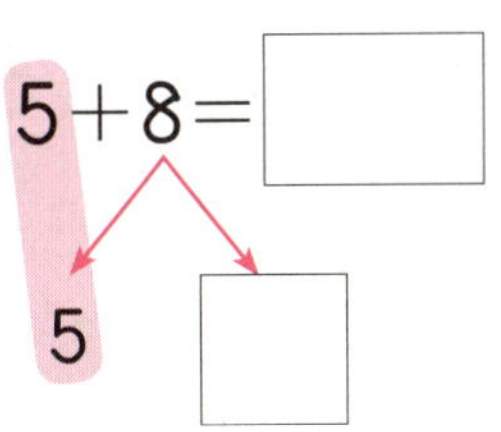 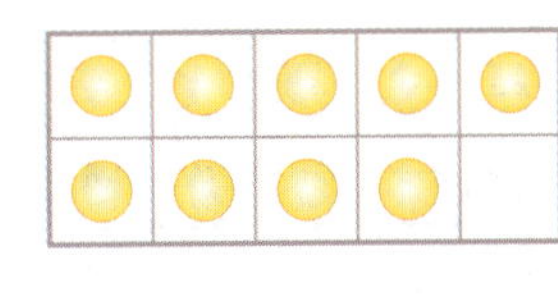 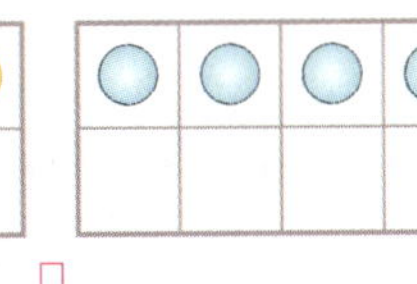 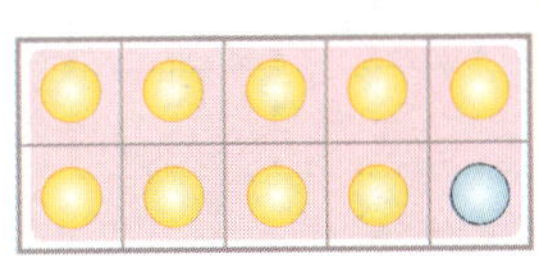 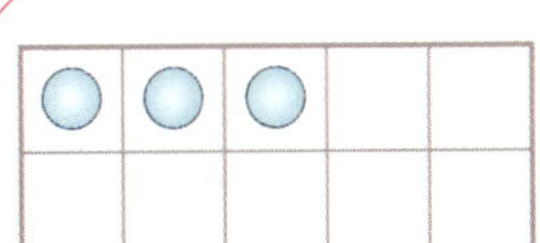

$9+4=$

● 덧셈 알아보기

[1~3] 그림을 보고 ☐ 안에 알맞은 수를 써 넣으세요.

1

$7+5=$ ☐

2
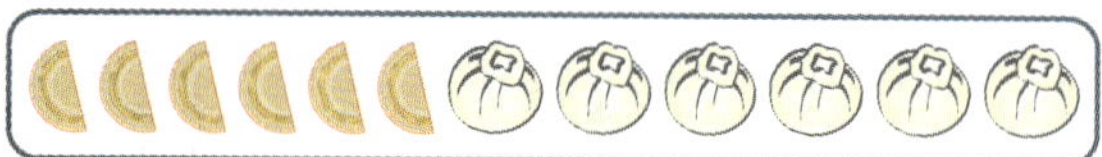

$6+6=$ ☐

3

$9+4=$ ☐

[4~7] 그림을 보고 ☐ 안에 알맞은 수를 써 넣으세요.

4

$6+8=$ ☐

5

$8+5=$ ☐

6

$3+9=$ ☐

7

$7+8=$ ☐

월 일

덧셈하기 (1)

(8~10) 그림을 보고 ☐ 안에 알맞은 수를 써넣으세요.

8

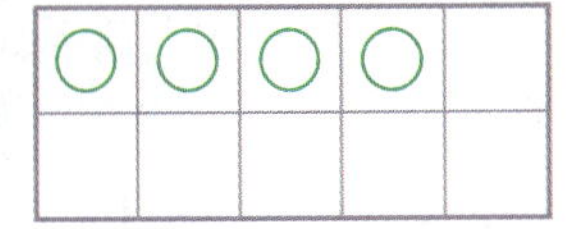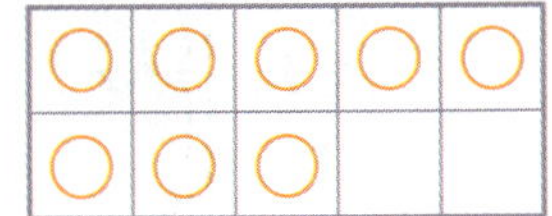

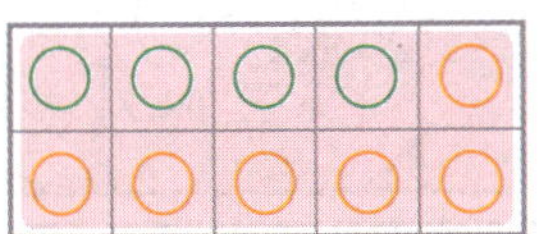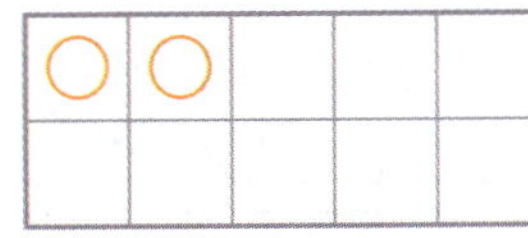

$4+8=$ ☐

9

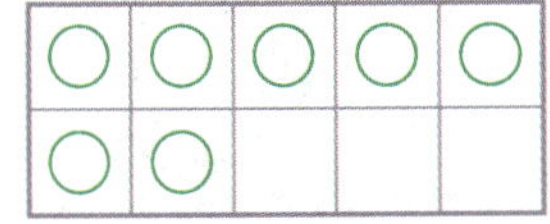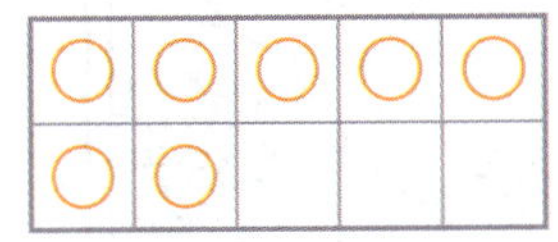

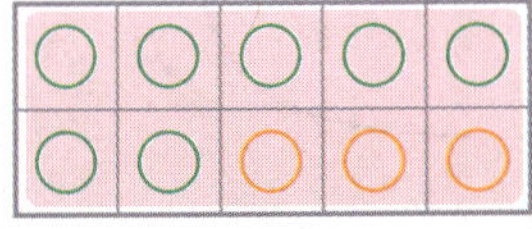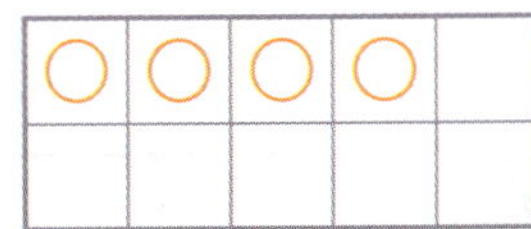

$7+7=$ ☐

10

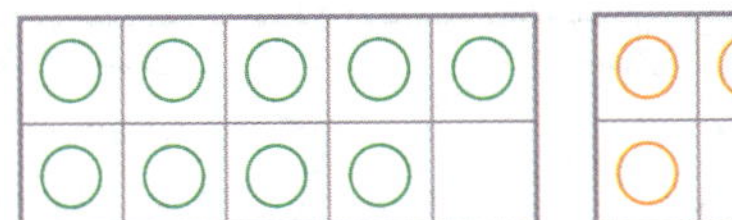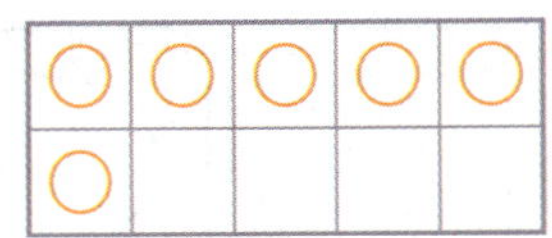

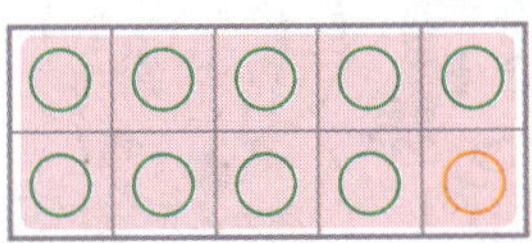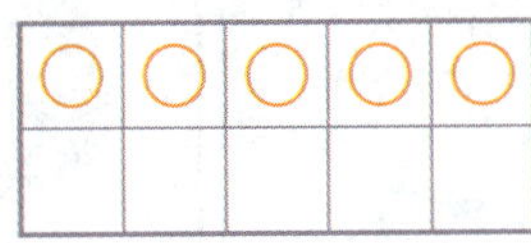

$9+6=$ ☐

(11~15) ☐ 안에 알맞은 수를 써넣으세요.

11 $5+6=$ ☐

5   1

12 $6+7=$ ☐

4   3

13 $7+4=$ ☐

☐   1

14 $8+9=$ ☐

2   ☐

15 $9+7=$ ☐

☐   6

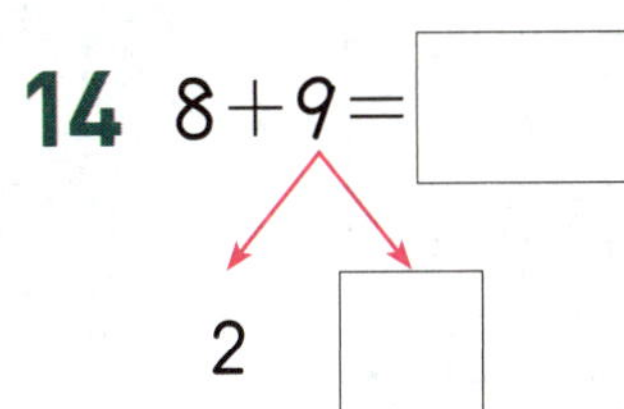
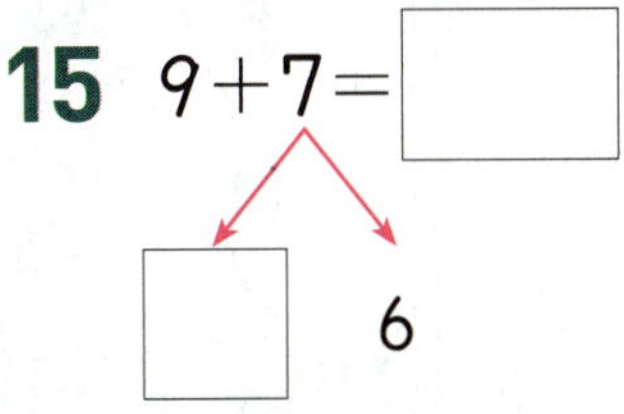

교과서 개념
덧셈을 해 볼까요 (2)

개념 클릭

• 덧셈하기 (2)

 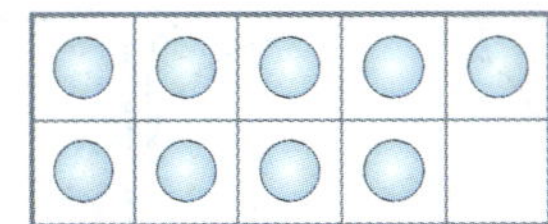

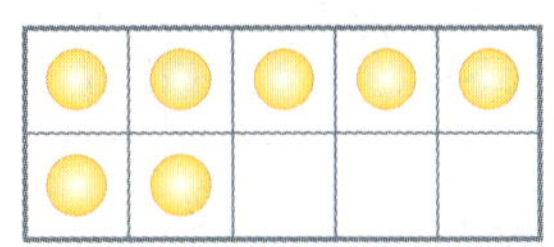 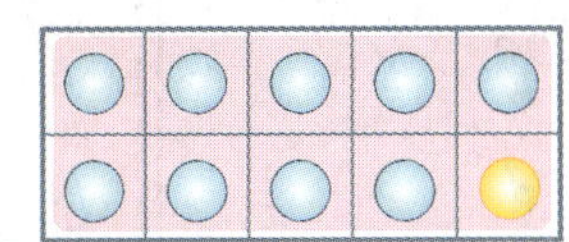

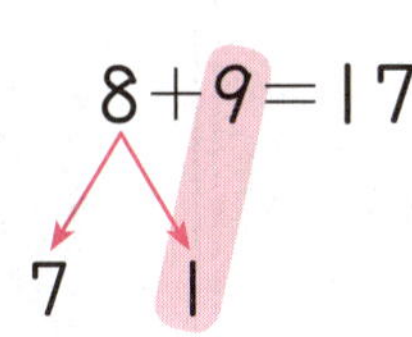

$8+9=17$

➡ 🔵 9개와 🟡 1개를 더해서 10을 먼저 만들면 10과 7이 되어

❶ ◻ 이/가 됩니다.

정답 | ❶ 17

(1~2) 그림을 보고 ◻ 안에 알맞은 수를 써넣으세요.

1

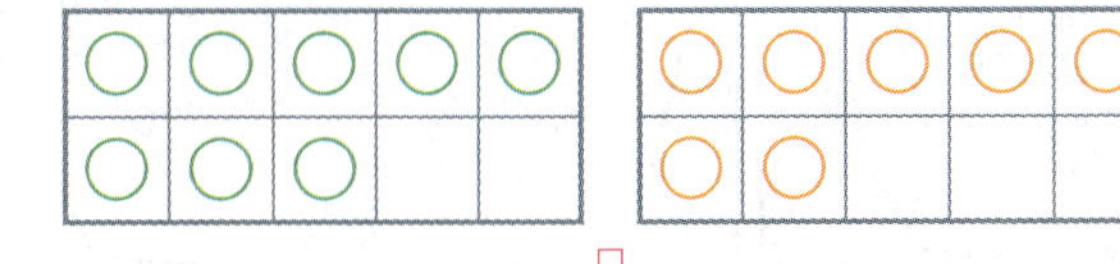

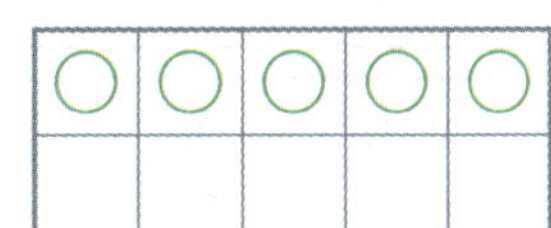 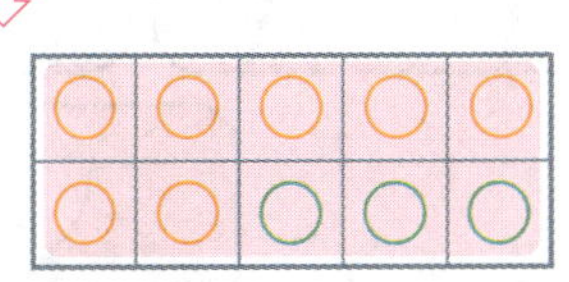

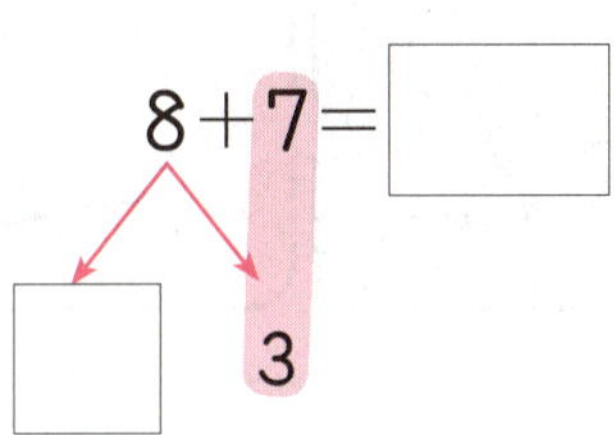

$8+7=$ ◻

3

2

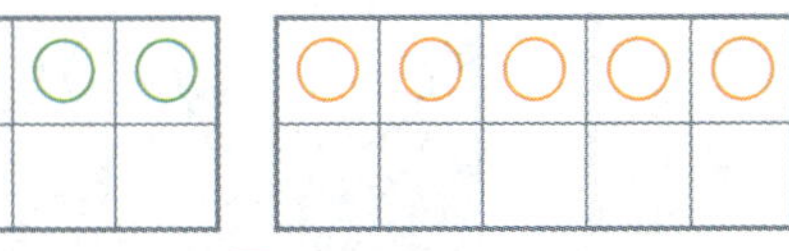

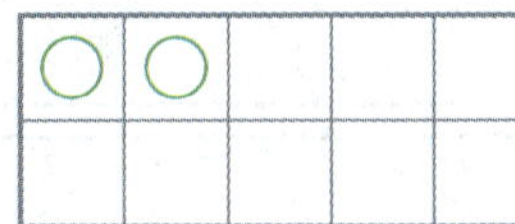 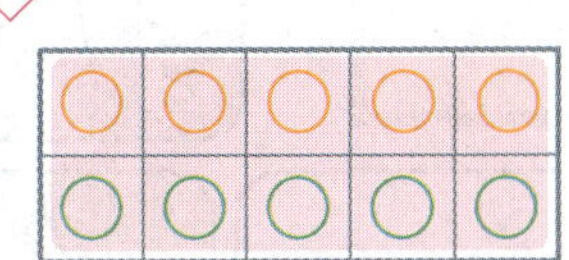

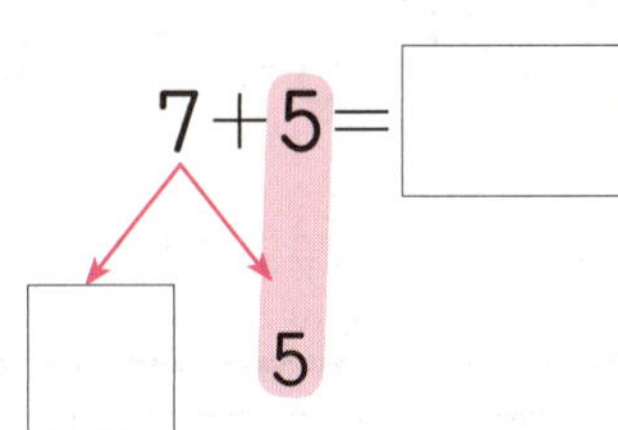

$7+5=$ ◻

5

(3~4) ◻ 안에 알맞은 수를 써넣으세요.

3 $6+8=$ ◻

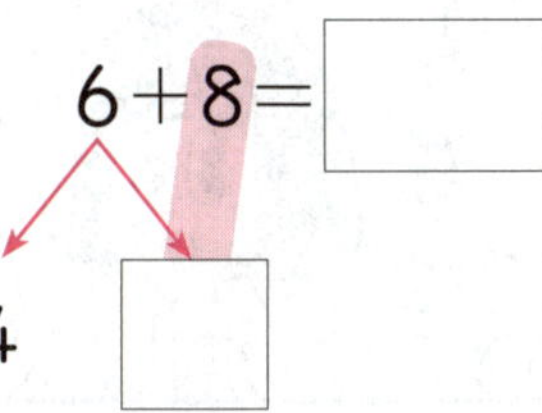

4

4 $9+5=$ ◻

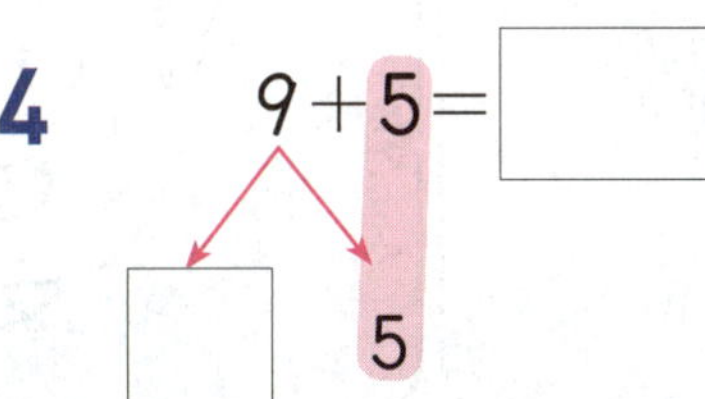

5

여러 가지 덧셈을 해 볼까요

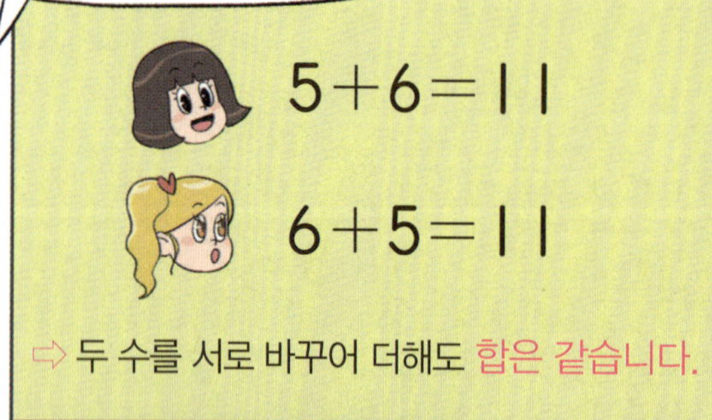

개념 클릭

• 여러 가지 덧셈하기

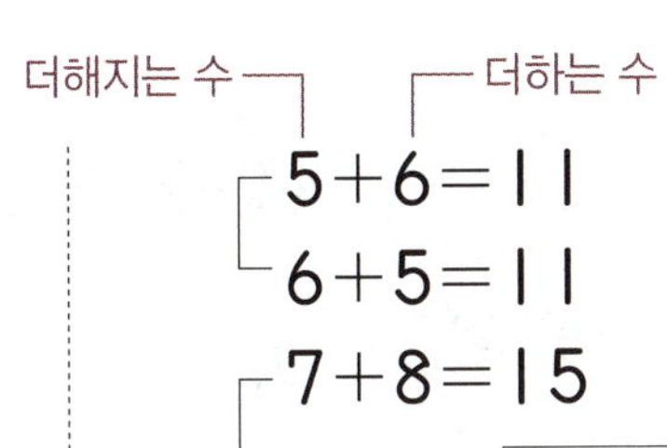

정답 | ❶ 15

4
단원

(1~2) ☐ 안에 알맞은 수를 써넣으세요.

1 5+6=11
　　5+7=12

　　5+8= ☐

　　5+9= ☐

　⇨ 더하는 수가 1씩 커지면 합도
　　☐ 씩 커집니다.

2 8+8=16
　　8+7=15

　　8+6= ☐

　　8+5= ☐

　⇨ 더하는 수가 1씩 작아지면 합도
　　☐ 씩 작아집니다.

 덧셈을 해 보세요.

3 6+6=12
　　6+7= ☐

4 9+9=18
　　9+8= ☐

5 3+9= ☐
　　9+3= ☐

6 4+8= ☐
　　8+4= ☐

● 덧셈하기 (2)

(1~3) 그림을 보고 ☐ 안에 알맞은 수를 써 넣으세요.

1
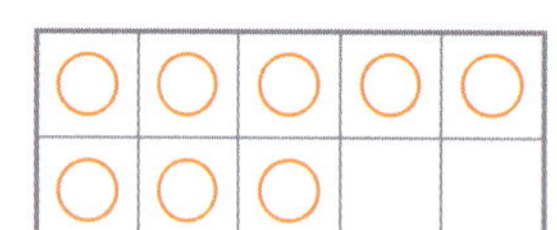

$6+8=$ ☐

4 2

2
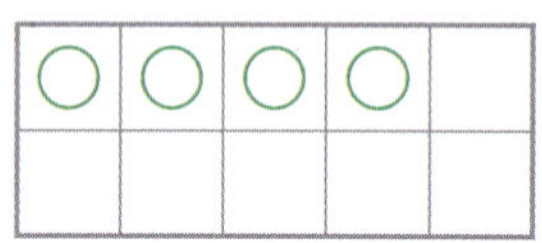
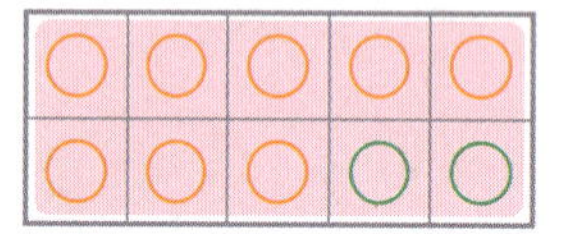

$7+6=$ ☐

3 4

3
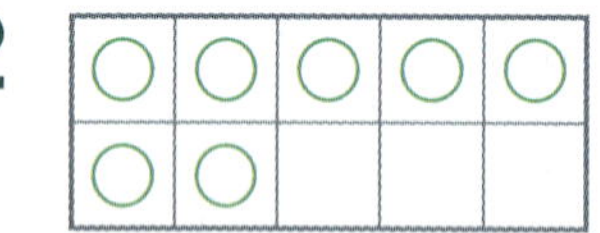
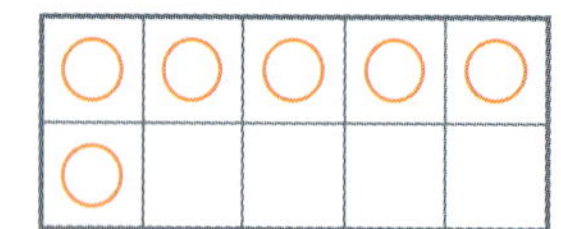

$9+7=$ ☐

6 3

(4~9) 덧셈을 해 보세요.

4
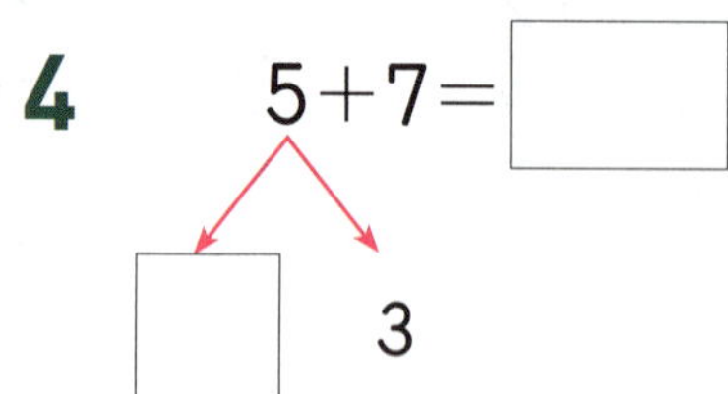

$5+7=$ ☐

☐ 3

5
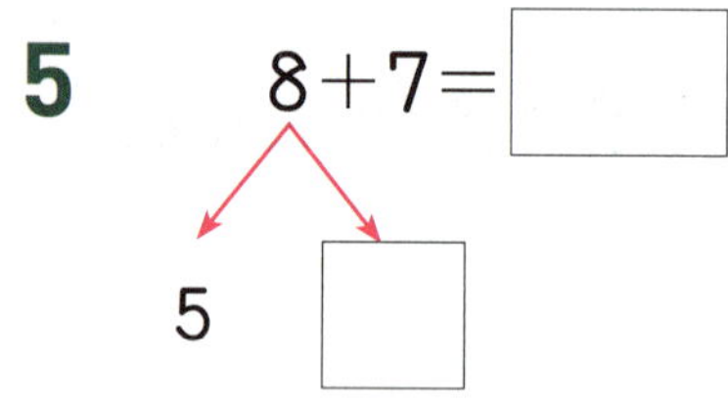

$8+7=$ ☐

5 ☐

6
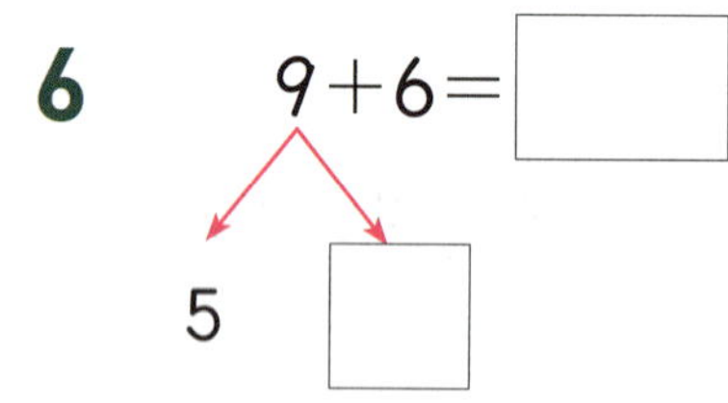

$9+6=$ ☐

5 ☐

7 $6+7=$ ☐

8 $5+9=$ ☐

9 $8+9=$ ☐

여러 가지 덧셈하기

(10~12) ☐ 안에 알맞은 수를 써넣으세요.

10 6+5=11
6+6=12
6+7=13
6+8=☐

⇨ 더하는 수가 1씩 커지면 합도
☐ 씩 커집니다.

11 8+6=14
8+5=13
8+4=12
8+3=☐

⇨ 더하는 수가 1씩 작아지면 합도
☐ 씩 작아집니다.

12 ┌ 3+9=12
└ 9+3=☐
┌ 8+7=15
└ 7+8=☐

⇨ 두 수를 서로 바꾸어 더해도 합은
같습니다.

13 합이 11인 식에 ◯표 하세요.

| 5+7 | 9+2 |

14 합이 14인 식에 ◯표 하세요.

| 8+6 | 7+8 |

15 합이 16인 식에 ◯표 하세요.

| 9+5 | 8+8 |

16 합이 17인 식에 ◯표 하세요.

| 7+7 | 8+9 |

17 9+4와 합이 같은 식을 모두 찾아
◯표 하세요.

9+4	8+4	7+4
9+5	8+5	7+5
9+6	8+6	7+6

교과서 개념
뺄셈을 알아볼까요

개념 클릭

- 뺄셈 알아보기

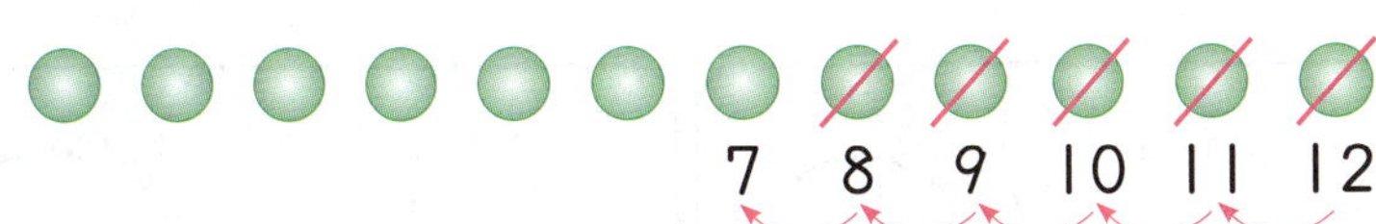

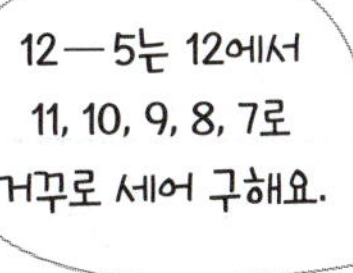

7 8 9 10 11 12

$12-5=$ ❶

정답 | ❶ 7

4 단원

[1~2] 그림을 보고 거꾸로 세어 ☐ 안에 알맞은 수를 써넣으세요.

1 

☐ ☐ ☐ 10 11 $11-4=$ ☐

2

☐ ☐ ☐ 7 8 9 10 11 12 13 $13-9=$ ☐

[3~4] 검은색 바둑돌은 흰색 바둑돌보다 몇 개 더 많은지 구하려고 합니다. 물음에 답하세요.

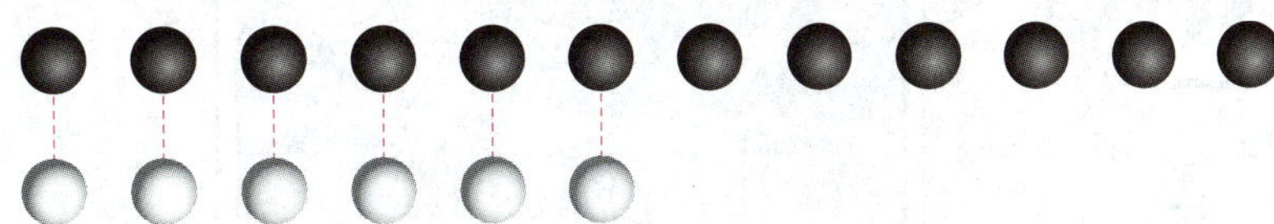

3 뺄셈식으로 나타내 보세요.

$12-$ ☐ $=$ ☐

4 알맞은 말에 ◯표 하고, ☐ 안에 알맞은 수를 써넣으세요.

(검은색 , 흰색) 바둑돌이 (검은색 , 흰색) 바둑돌보다 ☐ 개 더 많습니다.

뺄셈을 해 볼까요 (1)

고속 열차
줄 서는 곳

으아~ 화가 나기 시작한다.
응?

대체 언제까지 기다려야 하는 거야!
조, 조금만 기다려.
파 바 밧

우리 앞에 16명이 서 있었는데 8명이 탔어.
고속열차

16에서 6을 먼저 빼고 10에서 남은 2를 빼면 8이니까 8명만 더 타면 우리 차례야.
16 - 8 = 8
6 2

다음 손님 입장해 주세요.
드디어 우리 차례다

이거 정말 안전한 거 맞지?
삼촌. 걱정 마세요.

오~
으...
타타타타

꺄아아아-

꺄아-
에디슨

좌르륵-
안 돼~!!!

월   일

개념 클릭

• 뺄셈하기 (1)

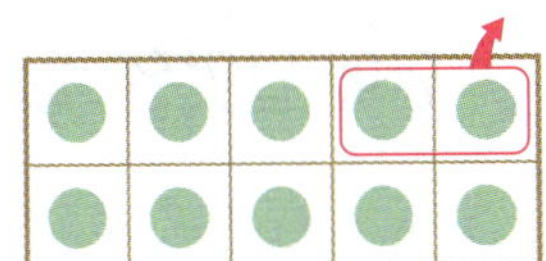 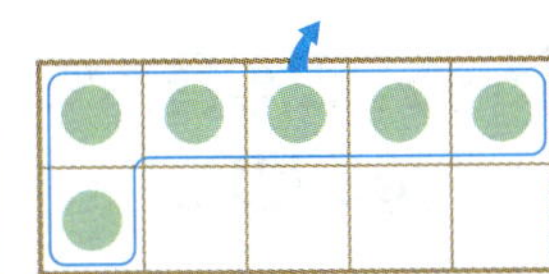

$16 - 8 = \boxed{❶}$

6   2

⇨ 16에서 6을 먼저 빼고 10에서 남은 2를 빼면 8이 됩니다.

정답 | ❶ 8

4단원

(1~2) 그림을 보고 ☐ 안에 알맞은 수를 써넣으세요.

1

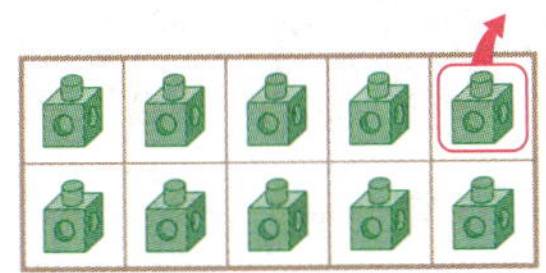 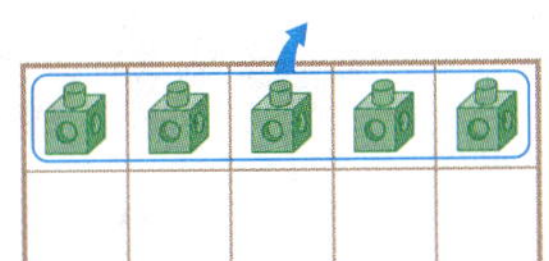

$15 - 6 = \boxed{}$

5   1

2

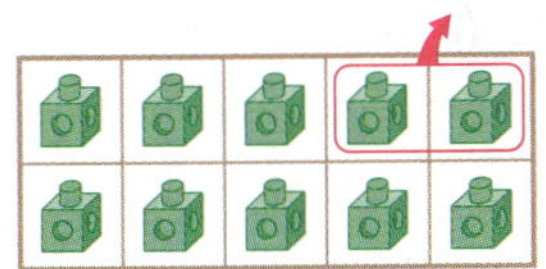 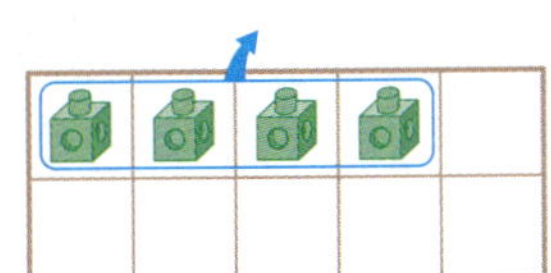

$14 - 6 = \boxed{}$

4   2

(3~6) 그림을 보고 뺄셈을 해 보세요.

3

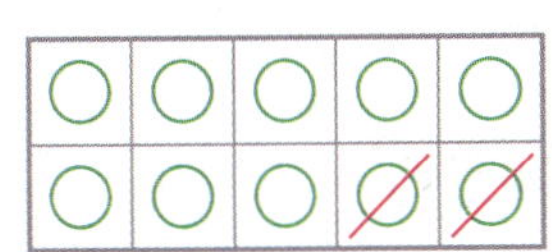 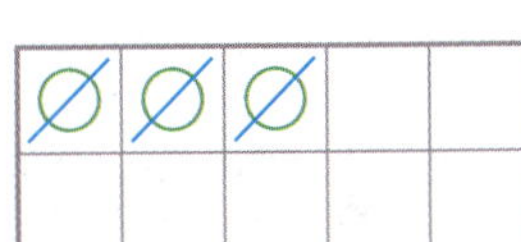

$13 - 5 = \boxed{}$

3   2

4

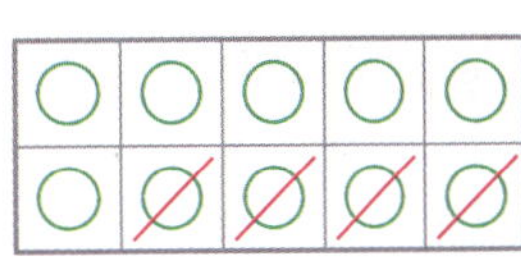 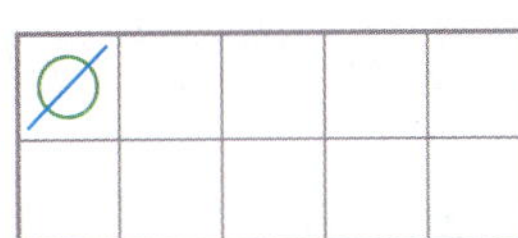

$11 - 5 = \boxed{}$

1   4

5

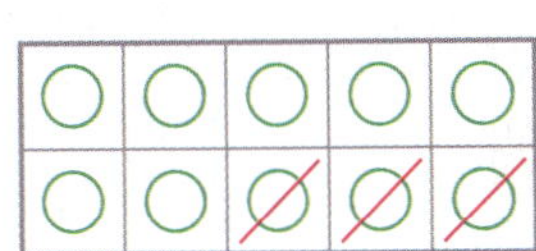 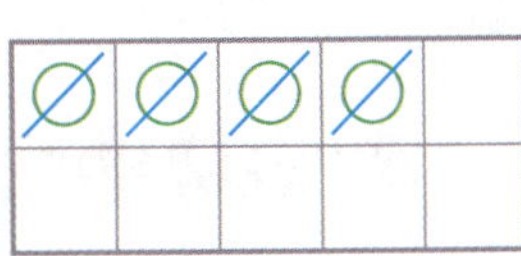

$14 - 7 = \boxed{}$

4   3

6

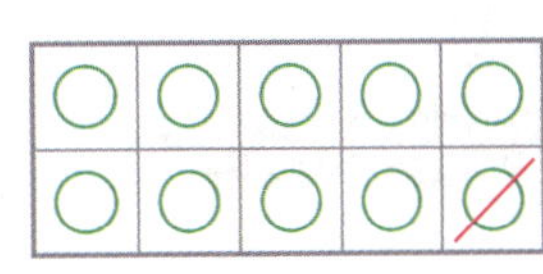 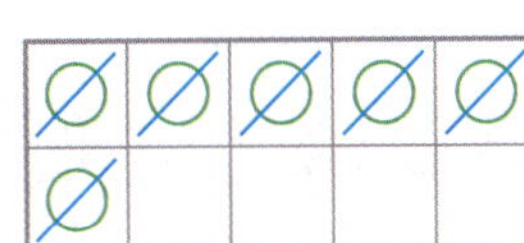

$16 - 7 = \boxed{}$

6   1

단계 2 개념 집중 연습

뺄셈 알아보기

(1~4) 빨간색 연결 모형은 초록색 연결 모형보다 몇 개 더 많은지 구하세요.

1

$11-7=\boxed{}$

2

$12-4=\boxed{}$

3

$15-6=\boxed{}$

4

$17-9=\boxed{}$

(5~6) 그림을 보고 $\boxed{}$ 안에 알맞은 수를 써넣으세요.

5

$11-5=\boxed{}$

6

$14-6=\boxed{}$

(7~8) 그림을 보고 $\boxed{}$ 안에 알맞은 수를 써넣으세요.

7

야구공이 야구 글러브보다 $\boxed{}$ 개 더 많습니다.

8

탁구공이 탁구채보다 $\boxed{}$ 개 더 많습니다.

뺄셈하기 (1)

(9~12) 그림을 보고 뺄셈을 해 보세요.

9

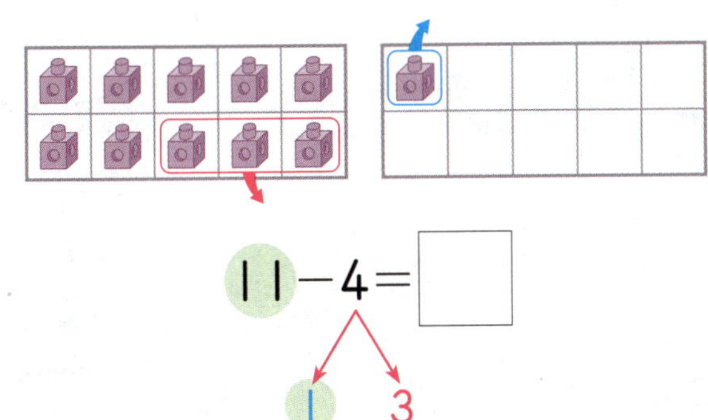

$11-4=\boxed{}$

1   3

10

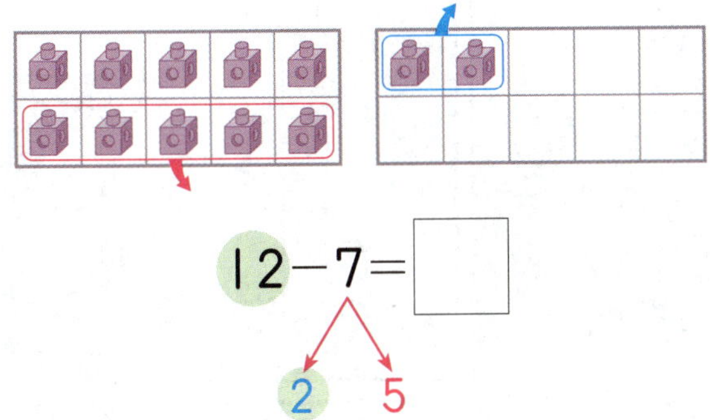

$12-7=\boxed{}$

2   5

11

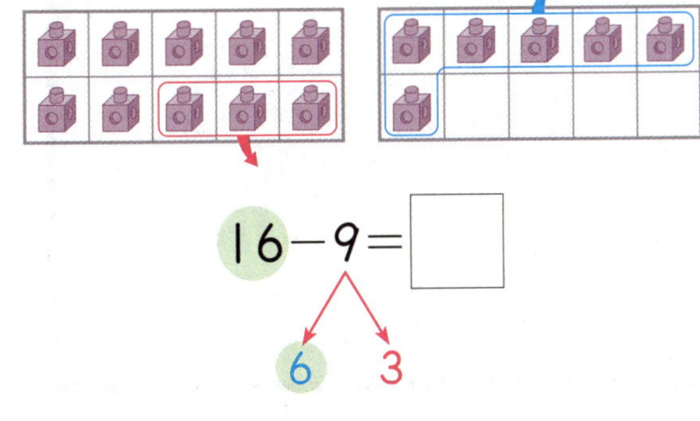

$16-9=\boxed{}$

6   3

12

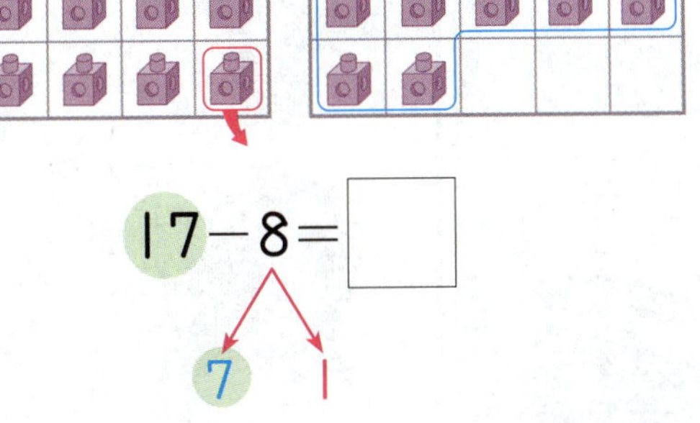

$17-8=\boxed{}$

7   1

(13~17) □ 안에 알맞은 수를 써넣으세요.

13 $13-7=\boxed{}$

3   4

14 $12-9=\boxed{}$

2   7

15 $15-8=\boxed{}$

$\boxed{}$ 3

16 $14-5=\boxed{}$

$\boxed{}$ 1

17 $18-9=\boxed{}$

$\boxed{}$ 1

뺄셈을 해 볼까요 (2)

어디 있지?

저, 저 책이다.
에디슨

꼬… 꼬마야.
그 책 아저씨한테
돌려주겠니?
싫어요.
저 이 책 갖고
싶어요.

제~발 돌려줘.
아저씨가 이렇게 빌게.
그럼 제 소원을
들어주세요.

여기 있는
간식 다
사주세요.
그걸 다?

전부 다 하면
동전 9개네요.
네~.
다 주세요.

으아~
동전 12개 중에서 9개를
냈으니까….

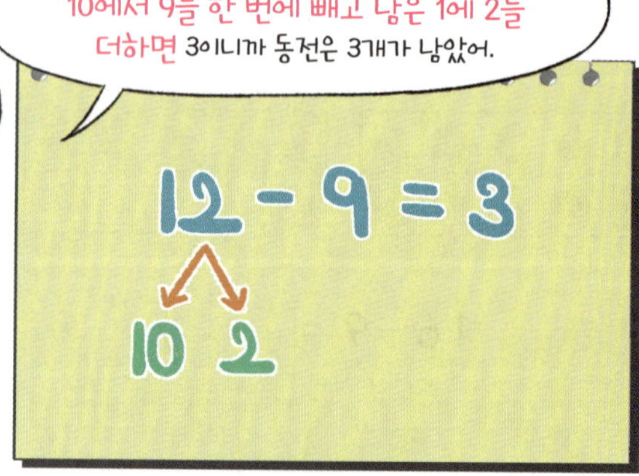

10에서 9를 한 번에 빼고 남은 1에 2를
더하면 3이니까 동전은 3개가 남았어.
12 - 9 = 3
10 2

간식 감사합니다.
아저씨!
응, 그래~.

하마터면 역사가
바뀔 뻔 했다….

어서 가서 애들을 집으로
돌려보내야겠어.

개념 클릭

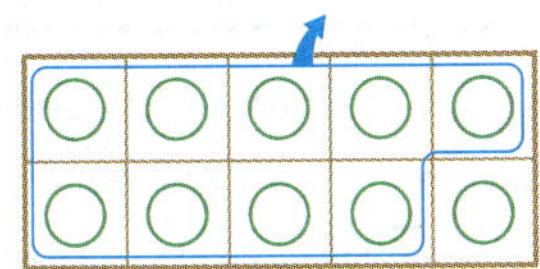
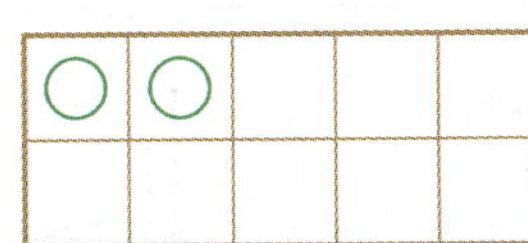

- **뺄셈하기 (2)**

$$12-9=\boxed{❶}$$

⇨ 10에서 9를 한 번에 빼고 남은 1에 2를 더하면 3이 됩니다.

정답 | ❶ 3

4단원

---

1 그림을 보고 ☐ 안에 알맞은 수를 써넣으세요.

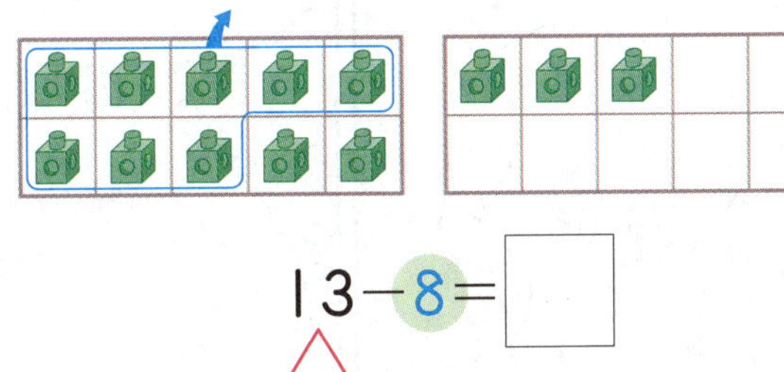

$$13-8=\boxed{}$$

10   3

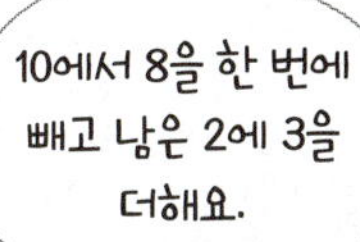

(2~3) 그림을 보고 뺄셈을 해 보세요.

2
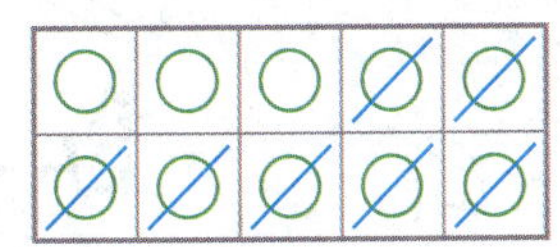
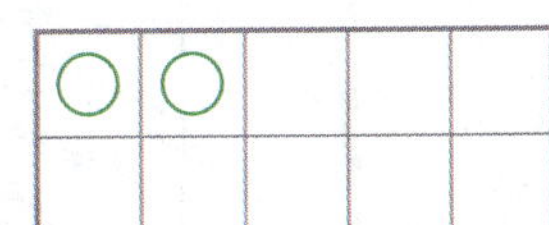

$$12-7=\boxed{}$$

10   ☐

3
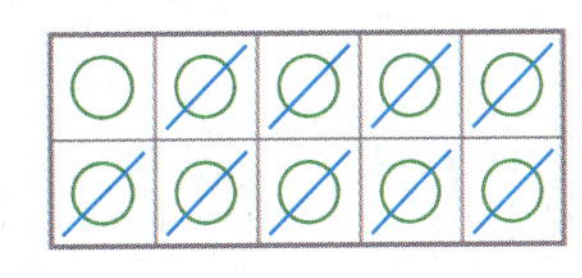

$$11-9=\boxed{}$$

10   ☐

(4~5) ☐ 안에 알맞은 수를 써넣으세요.

4 $$15-6=\boxed{}$$
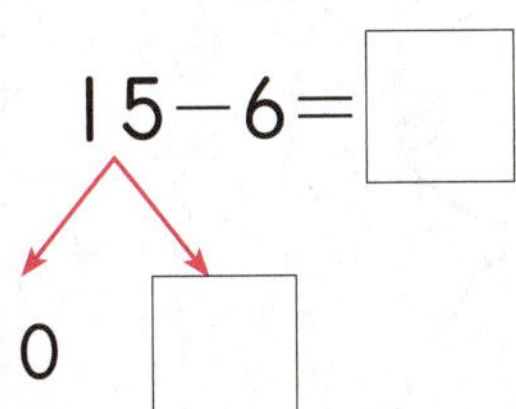
10   ☐

5 $$14-8=\boxed{}$$
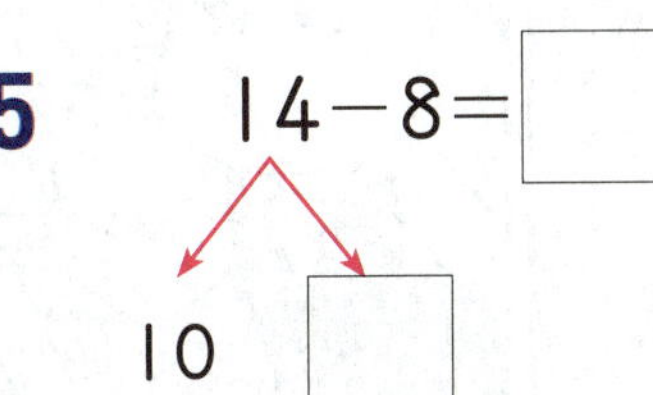
10   ☐

여러 가지 뺄셈을 해 볼까요

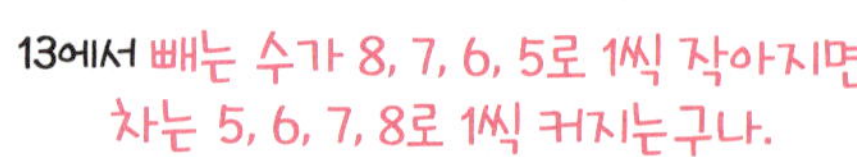

개념 클릭

- 여러 가지 뺄셈하기

$13-⑧=5$
$13-⑦=6$
$13-⑥=7$
$13-⑤=8$

빼는 수가 1씩 작아지면
차는 1씩 커져요.

빼지는 수 ┐   ┌ 빼는 수
$11-6=⑤$
$12-7=⑤$
$13-8=⑤$
$14-9=⑤$

빼지는 수와 빼는 수가 모두
1씩 커지면 차가 같아요.

정답 | ❶ 5

4단원

(1~2) ▢ 안에 알맞은 수를 써넣으세요.

1
$13-8=5$
$14-8=6$
$15-8=7$
$16-8=▢$

⇨ 빼지는 수가 1씩 커지면
차는 ▢ 씩 커집니다.

2
$12-4=8$
$13-5=8$
$14-6=8$
$15-7=▢$

⇨ 빼지는 수와 빼는 수가 모두 1씩
커지면 차는 ▢ (으)로 같습니다.

(3~6) 뺄셈을 해 보세요.

3
$12-6=6$
$12-5=▢$

4
$16-8=8$
$16-9=▢$

5
$15-9=▢$
$15-8=▢$

6
$14-6=▢$
$14-7=▢$

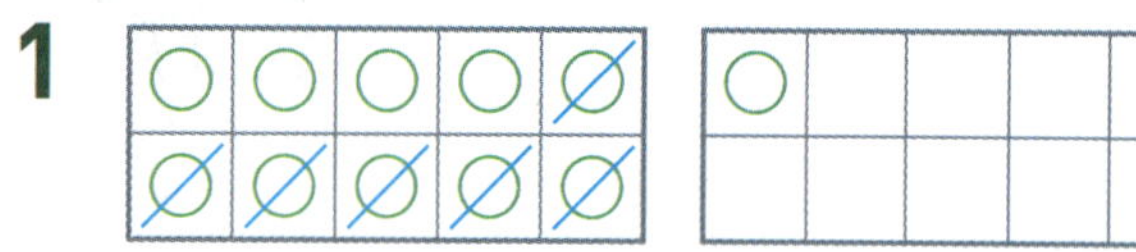

● 뺄셈하기 (2)

(1~4) 그림을 보고 뺄셈을 해 보세요.

1

$$11 - 6 = \boxed{}$$

10   1

2

$$13 - 8 = \boxed{}$$

10   3

3

$$15 - 7 = \boxed{}$$

10   5

4

$$17 - 9 = \boxed{}$$

10   7

(5~10) ☐ 안에 알맞은 수를 써넣으세요.

5
$$14 - 7 = \boxed{}$$
10    $\boxed{}$

6
$$16 - 9 = \boxed{}$$
10    $\boxed{}$

7
$$12 - 4 = \boxed{}$$
10    $\boxed{}$

8 $13 - 5 = \boxed{}$

9 $14 - 6 = \boxed{}$

10 $18 - 9 = \boxed{}$

● 여러 가지 뺄셈하기

(11~13) □ 안에 알맞은 수나 말을 써넣으세요.

11
$11-4=7$
$11-5=6$
$11-6=5$
$11-7=$ □

➡ 빼는 수가 1씩 커지면 차는

□ 씩 작아집니다.

12
$13-7=6$
$14-7=7$
$15-7=8$
$16-7=$ □

➡ 빼지는 수가 1씩 커지면 차는

□ 씩 커집니다.

13
$12-3=9$
$13-4=9$
$14-5=$ □
$15-6=$ □

➡ 빼지는 수와 빼는 수가 모두 1씩

커지면 차는 □ .

14 차가 2인 식에 △표 하세요.

| $11-9$ | $16-8$ |

15 차가 3인 식에 △표 하세요.

| $13-4$ | $12-9$ |

16 차가 6인 식에 △표 하세요.

| $14-9$ | $13-7$ |

17 차가 7인 식에 △표 하세요.

| $15-8$ | $13-9$ |

18 $12-7$과 차가 같은 식을 모두 찾아 △표 하세요.

$11-6$	$11-7$	$11-8$
$12-6$	$12-7$	$12-8$
$13-6$	$13-7$	$13-8$

1 인형은 모두 몇 개인지 구하세요.

인형은 모두 ☐ 개입니다.

2 남는 우유갑의 수를 구하세요.

남는 우유갑은 ☐ 개입니다.

3 그림을 보고 ☐ 안에 알맞은 수를 써넣으세요.

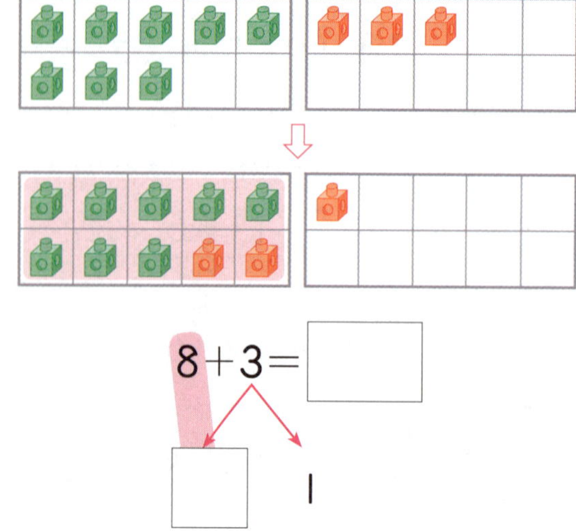

$8 + 3 =$ ☐

☐ ㅣ

월   일

4 그림을 보고 □ 안에 알맞은 수를 써넣으세요.

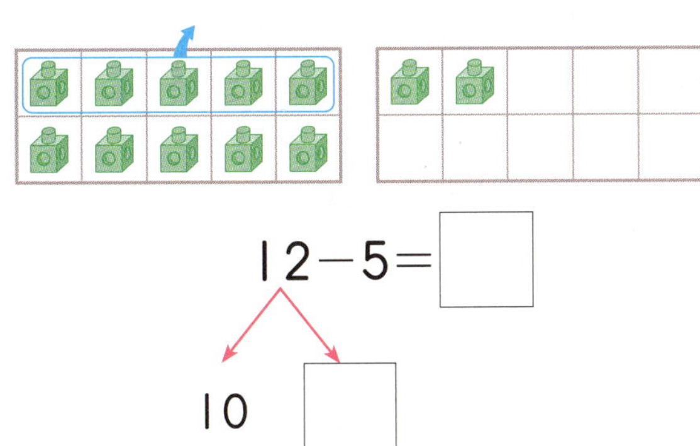

$$12-5=\boxed{}$$

10 $\boxed{}$

5 □ 안에 알맞은 수를 써넣으세요.

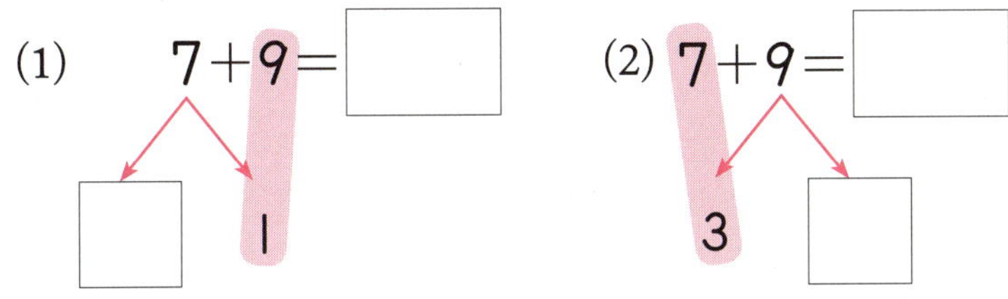

(1) $7+9=\boxed{}$

$\boxed{}$ 1

(2) $7+9=\boxed{}$

3   $\boxed{}$

· ⑴은 9와 더하여 10을 만들기 위해 7을 가르기한 방법이고, ⑵는 7과 더하여 10을 만들기 위해 9를 가르기한 방법입니다.

6 그림을 보고 덧셈을 해 보세요.

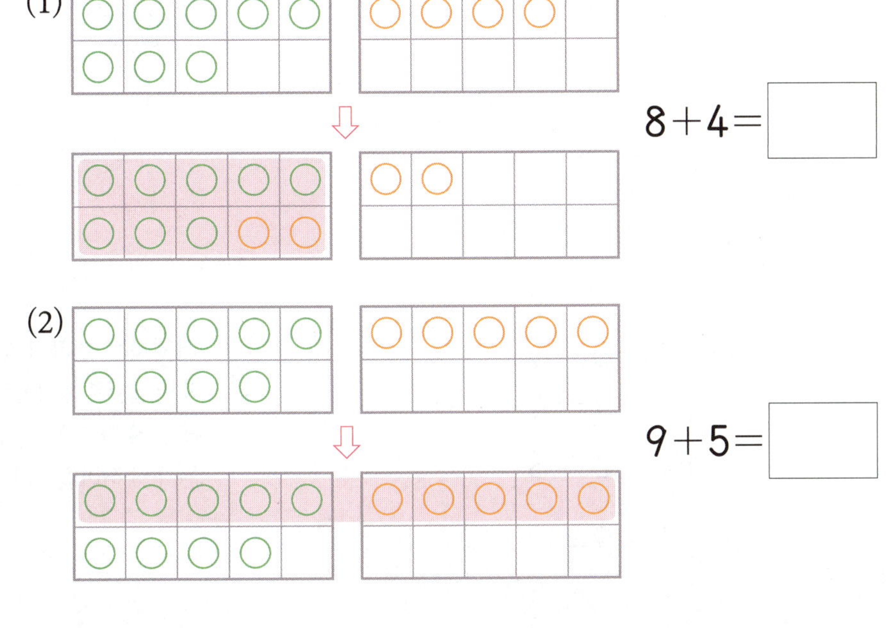

(1)

$$8+4=\boxed{}$$

(2)

$$9+5=\boxed{}$$

4. 덧셈과 뺄셈 ⑵ **113**

7 그림을 보고 뺄셈을 해 보세요.

(1)

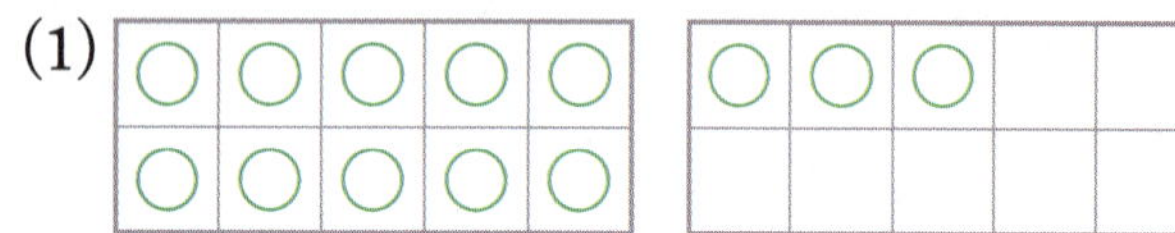

$13-5=\boxed{}$

(2)

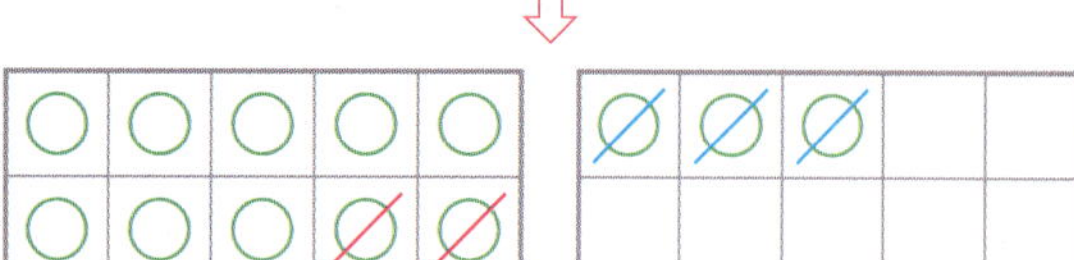

$14-8=\boxed{}$

8 계산해 보세요.

(1) $4+8=\boxed{}$ (2) $9+8=\boxed{}$

(3) $14-6=\boxed{}$ (4) $17-9=\boxed{}$

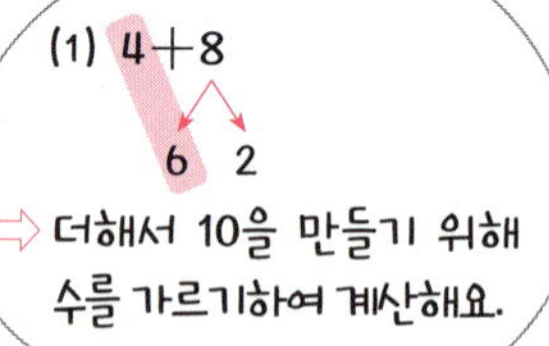

9 계산해 보세요.

(1) $8+5=13$　　(2) $11-6=5$
　$7+5=12$　　　$11-7=4$
　$6+5=11$　　　$11-8=3$
　$5+5=\boxed{}$　　　$11-9=\boxed{}$

• (1) 더해지는 수가 1씩 작아
지면 합은 1씩 작아집니다.
(2) 빼는 수가 1씩 커지면 차
는 1씩 작아집니다.

10 물고기 9마리가 있는 어항에 물고기 6마리를 더 넣었습니다. 어항 속 물고기는 모두 몇 마리인지 구하세요.

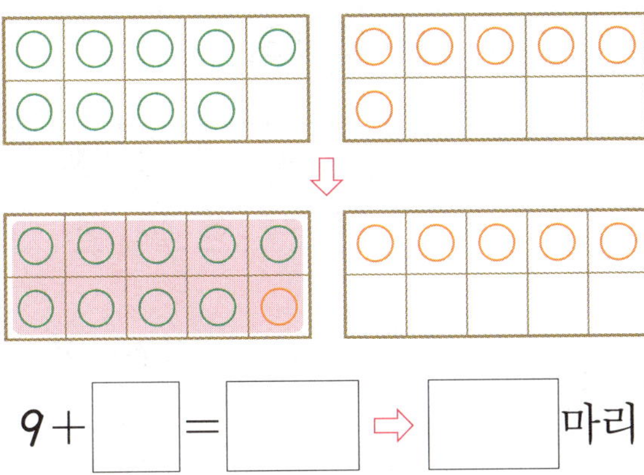

$$9 + \boxed{} = \boxed{} \Rightarrow \boxed{} \text{마리}$$

• 어항 속 물고기의 수는 9+6을 계산하여 구합니다.

11 연두색 구슬이 6개, 주황색 구슬이 8개 있습니다. 구슬은 모두 몇 개인지 구하세요.

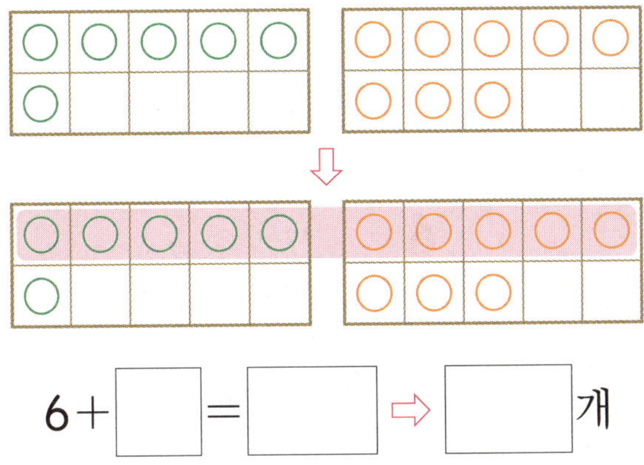

$$6 + \boxed{} = \boxed{} \Rightarrow \boxed{} \text{개}$$

• 6과 8을 각각 5와 ■로 가르기하여 구할 수도 있습니다.

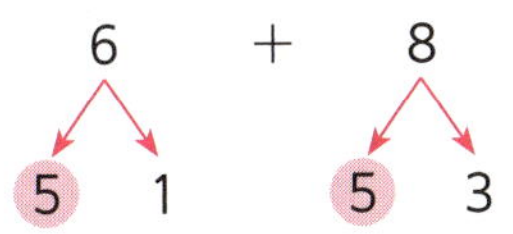

5와 5를 더해 10을 먼저 만들고 남은 1과 3을 더하는 방법입니다.

12 어린이 15명에게 공책을 한 권씩 나누어 주려고 합니다. 공책은 9권 있습니다. 공책이 몇 권 더 필요한지 구하세요.

(   )

1 물고기는 모두 몇 마리인지 구하세요.

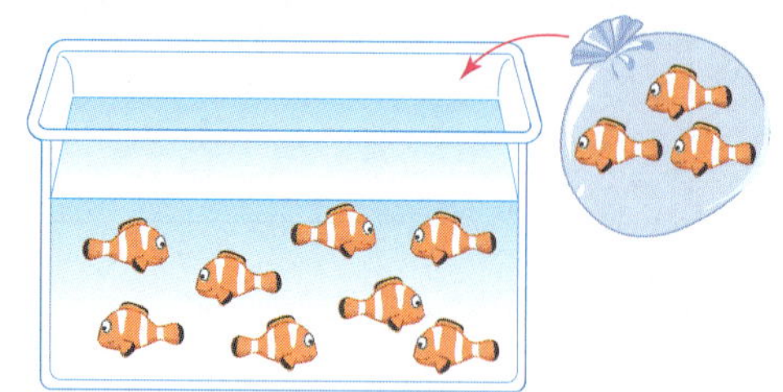

물고기는 모두 ☐ 마리입니다.

2 그림을 보고 덧셈을 해 보세요.

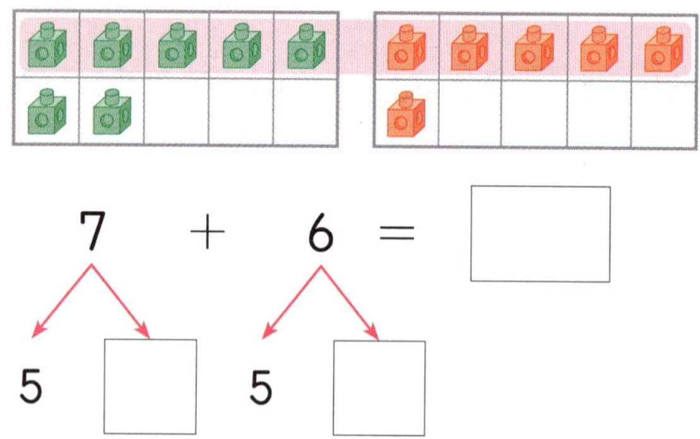

$$7 + 6 = \boxed{}$$

5 ☐   5 ☐

3 어느 것이 몇 개 더 많은지 구하세요.

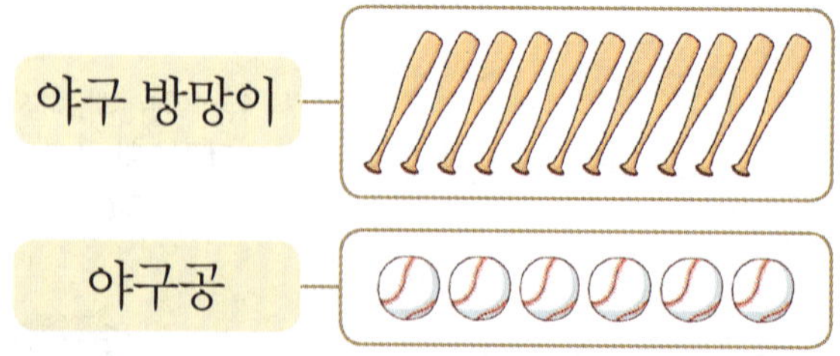

(야구 방망이 , 야구공)이/가 ☐ 개 더 많습니다.

4 그림을 보고 ☐ 안에 알맞은 수를 써넣으세요.

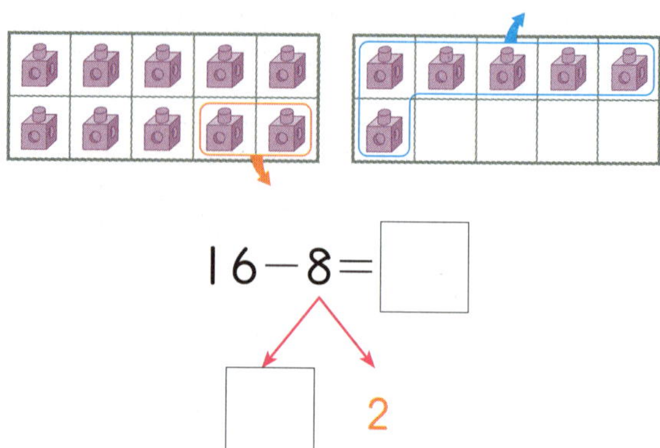

$$16 - 8 = \boxed{}$$

☐   2

(5~6) ☐ 안에 알맞은 수를 써넣으세요.

5 $13 - 5 = \boxed{}$

10 ☐

6 $7 + 9 = \boxed{}$

6 ☐

(7~8) 계산해 보세요.

7 $8 + 4 = \boxed{}$

8 $12 - 7 = \boxed{}$

월   일

9 빈칸에 알맞은 수를 써넣으세요.

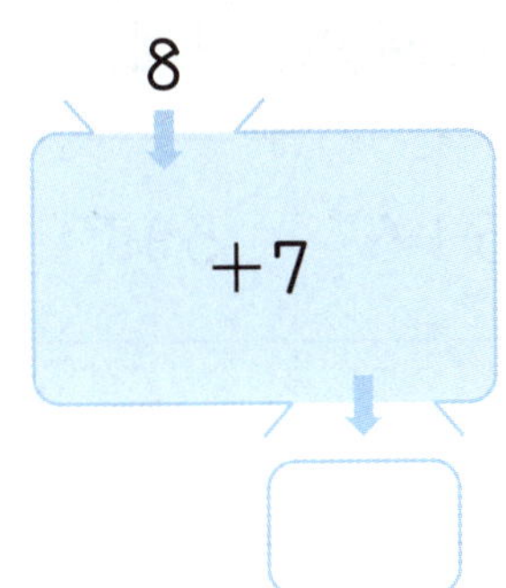

8
+7

10 계산 결과가 더 큰 것에 ◯표 하세요.

$11-3$	$15-9$

11 계산 결과가 다른 하나를 찾아 기호를 써 보세요.

㉠ $11-6$	㉡ $13-5$
㉢ $15-7$	㉣ $12-4$

(   )

12 빈칸에 알맞은 수를 써넣으세요.

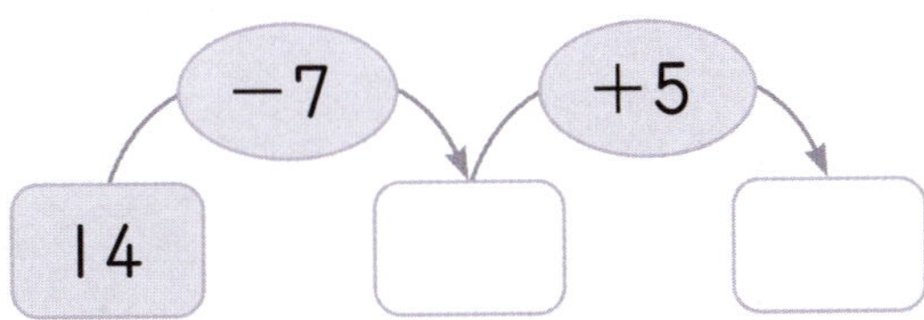

-7 $+5$

14

13 빈칸에 알맞은 수를 써넣으세요.

$+$	4	5	6	7
8				

14 계산 결과가 같은 것끼리 선으로 이어 보세요.

$7+4$		$8+6$
$9+5$		$7+5$
$5+7$		$5+6$

15 뺄셈을 해 보세요.

$$15-9=6$$
$$15-8=7$$
$$15-7=\boxed{}$$
$$15-6=\boxed{}$$

4. 덧셈과 뺄셈 (2) **117**

16 관계있는 것끼리 선으로 이어 보고 □ 안에 알맞은 수를 써넣으세요.

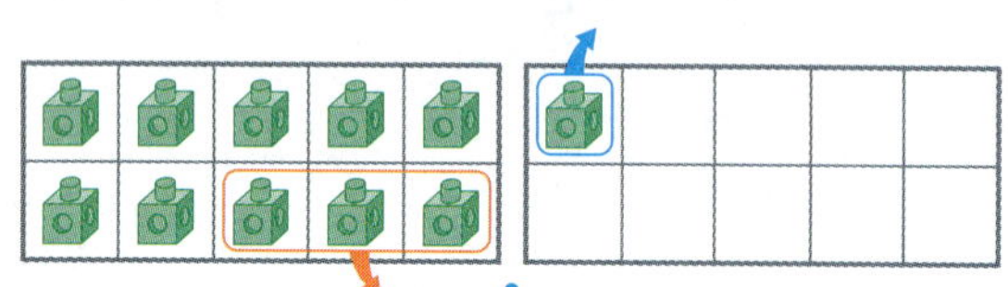

$11-6=\boxed{}$ · · $11-4=\boxed{}$

17 합이 14가 되는 덧셈식을 모두 찾아 ○표 하세요.

| 5+8 | 7+7 | 3+9 |
| 8+6 | 9+5 | 6+5 |

18 희선이네 냉장고에 귤 14개가 있었는데 아버지께서 귤 6개를 드셨습니다. 희선이네 냉장고에 남은 귤은 몇 개일까요?

( )

19 표에서 ★이 있는 칸에 들어갈 덧셈식을 쓰고 계산해 보세요.

5+6	5+7	5+8
6+6	★	6+8
7+6	7+7	7+8

$\boxed{}+\boxed{}=\boxed{}$

20 제나와 승호는 수 카드를 두 장씩 골라 카드에 적힌 두 수의 차가 더 큰 사람이 이기는 놀이를 했습니다. 고른 카드가 다음과 같을 때, 놀이에서 이긴 사람은 누구일까요?

| 12 | 4 | | 14 | 7 |
| 제나 | | | 승호 | |

( )

스스로 학습장

빈칸을 완성하면서 덧셈과 뺄셈을 정리해 보세요.

1 여러 가지 방법으로 덧셈을 해 보세요.

8＋9＝☐   8＋9＝☐
      7 |

8 ＋ 9 ＝ ☐
5   5

2 여러 가지 방법으로 뺄셈을 해 보세요.

16－7＝☐   16－7＝☐
      6   10

규칙 찾기

QR 코드를 찍어 개념 동영상 강의를 보세요. 게임도 하고 문제도 풀 수 있어요.

😊 **이번에 배울 내용**

- 규칙 찾기
- 규칙 만들기
- 규칙을 만들어 무늬 꾸미기
- 수 배열에서 규칙 찾기
- 수 배열표에서 규칙 찾기
- 규칙을 여러 가지 방법으로 나타내기

알맞은 모양에 공을 던져 보아요.
게임을 하고 상품을 받아 가세요.
성공하면 무료 게임권을 드려요~.
와~ 가지고 싶어.
우리도 한번 해 볼까?
좋아!
제가 말하는 모양과 같은 모양의 물건에 공을 던지는 게임이에요.
준비, 시~~~~~작!
이글 이글 이글 이글
△ 모양은 어느 것일까요?
● 모양은 어느 것일까요?
■ 모양은 어느 것일까요?
모두 성공하셨어요.
야호~! 게임하러 가자!
근데 삼촌은 어디 가셨지?
저기 오신다.

교과서 개념
규칙을 찾아 볼까요

개념 클릭

• 규칙 찾기

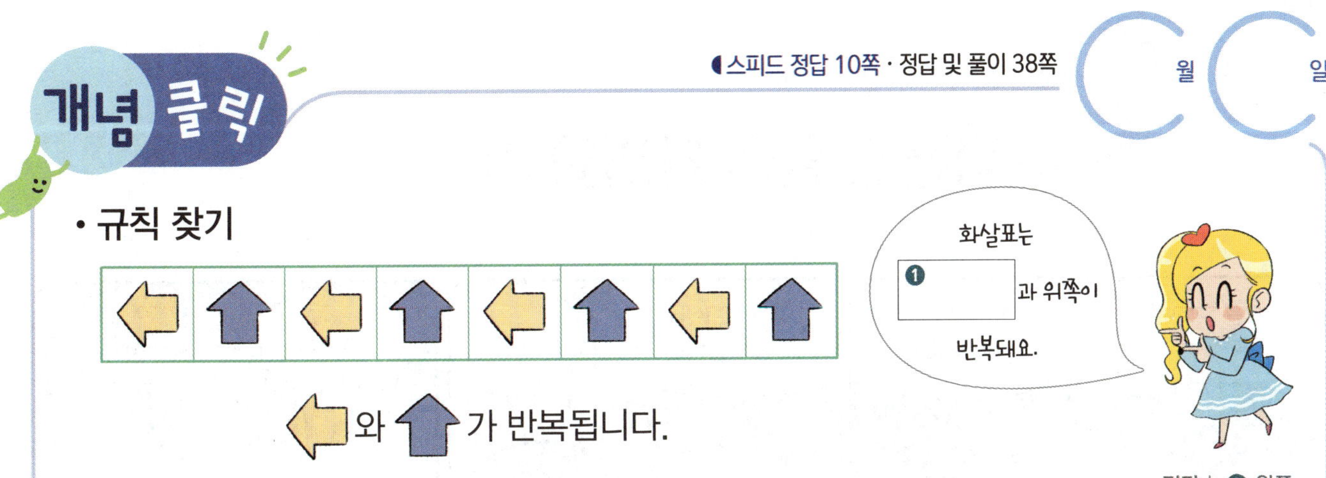

와   가 반복됩니다.

정답 | ❶ 왼쪽

[1~2] 교실 안에서 여러 가지 규칙을 찾으려고 합니다. 물음에 답하세요.

1   □ 안에 알맞은 말을 써넣으세요.

책상과 [   ] 이/가 반복됩니다.

2   창문에 붙인 그림을 보고 규칙을 찾아 빈칸에 알맞은 그림에 ◯표 하세요.

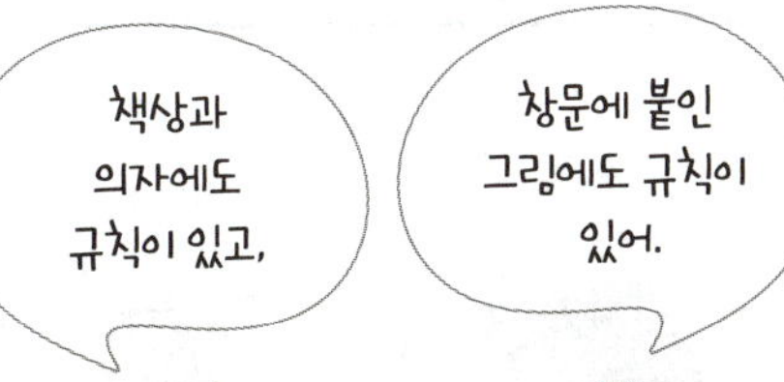
(☀ , 🌙)

3   규칙을 바르게 말한 것을 찾아 ◯표 하세요.

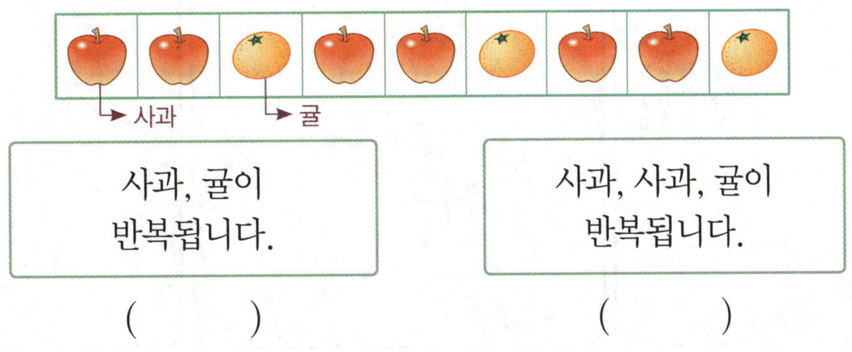

규칙을 만들어 볼까요 (1)

삼촌 혼자 너무 신나셨는데….
우리 그냥 다른 게임 해 볼까?
어? 엘리엇이 어디 갔지?
아!
저기 있다.
이게 뭐지?
엘리엇, 여기서 뭐해?
블록이 여기저기 흩어져 있어.
규칙1
그런데 이건 무슨 게임이지?
규칙을 만드는 게임이야.
주어진 블록을 이용하여 두 가지 규칙을 만들어 봤어.
노란색, 초록색이 반복되는 규칙
규칙1
규칙2
초록색, 노란색, 초록색이 반복되는 규칙
나 이 게임 해 볼래!!
그… 그래.
끄응~!
그렇지! 이번에 를 눌러!
조용히 좀 해 줄래!
버럭
아악! 왜 자꾸 안돼!
우리 좀 멀리 떨어져 있자.

• 규칙 만들기

정답 | ❶ 초록색

5 단원

1 에디슨과 수아의 규칙으로 구슬을 색칠해 보세요.

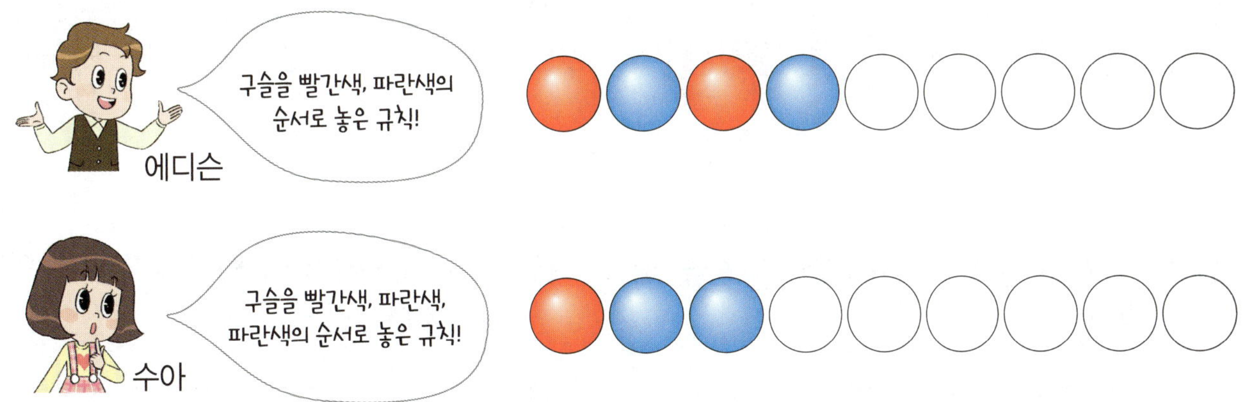

2 **1**과 다른 규칙을 만들어 구슬을 색칠해 보세요.

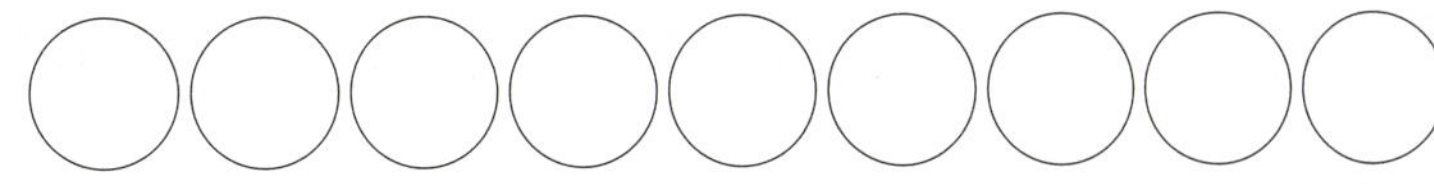

3 규칙을 만들어 풍선을 색칠해 보세요.

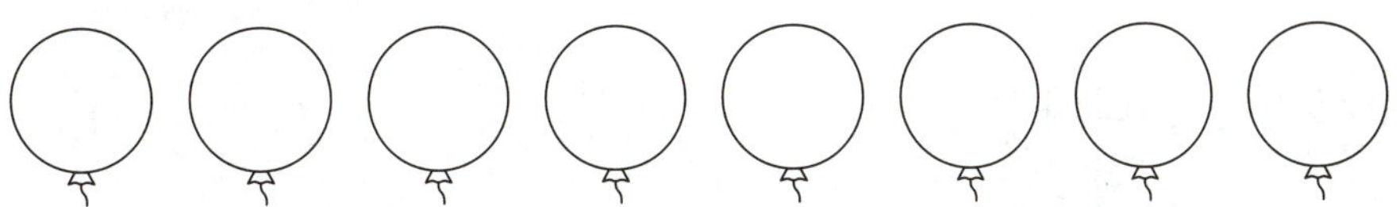

규칙 찾기

[1~3] 반복되는 부분을 찾아 / 으로 나누어 보세요.

1 

2 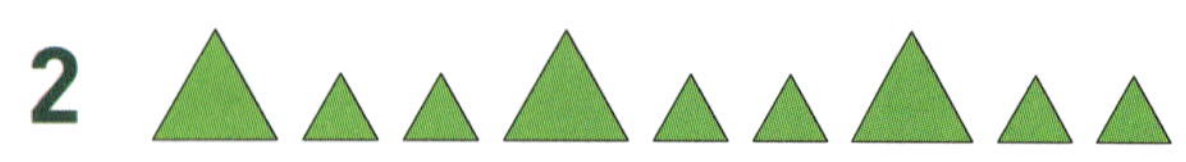

3 

[4~5] 규칙을 찾아 ☐ 안에 알맞은 말을 써 넣으세요.

4 

바지, 양말, ☐ 이/가 반복되도록 널었습니다.

5 

분홍색, 분홍색, ☐ 옷이 반복되도록 널었습니다.

[6~8] 규칙에 따라 빈칸에 알맞은 모양을 그려 보세요.

6 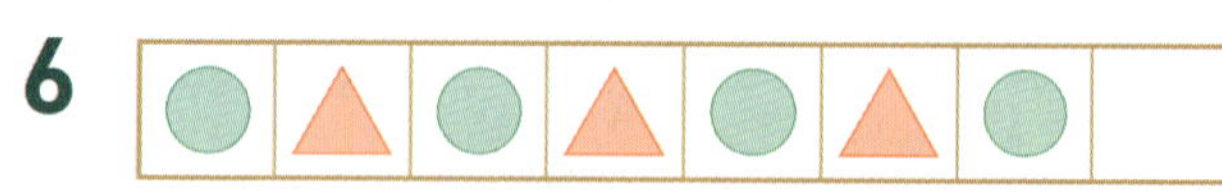

7 

8 

[9~10] 규칙에 따라 빈칸에 알맞은 악기에 ◯표 하세요.

9 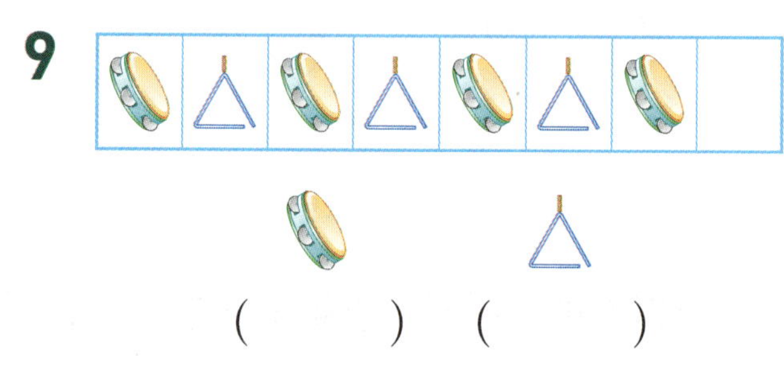

(   )   (   )

10 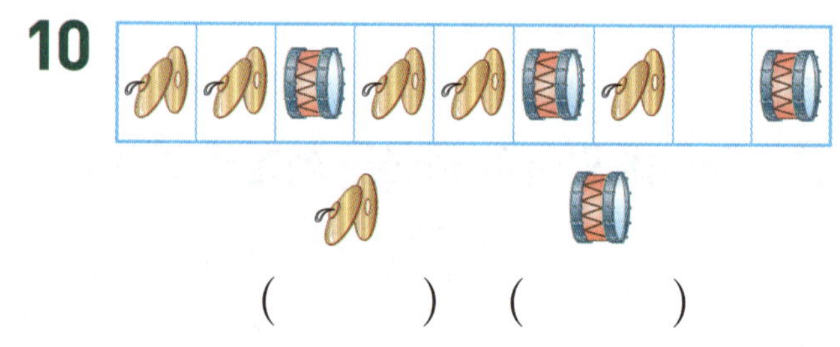

(   )   (   )

월   일

● **규칙 만들기**

11 주어진 규칙에 따라 알맞은 색으로 빈 칸을 색칠해 보세요.

> 분홍색, 노란색의 순서로 색칠하는 규칙

12 11과 다른 규칙을 만들어 색칠해 보세요.

13 주어진 규칙에 따라 빈칸에 알맞은 모양을 그려 보세요.

> ▲, ▼, ▲의 순서로 그리는 규칙

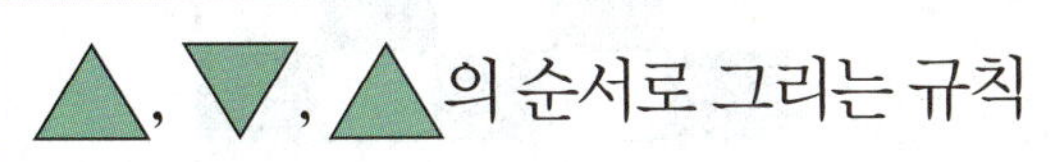

14 ▲와 ▼를 사용하여 13과 다른 규칙을 만들어 보세요.

15 주어진 규칙에 따라 팔찌를 꾸며 보세요.

> ○, ◇, ◇가 반복되는 규칙

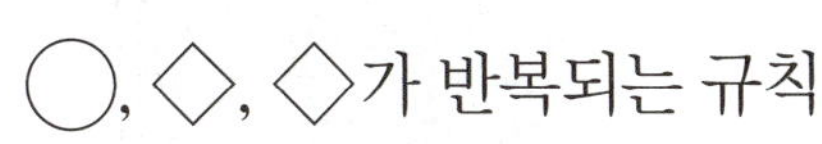

16 ○와 ◇를 사용하여 15와 다른 규칙을 만들어 팔찌를 꾸며 보세요.

17 주어진 규칙에 따라 빈칸에 알맞은 주사위 눈을 그려 보세요.

> 주사위 눈이 1, 2가 반복되는 규칙

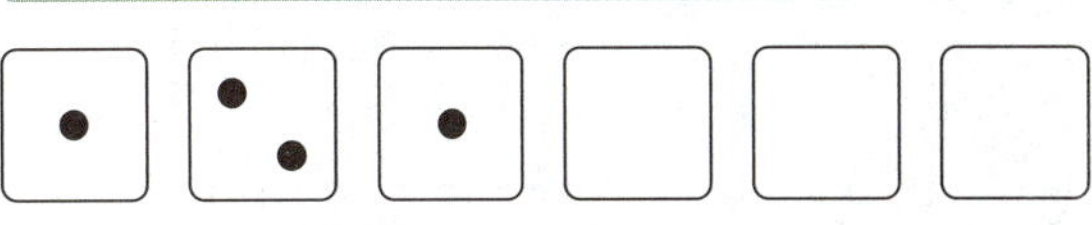

18 17과 다른 규칙을 만들어 주사위 눈을 그려 보세요.

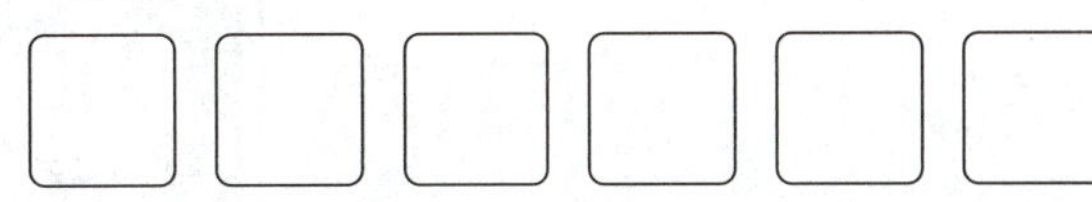

5
단원

규칙을 만들어 볼까요 (2)

더, 더!! 조금만 더!
멀 찍 이-
야호! 1단계 통과!
나 1단계 통과했어.
성공
잘했어, 엘리엇.
그런데 너희 왜 거기 있어? 수상하게.
우… 우리가 뭘?
나 게임하는 동안 둘이 뭐 하고 있었어?
아무것도 안 했는데….
내 옆에 꼭 붙어 있어.
알았어~. 어디 안 갈게.
2단계네. 이건 어떻게 하는 거지?
Level
규칙에 맞게 무늬를 꾸미는 게임이야.
□와 ■를 반복해서 무늬를 꾸며 봐.
□와 ■가 반복됩니다.
야오! 이거 또 왜 이래!
샤 샤 샤삭
게임 그만할래. 배고파.
실패
휴우….
우리 그럼 햄버거 먹을까?
응, 좋아!

• 규칙을 만들어 무늬 꾸미기

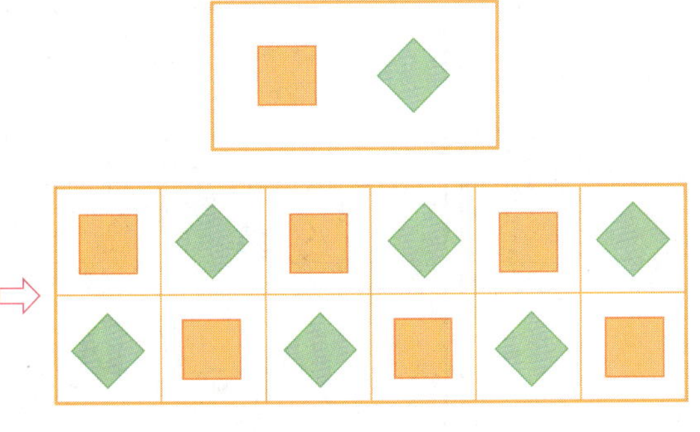

정답 | ❶ 규칙

5 단원

(1~2) 규칙에 따라 빈칸에 알맞은 색을 칠해 보세요.

1

2

(3~4) 여러 가지 모양으로 규칙을 만들어 무늬를 꾸민 것입니다. 물음에 답하세요.

3 ☐ 안에 알맞은 말을 써넣으세요.

첫째 줄은 별 모양과 ☐ 모양이 반복됩니다.

4 규칙에 따라 위의 빈칸에 알맞은 모양을 그려 보세요.

수 배열에서 규칙을 찾아볼까요

개념 클릭

• 수 배열에서 규칙 찾기

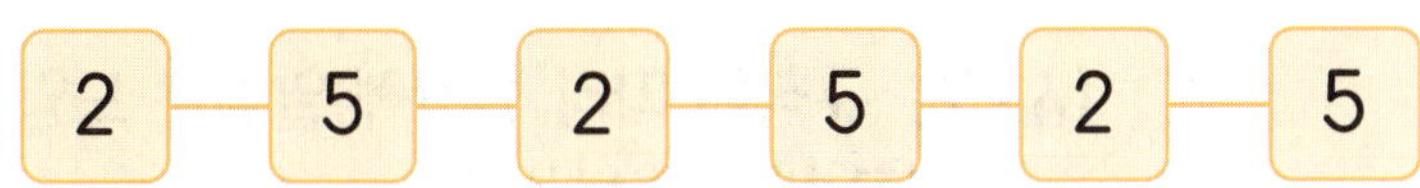

⇨ 2와 5가 반복되는 규칙입니다.

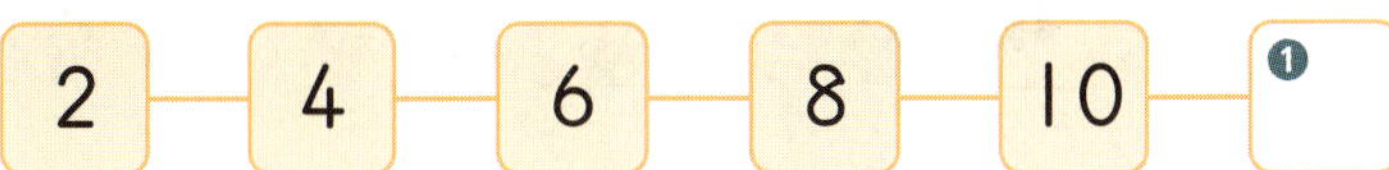

⇨ 2부터 시작하여 2씩 커집니다.

정답 | ❶ 12

5 단원

1 규칙을 찾아 □ 안에 알맞은 수를 써넣으세요.

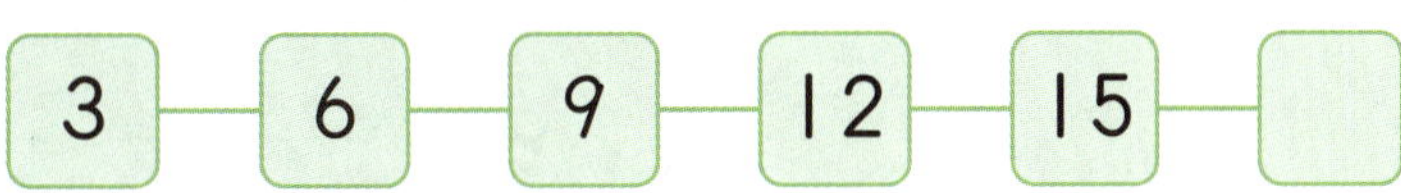

(1) 3부터 시작하여 ☐ 씩 커집니다.

(2) 규칙에 따라 🟩에 알맞은 수는 ☐ 입니다.

(2~3) 반복되는 규칙에 따라 빈칸에 알맞은 수를 써넣으세요.

2 ｜ — 4 — ｜ — 4 — ☐ — 4

3 5 — 7 — 7 — 5 — 7 — 7 — ☐ — ☐ — 7

(4~5) 커지는 규칙에 따라 빈칸에 알맞은 수를 써넣으세요.

4 5 — 10 — 15 — 20 — 25 — 30 — ☐

5 ｜ — 3 — 5 — 7 — 9 — ☐ — ☐

단계 2 개념 집중 연습

(1~3) 규칙에 따라 무늬를 꾸며 보세요.

1

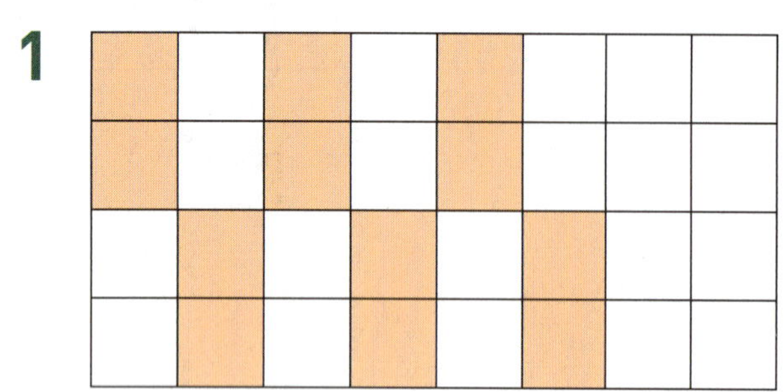

2

3

(4~7) 규칙에 따라 빈칸에 알맞은 모양을 그리고 색칠해 보세요.

4

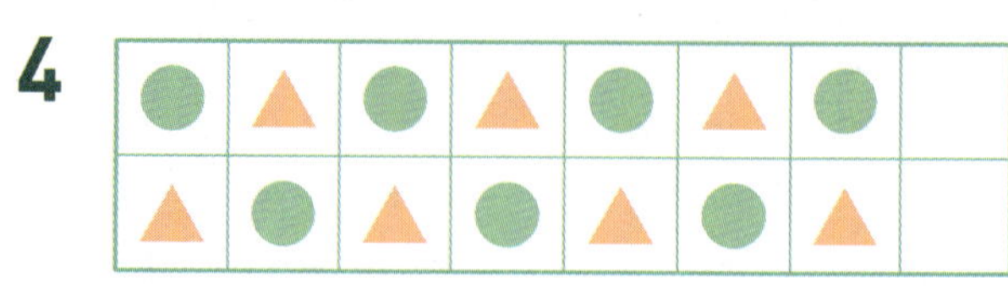

5

6

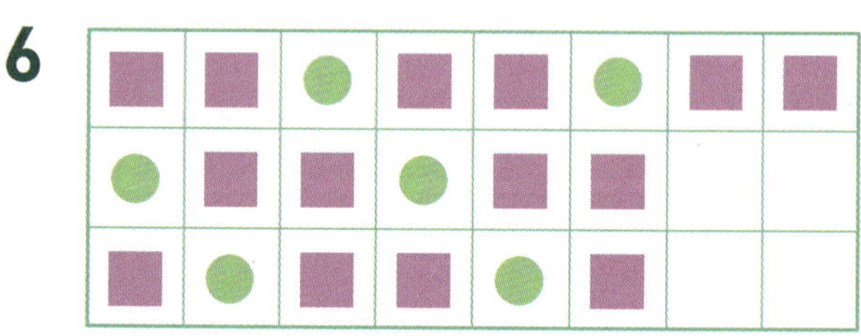

7

월   일

수 배열에서 규칙 찾기

(8~10) 규칙을 찾아 □ 안에 알맞은 수를 써넣으세요.

8 | 5 | 7 | 9 | 11 | 13 | 15 |

5부터 시작하여 □씩 커집니다.

9 | 9 | 13 | 9 | 13 | 9 | 13 |

9와 □이/가 반복되는 규칙입니다.

10 | 60 | 50 | 40 | 30 | 20 | 10 |

60부터 시작하여 □씩 작아집니다.

(11~12) 반복되는 규칙에 따라 빈칸에 알맞은 수를 써넣으세요.

11 | 6 | 11 | 6 | 11 |
| 6 | 11 | 6 | □ |

12 | 6 | 6 | 9 | 6 | 6 | 9 |
| 6 | □ | □ |

(13~14) 커지는 규칙에 따라 빈칸에 알맞은 수를 써넣으세요.

13 | 4 | 6 | 8 | 10 | 12 | □ |

14 | 9 | 13 | 17 | 21 | □ | □ |

(15~16) 작아지는 규칙에 따라 빈칸에 알맞은 수를 써넣으세요.

15 | 50 | 45 | 40 | 35 | 30 | □ |

16 | 12 | 10 | 8 | 6 | □ | □ |

수 배열표에서 규칙을 찾아볼까요

1	2	3	4	5	6	7	8	9	10
11	12	13	14	15	16	17	18	19	20
21	22	23	24	25	26	27	28	29	30

5부터 시작하여 5씩 커집니다.

개념 클릭

- 수 배열표에서 규칙 찾기

1	2	3	4	5	6	7	8	9	10
11	12	13	14	15	16	17	18	19	20
21	22	23	24	25	26	27	28	29	30

(1) -----에 있는 수들은 1부터 시작하여 → 방향으로 1씩 커집니다.

(2) -----에 있는 수들은 7부터 시작하여 ↓ 방향으로 [❶　　]씩 커집니다.

정답 | ❶ 10

5 단원

1 수 배열표를 보고 □ 안에 알맞은 수를 써넣으세요.

31	32	33	34	35	36	37	38	39	40
41	42	43	44	45	46	47	48	49	50
51	52	53	54	55	56	57	58	59	60

(1) ----에 있는 수들은 41부터 시작하여 → 방향으로 [　　]씩 커집니다.

(2) ----에 있는 수들은 37부터 시작하여 ↓ 방향으로 [　　]씩 커집니다.

[2~3] 수 배열표를 보고 물음에 답하세요.

21	22	23	24	25	26	27	28	29	30
31	32	33	34	35	36	37	38	39	40
41	42	43	44	45	46	47	48	49	50

2 □ 안에 알맞은 수를 써넣으세요.

색칠한 수들은 21부터 시작하여 [　　]씩 커집니다.

3 색칠한 수들의 규칙에 따라 수 배열표의 나머지 부분에 색칠해 보세요.

규칙을 여러 가지 방법으로 나타내 볼까요

개념 클릭

- **규칙을 여러 가지 방법으로 나타내기**
  고양이, 고양이, 강아지, 강아지가 반복됩니다.

규칙에 따라 고양이를 ◯, 강아지를 △로 나타내 봅니다.

정답 | ❶ △

[1~2] 규칙을 ◯와 ✕를 이용하여 나타낸 것입니다. 물음에 답하세요.

1 학생들이 서 있는 모습을 보고 규칙을 찾아 말해 보세요.

손으로 ◯, ◯, ☐ 를 만드는 동작이 반복됩니다.

2 규칙에 알맞게 위의 빈칸에 ◯, ✕를 써넣으세요.

[3~4] 규칙에 따라 빈칸에 알맞은 수를 써넣으세요.

3

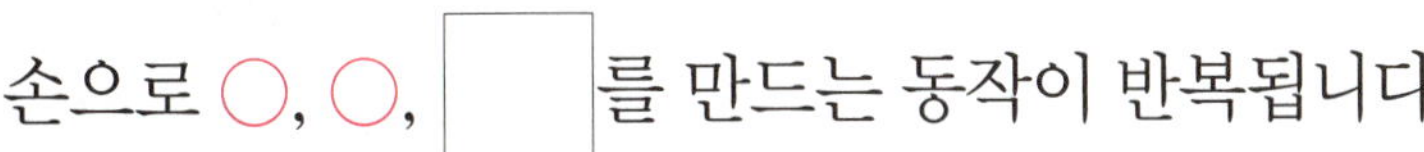

| 4 | 2 | 4 | 2 | | |

4

| 4 | 2 | 2 | 4 | 2 | 2 | | |

● **수 배열표에서 규칙 찾기**

(1~5) 수 배열표를 보고 물음에 답하세요.

17	18	19	20	21	22		24
25	26	27	28	29	30	31	★
33	34	35	36	37	38	39	40
41	42	43	44	45	46	47	48
♥	50	51	52	53	54	55	56

1 ▢ 에 알맞은 수를 써 보세요.

( )

2 파란색으로 둘러싸인 수들은 25부터 시작하여 → 방향으로 몇씩 커지는 규칙일까요?

( )

3 ★에 알맞은 수를 구하세요.

( )

4 빨간색으로 둘러싸인 수들은 17부터 시작하여 ↓ 방향으로 몇씩 커지는 규칙일까요?

( )

5 ♥에 알맞은 수를 구하세요.

( )

(6~8) 색칠한 수들의 규칙을 찾아 ▢ 안에 알맞은 수를 써넣으세요.

6

11	12	13	14	15	16	17	18
19	20	21	22	23	24	25	26
27	28	29	30	31	32	33	34

11부터 시작하여 ▢ 씩 커집니다.

7

21	22	23	24	25	26	27	28
29	30	31	32	33	34	35	36
37	38	39	40	41	42	43	44

21부터 시작하여 ▢ 씩 커집니다.

8

30	31	32	33	34	35	36	37
38	39	40	41	42	43	44	45
46	47	48	49	50	51	52	53

30부터 시작하여 ▢ 씩 커집니다.

● 규칙을 여러 가지 방법으로 나타내기

(9~12) 규칙에 따라 빈칸에 알맞은 모양을 그려 넣으세요.

9

○	×	○	×	○	×		

10

○	△	○	△	○	△		

11

♡	◇	◇	♡	◇	◇		

12

☆	☆	◇	◇	☆	☆	◇	◇	

(13~16) 규칙에 따라 빈칸에 알맞은 수를 써 넣으세요.

13

3	7	3	7	3	7		

14

1	3	3	1	3	3	1	

15

2	2	0	2	2	0		

16

3	4	3	3	4	3			

1 반복되는 부분에 모두 ◯표 하세요.

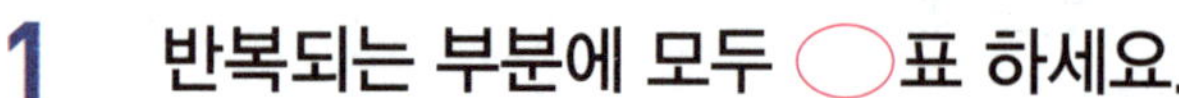

2 규칙을 바르게 말한 사람을 찾아 ◯표 하세요.

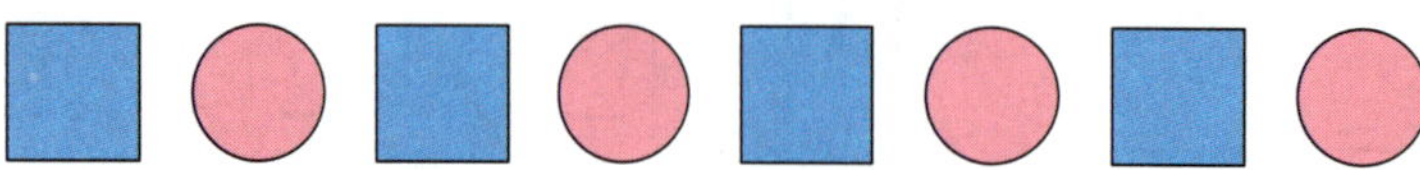

(   )   (   )

3 규칙에 따라 빈칸에 알맞은 그림을 그려 보세요.

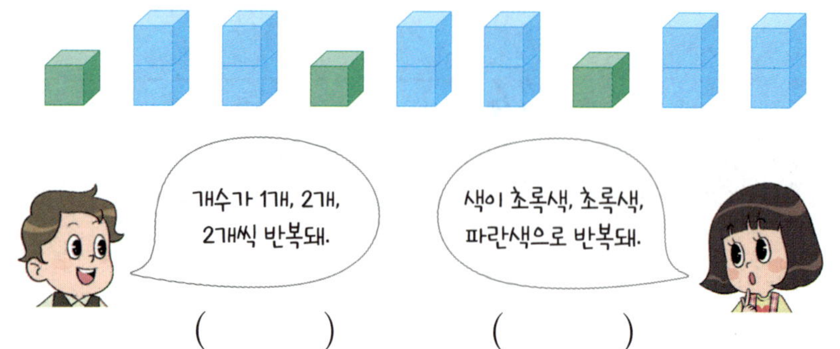

4 ☐와 △를 사용하여 규칙을 만들어 보세요.

5 규칙에 따라 알맞은 색으로 빈칸을 색칠해 보세요.

[6~7] 규칙에 따라 빈칸에 알맞은 수를 써넣으세요.

6 | 1 | 2 | 1 | 2 | 1 | | | 2 |

7 | 1 | 3 | 5 | 7 | | 11 | | 15 |

8 규칙에 따라 빈칸에 알맞은 모양을 그려 넣으세요.

○	♡	♡	○	♡	♡		

9 규칙에 따라 빈칸에 알맞은 수를 써넣으세요.

3	2	3	2		

• 세발자전거는 3, 두발자전거
는 2로 나타냅니다.

10 규칙을 찾아 말해 보세요.

> **규칙** 귤, ☐, ☐ 이/가 반복됩니다.

다시 확인

• 보라색, 파란색, 파란색이
  반복됩니다.

11 무늬에서 규칙을 찾아 말해 보세요.

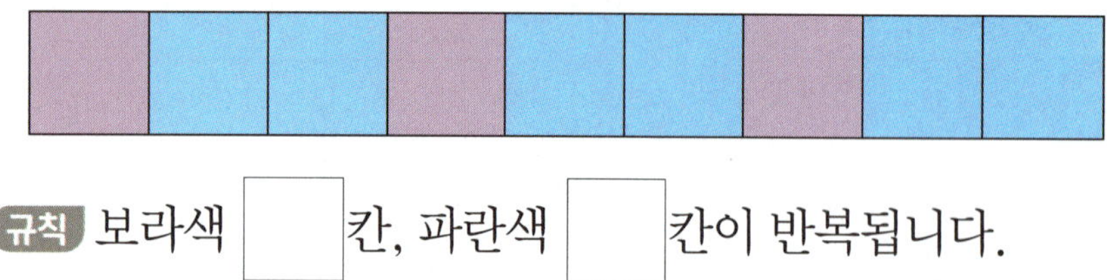

> **규칙** 보라색 ☐ 칸, 파란색 ☐ 칸이 반복됩니다.

12 수 배열에서 규칙을 찾아 말해 보세요.

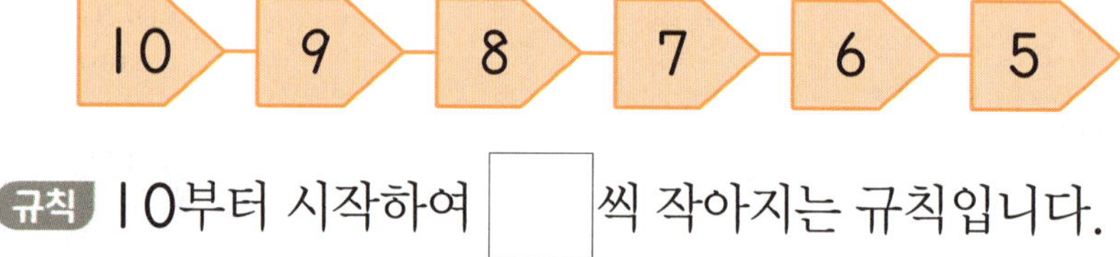

> **규칙** 10부터 시작하여 ☐ 씩 작아지는 규칙입니다.

13 규칙에 따라 빈칸에 알맞은 모양을 그리고 색칠해 보세요.

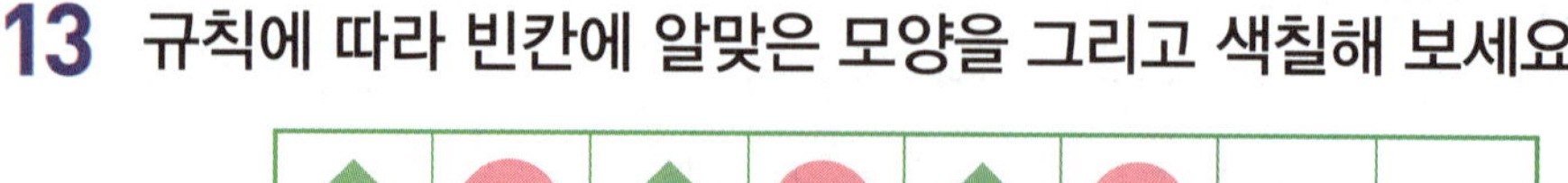

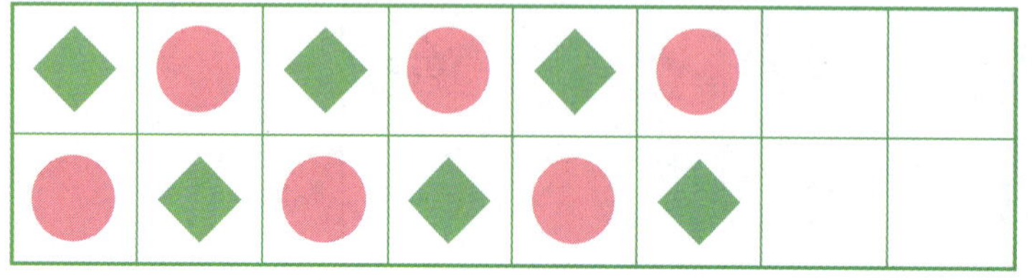

(14~16) 수 배열표를 보고 물음에 답하세요.

1	2	3	4	5	6	7	8	9	10
11	12		14	15	16	17	18	19	20
21	22		24	25	26	27	28	29	30
31	32	33	34	35	36	37	38	39	40
41	42			45	46	47	48	49	50

14 ----- 에 있는 수들은 어떤 규칙이 있는지 말해 보세요.

    규칙 31부터 시작하여 → 방향으로 [ ] 씩 커집니다.

15 ----- 에 있는 수들은 어떤 규칙이 있는지 말해 보세요.

    규칙 2부터 시작하여 ↓ 방향으로 [ ] 씩 커집니다.

16 규칙에 따라 모든 ▢ 에 알맞은 수를 써넣으세요.

17 색칠한 수들의 규칙을 찾아 말해 보세요.

61	62	63	64	65	66	67	68	69	70
71	72	73	74	75	76	77	78	79	80
81	82	83	84	85	86	87	88	89	90

    규칙 _______________________________________

1 규칙에 따라 빈칸에 알맞은 그림에 ○표 하세요.

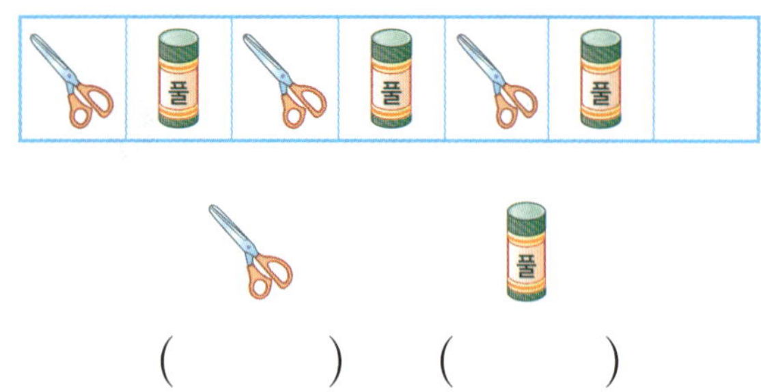

(   )   (   )

2 규칙을 찾아 □ 안에 알맞은 수를 써넣으세요.

| 20 | 18 | 16 | 14 | 12 | 10 |

20부터 시작하여 □씩 작아집니다.

3 규칙을 찾아 □ 안에 알맞은 말을 써넣으세요.

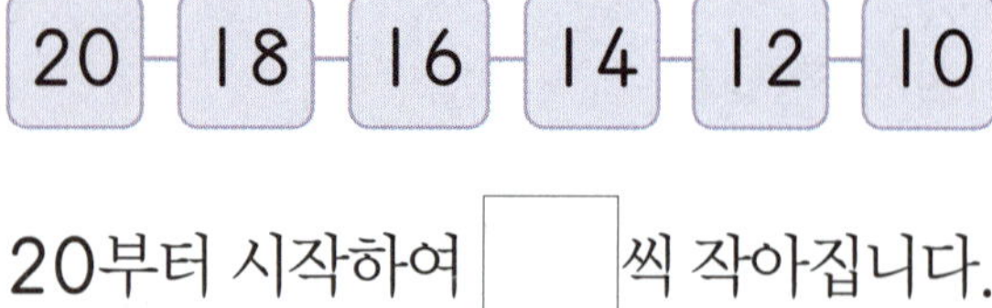

모자, 양말, □ 이/가 반복되는 규칙입니다.

4 규칙에 따라 빈칸에 알맞은 동물의 이름을 써 보세요.

(   )

(5~6) 수 배열을 보고 물음에 답하세요.

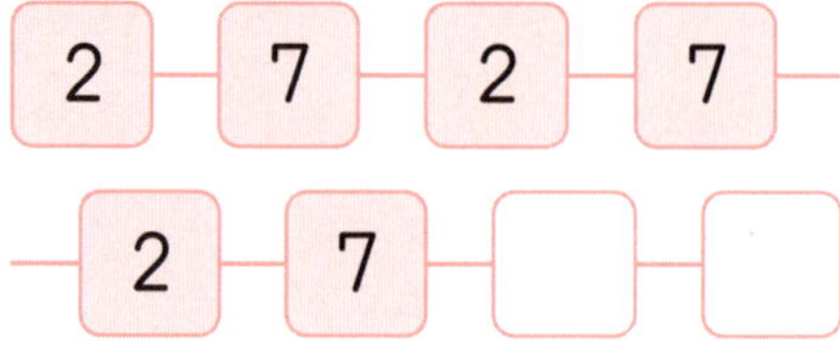

5 □ 안에 알맞은 수를 써넣으세요.

□ 와/과 □ 이/가 반복되는 규칙입니다.

6 위의 수 배열의 빈칸에 알맞은 수를 써넣으세요.

7 규칙에 따라 빈칸에 알맞은 모양을 그려 보세요.

[8~9] 규칙에 따라 빈칸에 알맞은 수를 써넣으세요.

8 | 9 | 5 | 9 | 5 | | 5 |

9 | 40 | 35 | 30 | 25 | | 15 |

[10~11] 규칙에 따라 알맞은 색으로 빈칸을 색칠해 보세요.

10

11

12 규칙에 따라 빈칸에 알맞은 수를 써넣으세요.

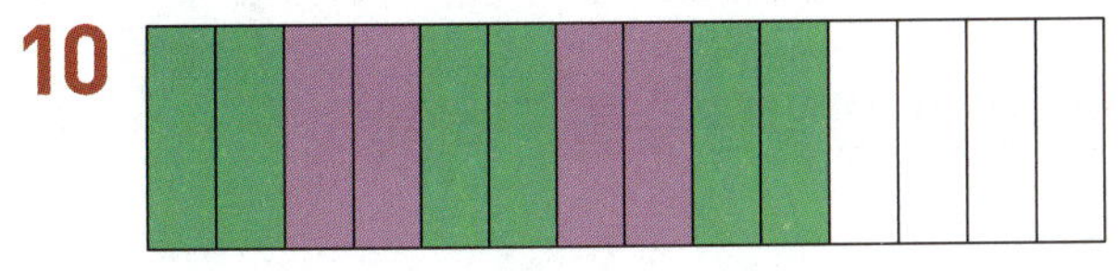

| 1 | 1 | 2 | 2 | 1 | 1 | | 2 |

13 규칙에 따라 빈칸에 알맞은 모양을 그려 넣으세요.

14 규칙에 따라 빈칸에 점을 그리고 수를 써넣으세요.

| 1 | 2 | 2 | 1 | 2 | 2 | | 2 |

5 단원

(15~17) 수 배열표를 보고 물음에 답하세요.

25	26	27	28	29	30	31	32
33	34	35	36	37	38	39	40
41	42	43	44	45	46	♥	48
49	50	51	52	53	54	55	56

15 ----에 있는 수들은 33부터 시작하여
→ 방향으로 몇씩 커지는 규칙일까요?

(   )

16 ----에 있는 수들은 26부터 시작하여
↓ 방향으로 몇씩 커지는 규칙일까요?

(   )

17 ♥에 알맞은 수를 구하세요.

(   )

18 규칙에 따라 무늬를 완성해 보세요.

(19~20) 수 배열표를 보고 물음에 답하세요.

6	7	8	9	
11	12			●
	17	18		20
■				25

19 ●에 알맞은 수를 구하세요.

(   )

20 ■에 알맞은 수를 구하세요.

(   )

스스로 학습장은 이 단원에서 배운 것을 확인하는 코너입니다.
몰랐던 것은 꼭 다시 공부해서 내 것으로 만들어 보아요.

❋ 빈칸을 완성하면서 규칙 찾기를 정리해 보세요.

1

2

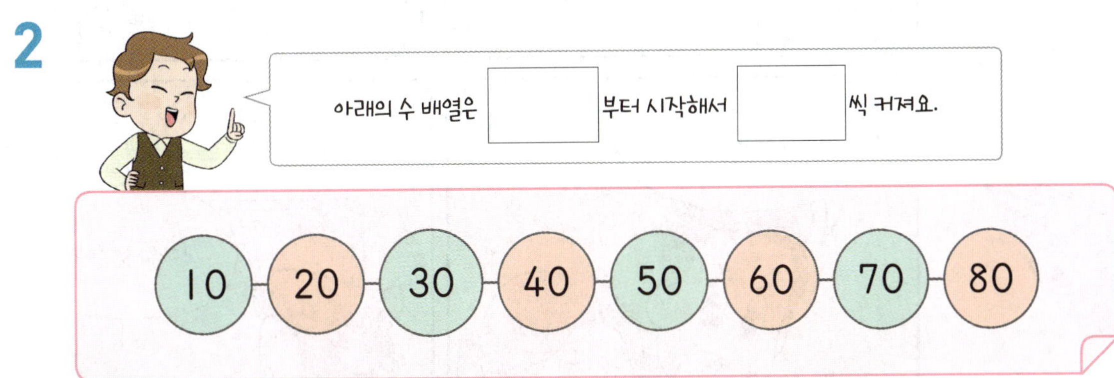

3

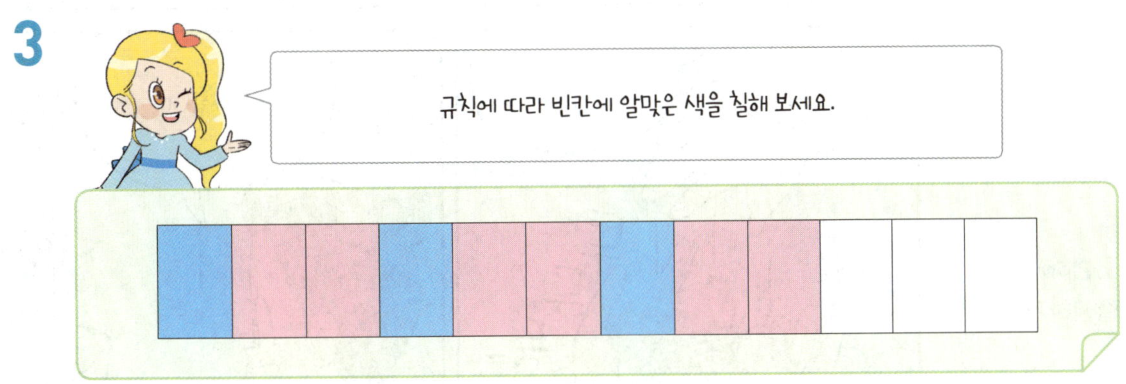

6

덧셈과 뺄셈 (3)

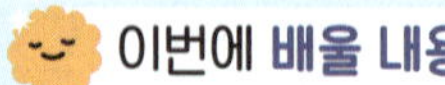

QR 코드를 찍어 개념
동영상 강의를 보세요.
게임도 하고 문제도 풀
수 있어요.

이번에 배울 내용

- 덧셈 알아보기
- 뺄셈 알아보기
- 그림을 보고 덧셈하기
- 그림을 보고 뺄셈하기

그나저나 애들은 어디서 찾지?
으아앙~

꼬마야~ 왜 울고 있어?
엄마를 잃어버렸어요.

이 아저씨가 엄마를 찾아줄게.
정말요?

미아보호소
미아보오소
여기서 기다리면 엄마가 오실거야.
감사합니다.

아저씨, 이거요!
?

또 사탕을 받았네.

할머니가 주신 사탕과 아이가 준 사탕은 모두 몇 개지?

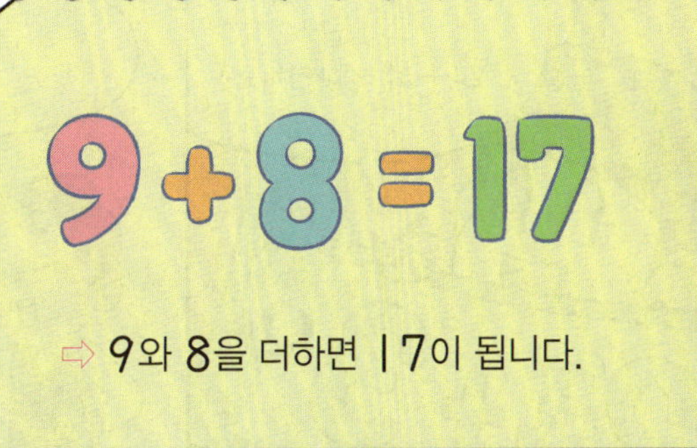
9＋8을 계산하면 돼.
9와 8을 더하면 17이므로 사탕은 모두 17개야.

9＋8＝17

⇨ 9와 8을 더하면 17이 됩니다.

이거 우리 아이들이 참 좋아할 거 같은데….
냠~

얘들이 어디에 있는 지는 모르겠지만….
아!

내가 어디로 가야 할 지는 알겠다!!
타닷!

덧셈을 알아볼까요 (1)

선물의 집
우리 여기 먼저 가 보자.
선물의 집에 오신 걸 환영합니다.
여기에 선물이 많이 있어요.
단, 문제를 맞혀야 선물을 드려요~.
귀염둥이씨~
뭐야!
콱!
선물?
우선, 이 공을 받으세요.
답이 적힌 카드에 공을 던져 맞히면 됩니다!
19 20 21 22 23
24 25 26 27 28
그럼 문제, 24+3은 얼마일까요?
24+3
좌 악─
내가 답을 구해볼게. 24+3은 24에서 3번 이어 세면 돼.
24 25 26 27
24 + 3 = 27
그럼 답은 27!
그럼 27에 던져야겠다.
잠깐! 내가 던질래!
20 21 22
탁!
25 26 27
혁…
이런 이런~. 26인 카드를 맞혔네요!
답은 맞았는데..
민망
민망
민망
민망

개념 클릭

• 24+3 계산하기

① 이어 세어 계산하기

$$24+3=27$$

24　25　26　❶

② 세로로 식을 쓰고 계산하기

$$\begin{array}{r} 2\ 4 \\ +\ \ 3 \\ \hline \end{array} \Rightarrow \begin{array}{r} 2\ 4 \\ +\ \ 3 \\ \hline 7 \end{array} \Rightarrow \begin{array}{r} 2\ 4 \\ +\ \ 3 \\ \hline 2\ 7 \end{array}$$

정답 | ❶ 27

6 단원

(1~2) 그림을 보고 □ 안에 알맞은 수를 써넣으세요.

1

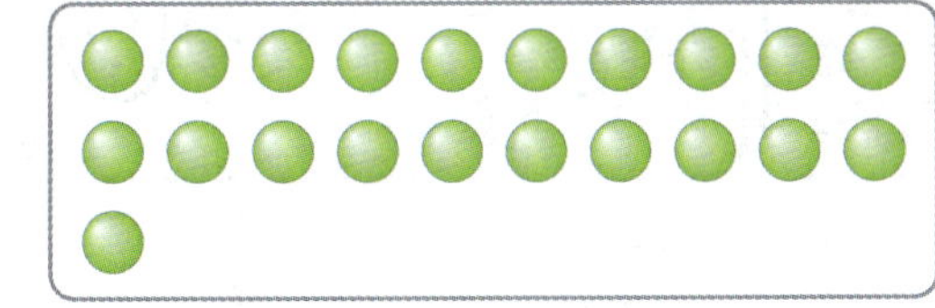

$$\Rightarrow 21+4=\boxed{}$$

21　22　23　24　$\boxed{}$

2

$$\Rightarrow 30+3=\boxed{}$$

30　31　$\boxed{}$　$\boxed{}$

(3~5) 덧셈을 해 보세요.

3
$$\begin{array}{r} 4\ 0 \\ +\ \ 6 \\ \hline \end{array}$$

4
$$\begin{array}{r} 5\ 2 \\ +\ \ 6 \\ \hline \end{array}$$

5
$$\begin{array}{r} 6\ 3 \\ +\ \ 4 \\ \hline \end{array}$$

덧셈을 알아볼까요 (2)

아니야, 그럴 리 없어~.
바둥
바둥

실수한 거야!

언니~!
한 번만 더 기회를
주세요~.
그렇다면
….

전 예쁘니깐,
한 번 더 기회를 줄게요!

새로운 문제를
낼게요.
10 20 30 40
50 60 70 80

짜잔~
20＋30은?!
20＋30

에디슨,
답이 뭐야?
내가
알려주지!

10개씩 묶음끼리 더하면
10개씩 묶음이 5개이므로 답은 50이야.
2 0
＋ 3 0
5 0
10개씩 묶음은
10개씩 묶음끼리,
낱개는 낱개끼리
줄을 맞추고
더합니다.

이번엔 제대로
맞히겠어!
휙—

10
20
탁!
70
50
60
또 틀렸어….

으아앙~
또 실패야.
바둥
바둥

개념 클릭

・20+30 계산하기

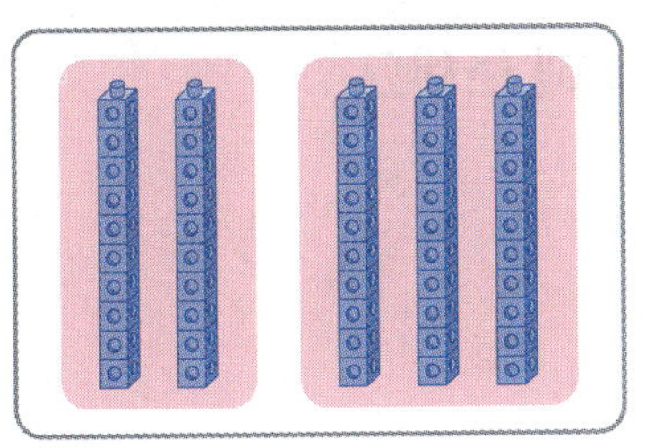

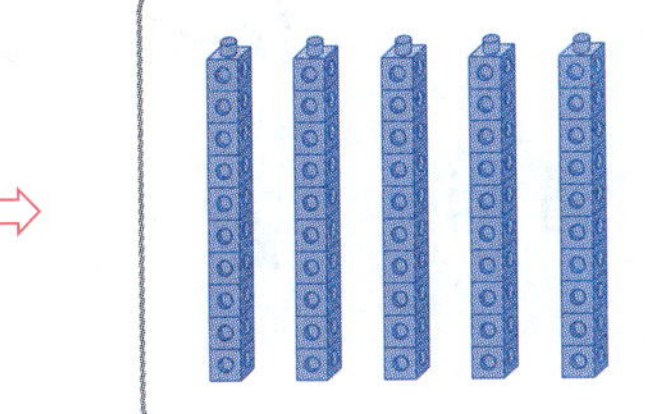

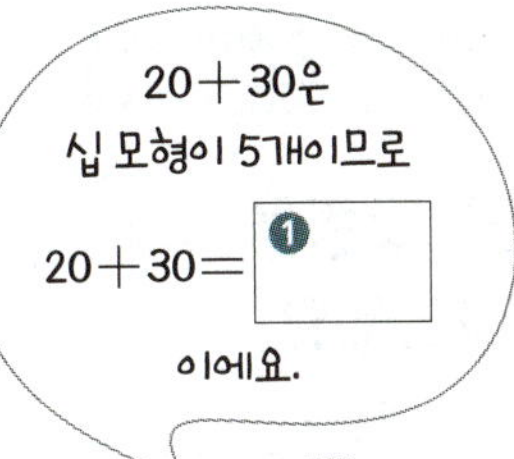

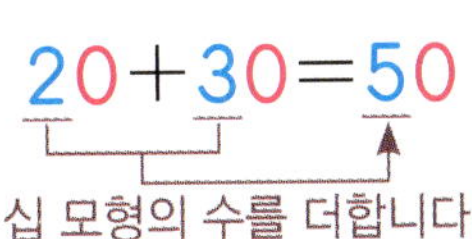

$$20+30=50$$

십 모형의 수를 더합니다.

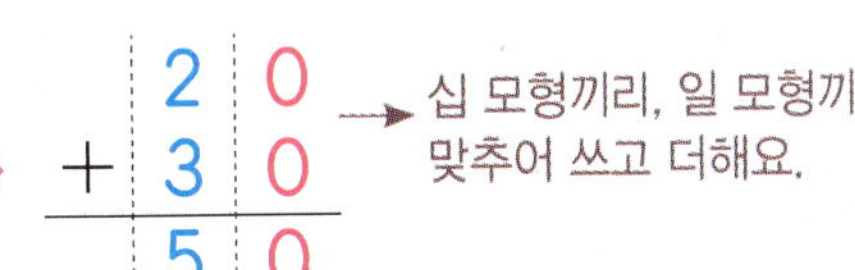

십 모형끼리, 일 모형끼리
맞추어 쓰고 더해요.

정답 | ❶ 50

6단원

(1~2) 모형을 보고 □ 안에 알맞은 수를 써넣으세요.

1

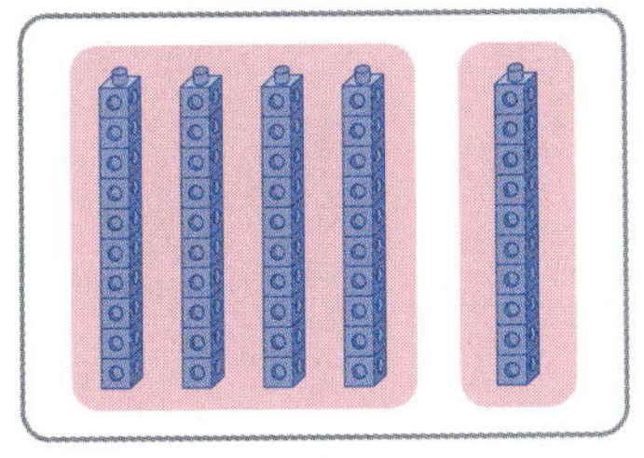

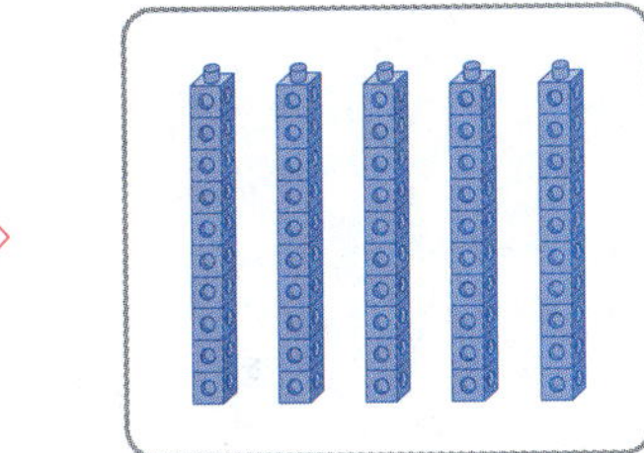

$$40+\boxed{}=\boxed{}$$

2

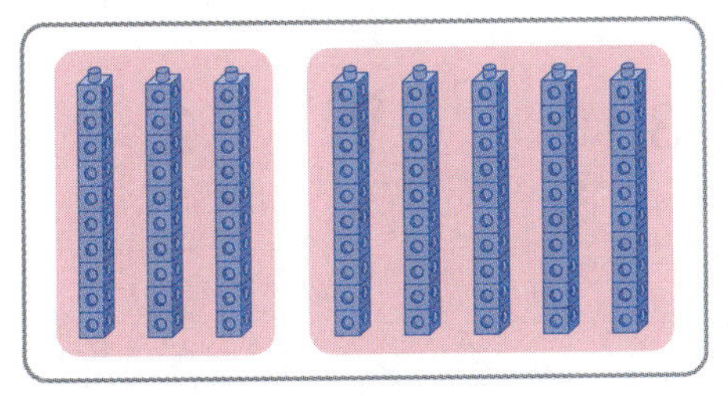

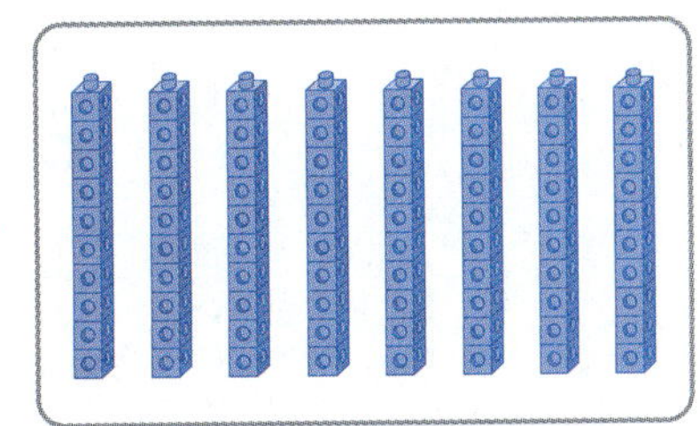

$$30+\boxed{}=\boxed{}$$

(3~5) 덧셈을 해 보세요.

3
$$\begin{array}{r} 2\ 0 \\ +\ 2\ 0 \\ \hline \end{array}$$

4
$$\begin{array}{r} 1\ 0 \\ +\ 3\ 0 \\ \hline \end{array}$$

5
$$\begin{array}{r} 3\ 0 \\ +\ 4\ 0 \\ \hline \end{array}$$

덧셈 알아보기 (1)

[1~3] 모형을 보고 □ 안에 알맞은 수를 써넣으세요.

1

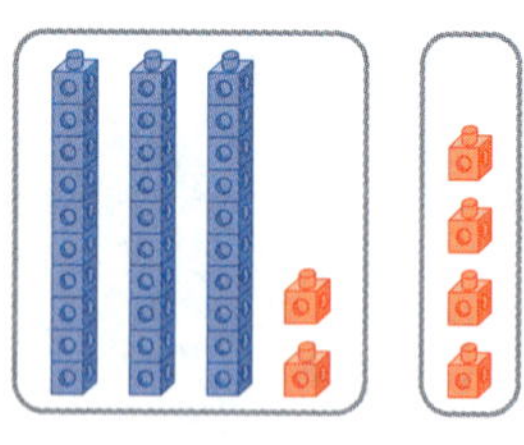

$32+4=$ □

2

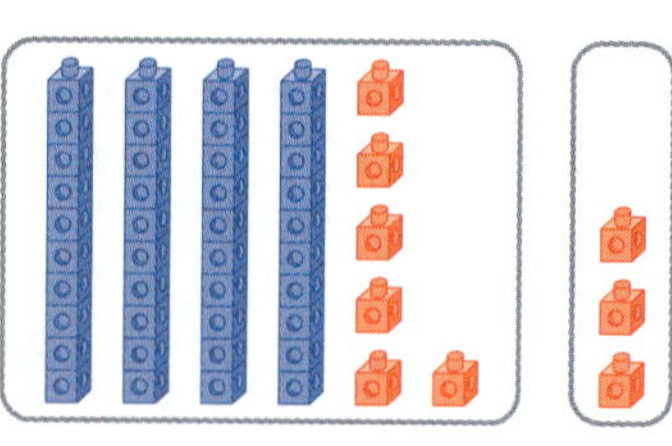

$46+3=$ □

3

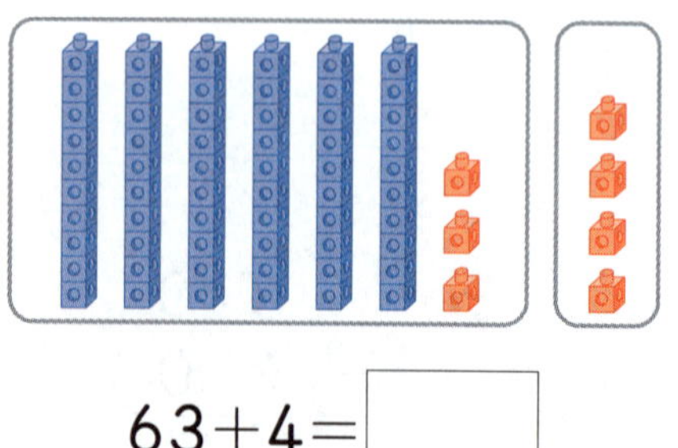

$63+4=$ □

[4~11] 덧셈을 해 보세요.

4 $20+7=$ □

5 $35+2=$ □

6 $51+5=$ □

7 $74+4=$ □

8
$$\begin{array}{r} 3\ 0 \\ +\quad 5 \\ \hline \end{array}$$

9
$$\begin{array}{r} 2\ 3 \\ +\quad 4 \\ \hline \end{array}$$

10
$$\begin{array}{r} 4\ 1 \\ +\quad 6 \\ \hline \end{array}$$

11
$$\begin{array}{r} 3\ 4 \\ +\quad 5 \\ \hline \end{array}$$

월 ◯ 일 ◯

덧셈 알아보기 (2)

(12~14) 모형을 보고 ☐ 안에 알맞은 수를 써넣으세요.

12

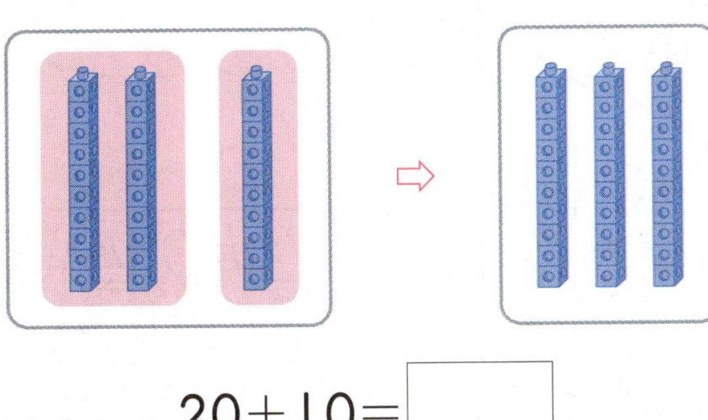

$20 + 10 = $ ☐

13

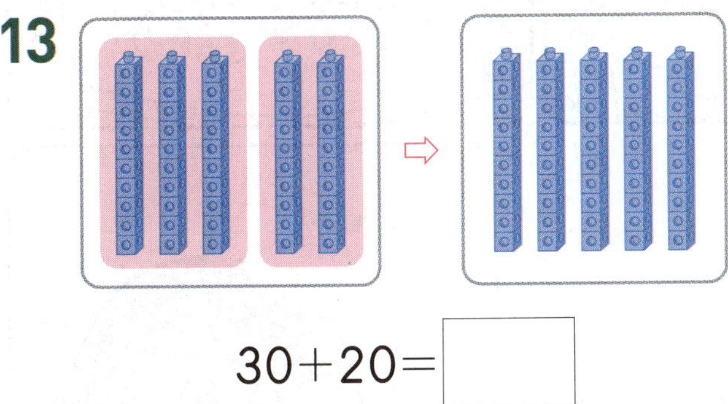

$30 + 20 = $ ☐

14

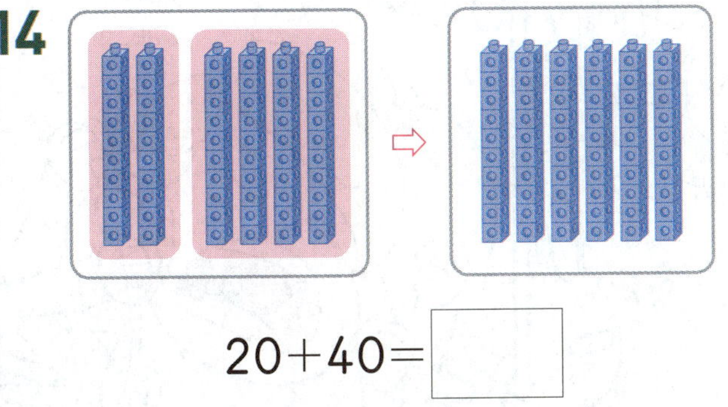

$20 + 40 = $ ☐

(15~22) 덧셈을 해 보세요.

15 $10 + 40 = $ ☐

16 $20 + 50 = $ ☐

17 $40 + 30 = $ ☐

18 $70 + 10 = $ ☐

19
$$\begin{array}{r} 3\ 0 \\ +\ 5\ 0 \\ \hline \end{array}$$

20
$$\begin{array}{r} 2\ 0 \\ +\ 6\ 0 \\ \hline \end{array}$$

21
$$\begin{array}{r} 1\ 0 \\ +\ 6\ 0 \\ \hline \end{array}$$

22
$$\begin{array}{r} 7\ 0 \\ +\ 2\ 0 \\ \hline \end{array}$$

덧셈을 알아볼까요 (3)

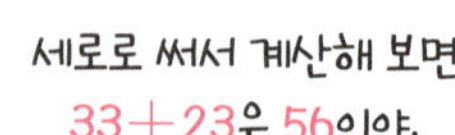

$$\begin{array}{r} 33 \\ +\ 23 \\ \hline 56 \end{array}$$

10개씩 묶음은 10개씩 묶음끼리, 낱개는 낱개끼리 더합니다.

↳ 낱개의 수
↳ 10개씩 묶음의 수

개념 클릭

· 33+23 계산하기

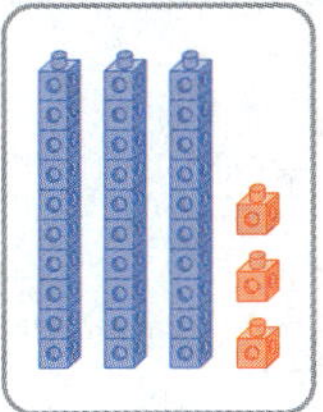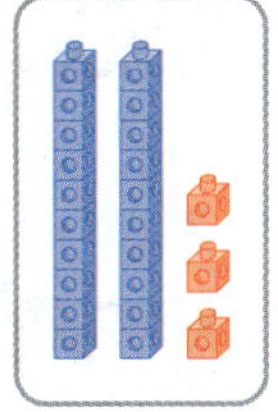 ⇨ 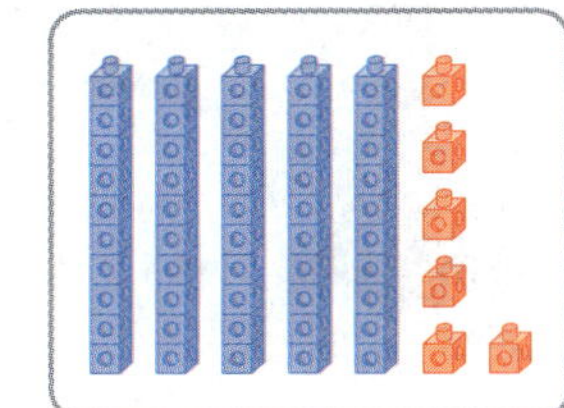

$$33+23=❶\boxed{}$$

$$
\begin{array}{r} 3\ 3 \\ +\ 2\ 3 \\ \hline \end{array}
\quad⇨\quad
\begin{array}{r} 3\ |\ 3 \\ +\ 2\ |\ 3 \\ \hline \ \ 6 \end{array}
\quad⇨\quad
\begin{array}{r} 3\ |\ 3 \\ +\ 2\ |\ 3 \\ \hline 5\ \ 6 \end{array}
$$

정답 | ❶ 56

6 단원

1 모형을 보고 □ 안에 알맞은 수를 써넣으세요.

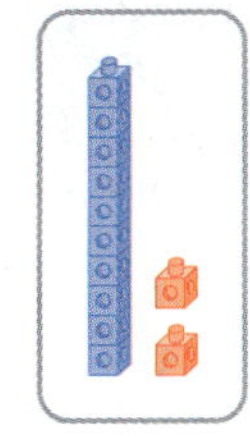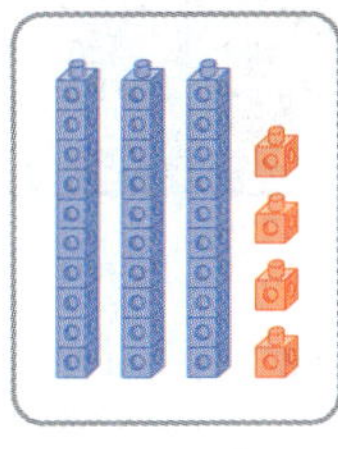 ⇨ 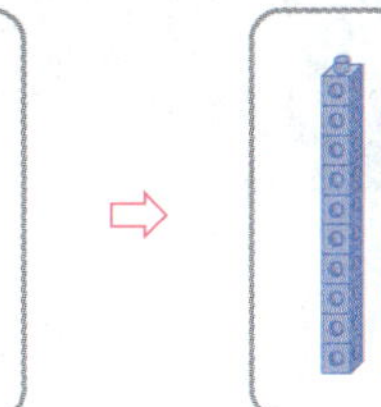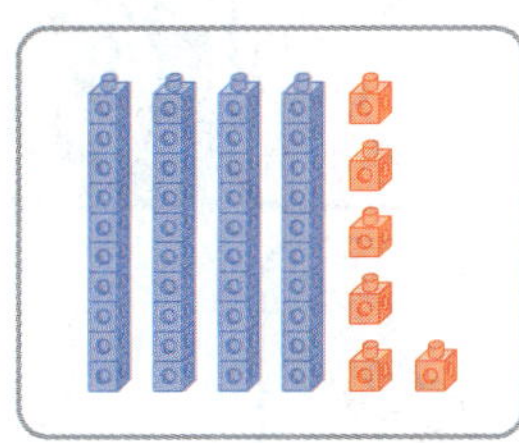

$$
\begin{array}{r} 1\ 2 \\ +\ 3\ 4 \\ \hline \end{array}
\quad⇨\quad
\begin{array}{r} 1\ 2 \\ +\ 3\ 4 \\ \hline \boxed{} \end{array}
\quad⇨\quad
\begin{array}{r} 1\ 2 \\ +\ 3\ 4 \\ \hline \boxed{} \end{array}
$$

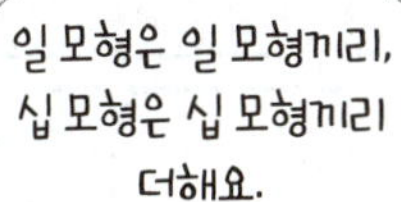

[2~6] 덧셈을 해 보세요.

2
$$
\begin{array}{r} 3\ 4 \\ +\ 6\ 3 \\ \hline \boxed{} \end{array}
$$

3
$$
\begin{array}{r} 1\ 5 \\ +\ 6\ 2 \\ \hline \boxed{} \end{array}
$$

4 $24+42=\boxed{}$

5 $58+21=\boxed{}$

6 $33+53=\boxed{}$

뺄셈을 알아볼까요 (1)

선물을 하나도 못 받았어!!
수아무룩~
그러게, 아쉽다.
귀신의 집
저기 재미있어 보인다.
귀신의 집?
재미있겠다. 어서 가보자!
그런데 삼촌은 어디 계시지?
수아야! 빨리와~.
으응!
어서 오세요! 이곳은 문제를 맞혀야 입장할 수 있습니다.
이 뺄셈의 정답을 말해 보세요.
38 - 5
정답은?
30! 43! 23!
땡! 땡! 땡!
우리 세로로 써서 풀어보자.
알겠다! 38 — 5는 33이구나.
38 - 5 = 33
38
- 5
33
드디어 정답! 통과~.
우리가 해냈어!
홋, 내가 한 거거든~!
우히히~
이히히~
귀신이다!!

개념 클릭

• 38 − 5 계산하기

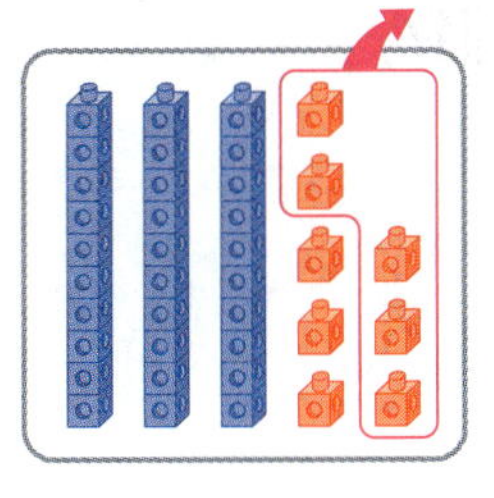 ⇨ 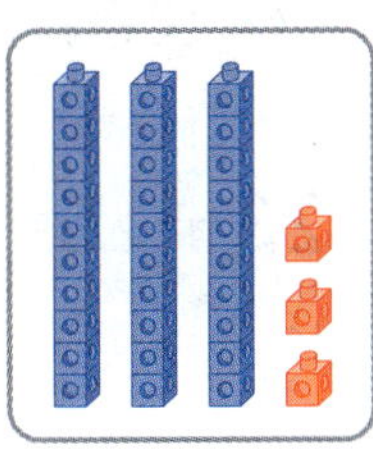

$$38 - 5 = \boxed{①}$$

$$
\begin{array}{r} 3\ 8 \\ -\quad 5 \\ \hline \end{array}
\ \Rightarrow\
\begin{array}{r} 3\ 8 \\ -\quad 5 \\ \hline 3 \end{array}
\ \Rightarrow\
\begin{array}{r} 3\ 8 \\ -\quad 5 \\ \hline 3\ 3 \end{array}
$$

정답 | ① 33

---

1 모형을 보고 물음에 답하세요.

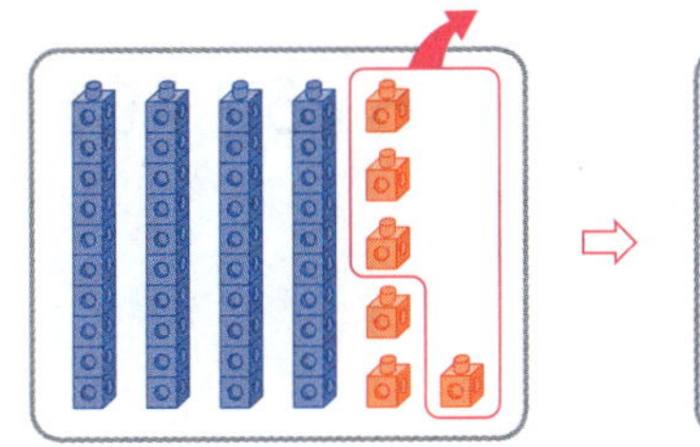

(1) 일 모형 6개에서 4개를 덜어 냈습니다. 모형은 몇 개가 남았을까요?

십 모형 ☐ 개, 일 모형 ☐ 개

(2) ☐ 안에 알맞은 수를 써넣으세요.

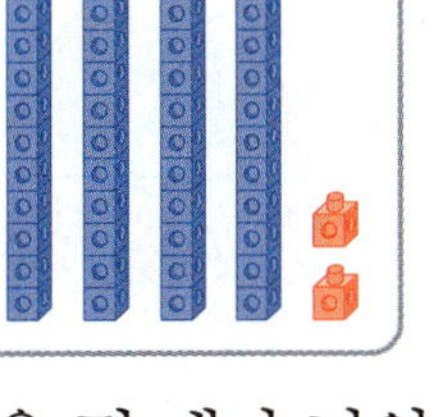

$$
\begin{array}{r} 4\ 6 \\ -\quad 4 \\ \hline \end{array}
\ \Rightarrow\
\begin{array}{r} 4\ 6 \\ -\quad 4 \\ \hline \boxed{\ } \end{array}
\ \Rightarrow\
\begin{array}{r} 4\ 6 \\ -\quad 4 \\ \hline \boxed{\ } \end{array}
$$

(2~7) 뺄셈을 해 보세요.

2
$$
\begin{array}{r} 1\ 8 \\ -\quad 3 \\ \hline \boxed{\ } \end{array}
$$

3
$$
\begin{array}{r} 5\ 6 \\ -\quad 6 \\ \hline \boxed{\ } \end{array}
$$

4
$$
\begin{array}{r} 9\ 7 \\ -\quad 5 \\ \hline \boxed{\ } \end{array}
$$

5 $24 - 4 = \boxed{\ }$

6 $39 - 5 = \boxed{\ }$

7 $74 - 2 = \boxed{\ }$

덧셈 알아보기 (3)

(1~3) 모형을 보고 ☐ 안에 알맞은 수를 써 넣으세요.

1

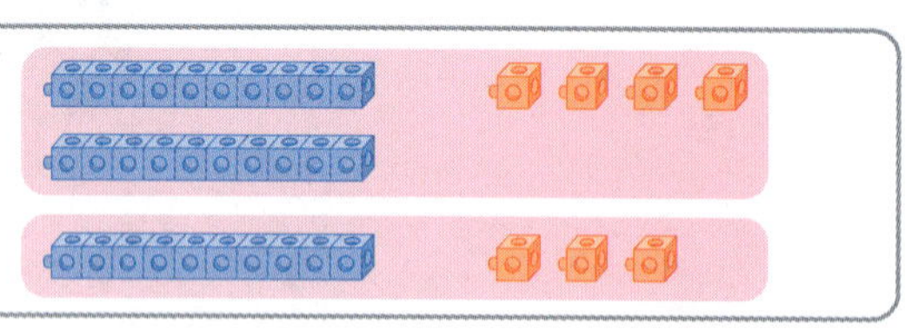

$$24+13=\boxed{}$$

2

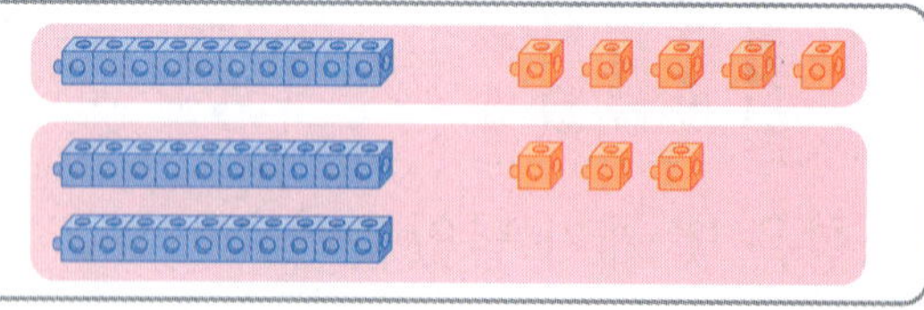

$$15+23=\boxed{}$$

3

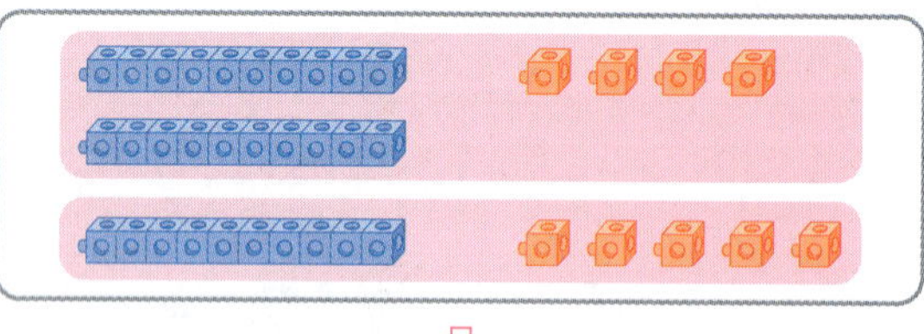

$$24+15=\boxed{}$$

(4~11) 덧셈을 해 보세요.

4 $23+16=\boxed{}$

5 $41+25=\boxed{}$

6 $52+36=\boxed{}$

7 $63+12=\boxed{}$

8
$$\begin{array}{r} 3\ 5 \\ +\ 2\ 2 \\ \hline \boxed{} \end{array}$$

9
$$\begin{array}{r} 2\ 6 \\ +\ 1\ 1 \\ \hline \boxed{} \end{array}$$

10
$$\begin{array}{r} 5\ 4 \\ +\ 2\ 5 \\ \hline \boxed{} \end{array}$$

11
$$\begin{array}{r} 7\ 2 \\ +\ 2\ 6 \\ \hline \boxed{} \end{array}$$

월   일

뺄셈 알아보기(1)

(12~14) 모형을 보고 ☐ 안에 알맞은 수를 써넣으세요.

12

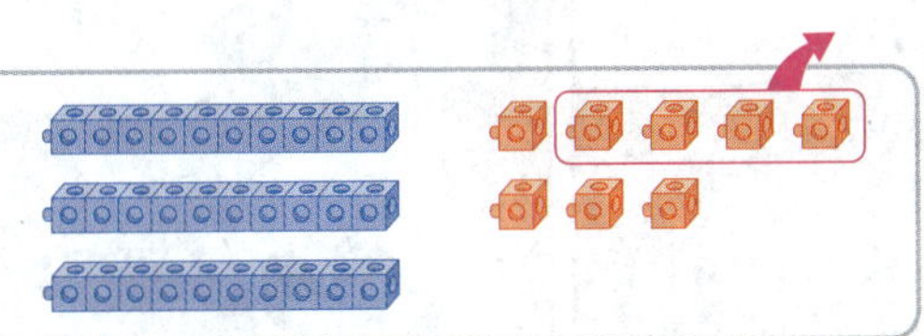

$$38-4=\boxed{}$$

13

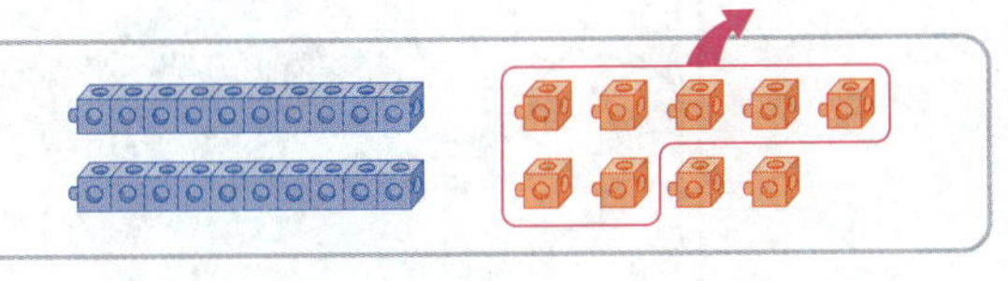

$$29-\boxed{}=\boxed{}$$

14

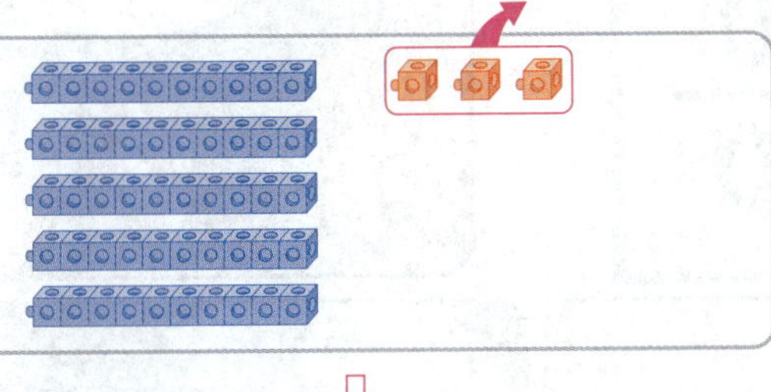

$$53-\boxed{}=\boxed{}$$

(15~22) 뺄셈을 해 보세요.

15 $24-3=\boxed{}$

16 $39-6=\boxed{}$

17 $45-5=\boxed{}$

18 $64-2=\boxed{}$

19
$$\begin{array}{r} 1\ 5 \\ -\ \ \ 4 \\ \hline \end{array}$$

20
$$\begin{array}{r} 2\ 6 \\ -\ \ \ 3 \\ \hline \end{array}$$

21
$$\begin{array}{r} 3\ 7 \\ -\ \ \ 4 \\ \hline \end{array}$$

22
$$\begin{array}{r} 4\ 9 \\ -\ \ \ 8 \\ \hline \end{array}$$

뺄셈을 알아볼까요 (2)

얘들아~!! 얼른 와.
어두워서 너무 무서웠어!
삼촌!!

제발 여기서
나가게 해줘….
으스스-

귀신의 집에서
나가긴 쉽지
않을 거다.
키키키-

문제의 정답을
맞혀야
나갈 수 있다.
숫자가 적힌 공
2개를 찾아 두 수의
차를 구해라!

이 많은 공 중에서
숫자가 적힌 공을
찾으라고요??
키키키

찾았다!!
60!
나도!!
30!

그럼 60과 30의
차를 구하면 돼.
60 — 30은 30이니까
답은 30!
60 - 30
= 30
60
- 30
30

정답이다!
이제 나가도 좋다.
감사합니다.
귀신님!

빨리 나가자.
얘들아!!
툭!

번
쩍

갑자기
사라졌어!
팟!
진짜 귀신이다!!

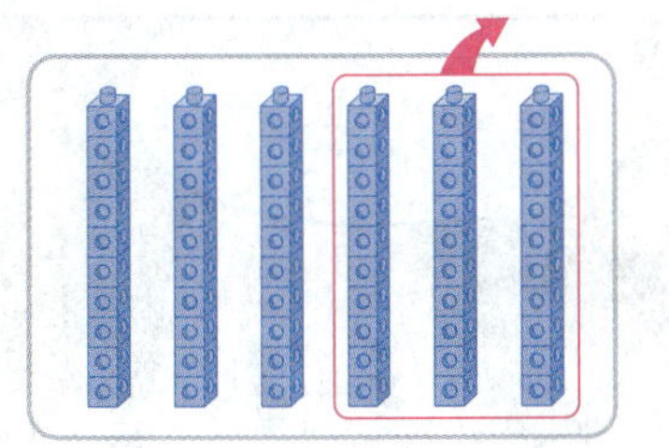

• 60−30 계산하기

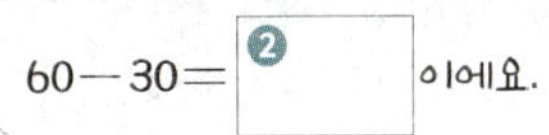

$$60-30=\boxed{\text{❶}\ \ }$$

$$\begin{array}{r}6\ 0\\-\ 3\ 0\\\hline\end{array}\ \Rightarrow\ \begin{array}{r}6\ 0\\-\ 3\ 0\\\hline 0\end{array}\ \Rightarrow\ \begin{array}{r}6\ 0\\-\ 3\ 0\\\hline 3\ 0\end{array}$$

정답 | ❶ 30　❷ 30

1 모형을 보고 □ 안에 알맞은 수를 써넣으세요.

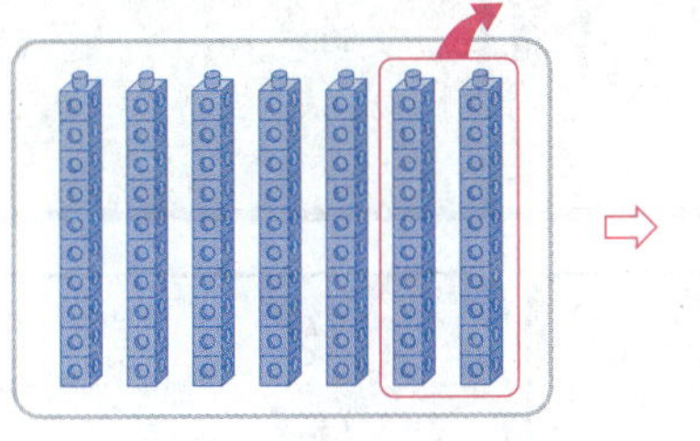

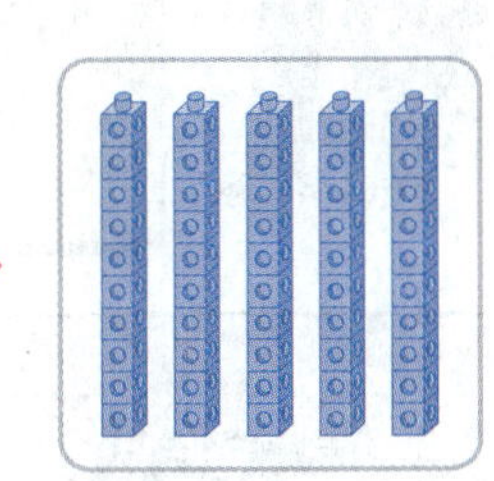

$$70-20=\boxed{}$$

[2~7] 뺄셈을 해 보세요.

2
$$\begin{array}{r}2\ 0\\-\ 1\ 0\\\hline\end{array}$$

3
$$\begin{array}{r}5\ 0\\-\ 3\ 0\\\hline\end{array}$$

4
$$\begin{array}{r}6\ 0\\-\ 5\ 0\\\hline\end{array}$$

5 $40-20=\boxed{}$　　**6** $80-50=\boxed{}$　　**7** $90-30=\boxed{}$

뺄셈을 알아볼까요 (3)

1854년 서커스단
펑!
꼬꼬댁
비둘기가 나타나는 마술입니다.

에이~ 시시해.
그만 가자.

손님들이 또 나갔어.

처음에 36명이 있었는데 22명이 나갔네….
쿨쿨
왜 저러지?
몰라~!
재미 없어

36-22는 14이니까 14명 남았어.

36
-22
14

10개씩 묶음은 10개씩 묶음끼리, 낱개는 낱개끼리 줄을 맞추어 계산합니다.

다시 돌아와!

펑!

앗! 당신들 뭐야?
여긴 어디?

당신은 그때 그 마술사??
당신들은 그때 사라졌던 사람들???

우아~ 과거로 돌아왔다.
내가 사람이 나타나는 마술을 성공했어.

역시 나는 위대한 마술사였어!!
잉?

개념 클릭

• 36−22 계산하기

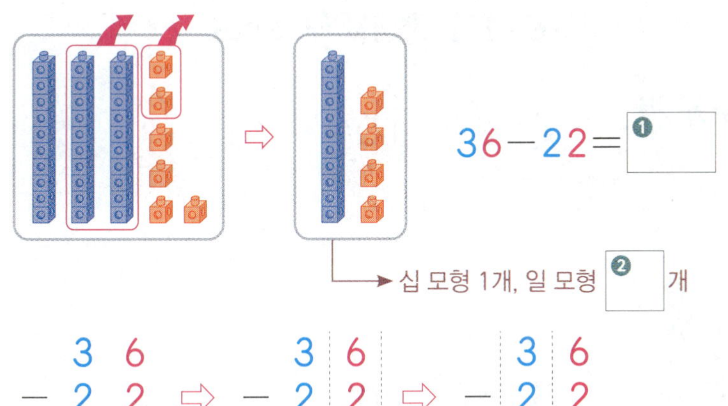

$36-22=$ ❶

십 모형 1개, 일 모형 ❷ 개

$$\begin{array}{r} 3\ 6 \\ -\ 2\ 2 \\ \hline \end{array} \Rightarrow \begin{array}{r} 3\ 6 \\ -\ 2\ 2 \\ \hline 4 \end{array} \Rightarrow \begin{array}{r} 3\ 6 \\ -\ 2\ 2 \\ \hline 1\ 4 \end{array}$$

정답 | ❶ 14 ❷ 4

1 모형을 보고 물음에 답하세요.

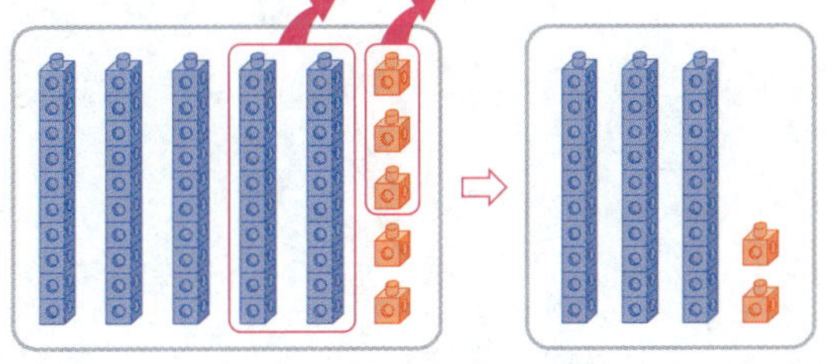

(1) 일 모형 5개에서 3개를 덜어 냈습니다. 일 모형은 몇 개 남았을까요?

(　　　　　　)

(2) 십 모형 5개에서 2개를 덜어 냈습니다. 십 모형은 몇 개 남았을까요?

(　　　　　　)

(3) ☐ 안에 알맞은 수를 써넣으세요.

$$\begin{array}{r} 5\ 5 \\ -\ 2\ 3 \\ \hline \end{array} \Rightarrow \begin{array}{r} 5\ 5 \\ -\ 2\ 3 \\ \hline \ \ \square \end{array} \Rightarrow \begin{array}{r} 5\ 5 \\ -\ 2\ 3 \\ \hline \square\ \ \end{array}$$

[2~5] 뺄셈을 해 보세요.

2
$$\begin{array}{r} 3\ 5 \\ -\ 1\ 4 \\ \hline \end{array}$$

3
$$\begin{array}{r} 4\ 7 \\ -\ 3\ 5 \\ \hline \end{array}$$

4 $53-23=$ ☐

5 $68-41=$ ☐

뺄셈 알아보기 (2)

[1~3] 모형을 보고 ☐ 안에 알맞은 수를 써 넣으세요.

1

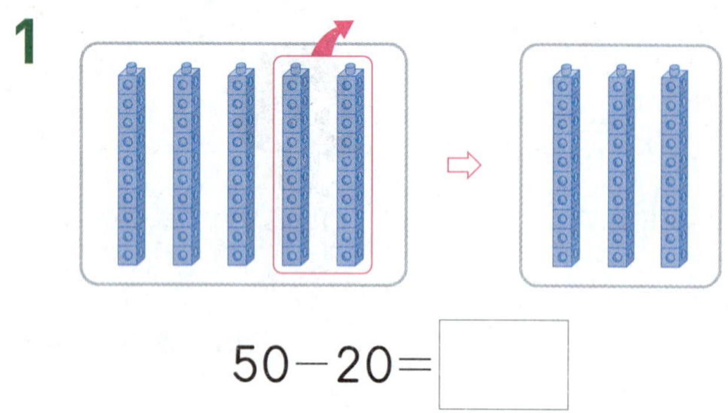

$$50-20=\boxed{}$$

2

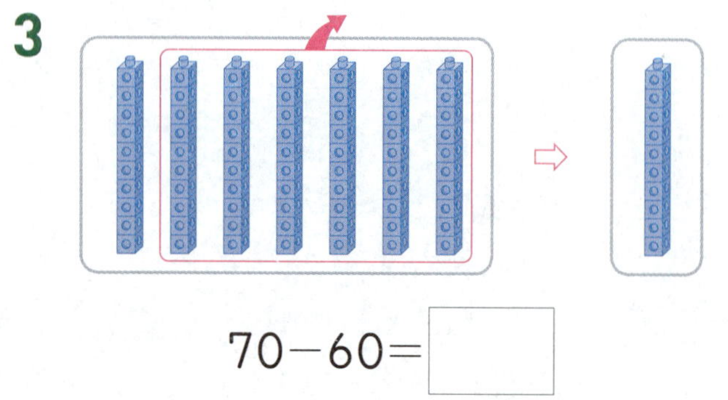

$$60-40=\boxed{}$$

3

$$70-60=\boxed{}$$

[4~11] 뺄셈을 해 보세요.

4 $30-10=\boxed{}$

5 $40-30=\boxed{}$

6 $60-20=\boxed{}$

7 $80-40=\boxed{}$

8
$$\begin{array}{r} 4\ 0 \\ -\ 1\ 0 \\ \hline \end{array}$$

9
$$\begin{array}{r} 5\ 0 \\ -\ 4\ 0 \\ \hline \end{array}$$

10
$$\begin{array}{r} 7\ 0 \\ -\ 3\ 0 \\ \hline \end{array}$$

11
$$\begin{array}{r} 9\ 0 \\ -\ 6\ 0 \\ \hline \end{array}$$

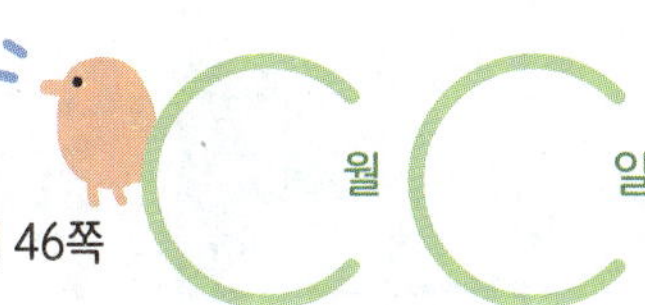

● 뺄셈 알아보기 (3)

(12~14) 모형을 보고 ☐ 안에 알맞은 수를 써넣으세요.

12

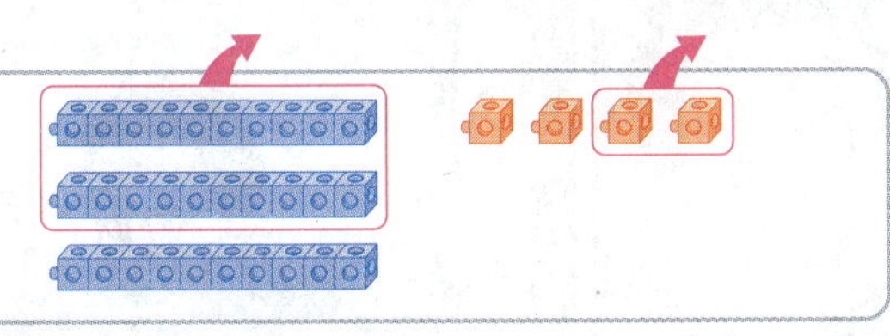

$$34 - 22 = \boxed{}$$

13

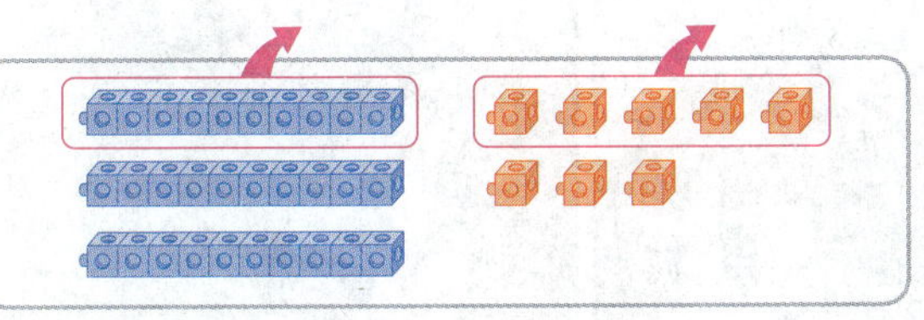

$$38 - \boxed{} = \boxed{}$$

14

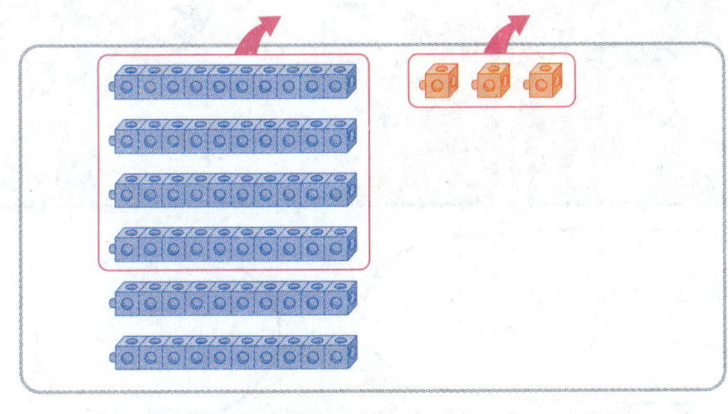

$$63 - \boxed{} = \boxed{}$$

(15~22) 뺄셈을 해 보세요.

15 $45 - 12 = \boxed{}$

16 $59 - 29 = \boxed{}$

17 $37 - 15 = \boxed{}$

18 $64 - 30 = \boxed{}$

19
$$\begin{array}{r} 4\ 6 \\ -\ 3\ 0 \\ \hline \boxed{} \end{array}$$

20
$$\begin{array}{r} 5\ 5 \\ -\ 3\ 2 \\ \hline \boxed{} \end{array}$$

21
$$\begin{array}{r} 6\ 6 \\ -\ 4\ 4 \\ \hline \boxed{} \end{array}$$

22
$$\begin{array}{r} 5\ 7 \\ -\ 3\ 7 \\ \hline \boxed{} \end{array}$$

덧셈과 뺄셈을 해 볼까요 (1)

개념 클릭

• 그림을 보고 덧셈하기

• 사과는 15개, 배는 3개입니다.

사과와 배는 모두 15+3=[❶](개)입니다.

• 사과는 15개, 귤은 24개입니다.

사과와 귤은 모두 15+24=[❷](개)입니다.

정답 | ❶ 18 ❷ 39

[1~3] 상자에 빵이 담겨 있습니다. 그림을 보고 물음에 답하세요.

1 🧁과 🧁은 모두 몇 개인지 덧셈식으로 나타내 보세요.

$$12+5=\boxed{}$$

2 🧁과 🧁은 모두 몇 개인지 덧셈식으로 나타내 보세요.

$$24+\boxed{}=\boxed{}$$

3 🧁과 🧁은 모두 몇 개인지 덧셈식으로 나타내 보세요.

$$12+\boxed{}=\boxed{}$$

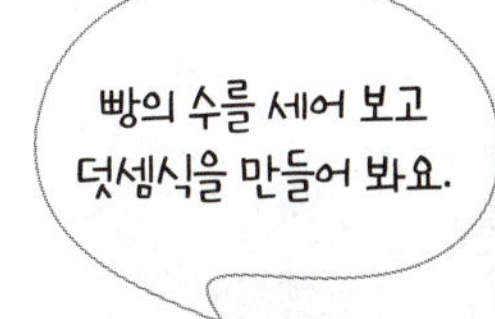

이제 헤어져야 할 시간이구나.
엥?
그렇네요-
힝-
잠깐만요!
할 얘기가 있는 거야?
쭈뼛
쭈뼛
그게…
다음에 또 놀러 올 거지?
그럼 또 올게.
수아야! 친구가 된 기념으로 주고 싶은 게 있어.
그게 있었지!
내가 가지고 있는 보석이 27개인데….
12개 빼고 다 줄게!
좌르륵-
고마워, 엘리엇~.
뺄셈식으로 나타내면 27－12＝15이니까 내가 받은 보석은 15개야.
27-12 =15
잘 지내, 보고 싶을 거야.
나도….
잘 가. 수아야~.
잘 있어, 에디슨.
꼭 멋진 발명가가 되어야 해!
모두 안녕~.
스스스-
뭉게
뭉게
잘 가~!

- 그림을 보고 뺄셈하기

- 노란색 꽃은 27송이, 흰색 꽃은 4송이입니다.

  노란색 꽃은 흰색 꽃보다 27-4=❶□(송이) 더 많습니다.

- 노란색 꽃은 27송이, 빨간색 꽃은 14송이입니다.

  노란색 꽃은 빨간색 꽃보다 27-14=❷□(송이) 더 많습니다.

정답 | ❶ 23　❷ 13

6 단원

[1~3] 그림을 보고 물음에 답하세요.

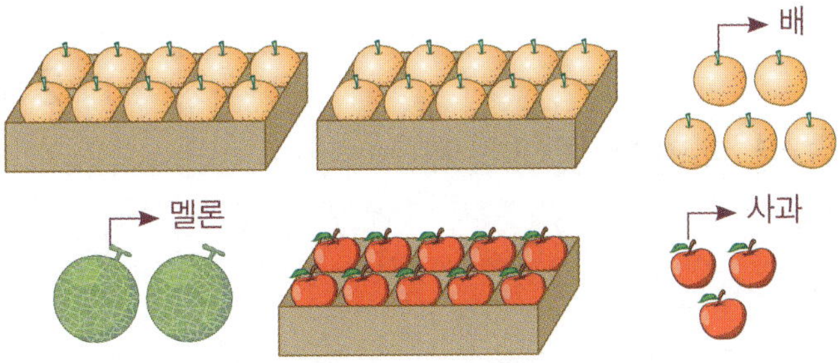

1 배는 멜론보다 몇 개 더 많은지 뺄셈식으로 나타내 보세요.

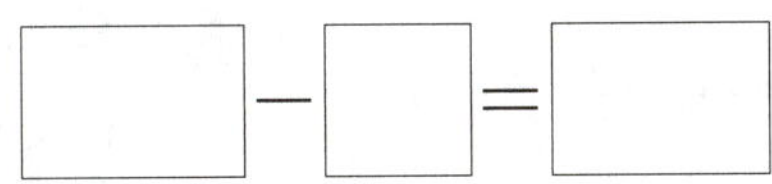

2 사과는 멜론보다 몇 개 더 많은지 뺄셈식으로 나타내 보세요.

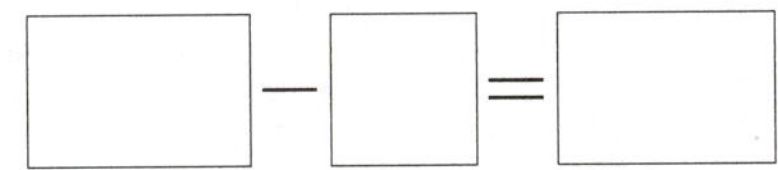

3 배는 사과보다 몇 개 더 많은지 뺄셈식으로 나타내 보세요.

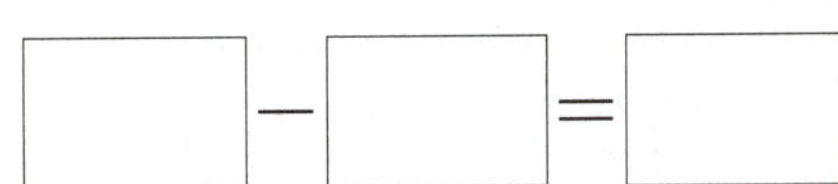

그림을 보고 덧셈하기

[1~4] 과일과 채소는 한 상자에 10개씩 들어 있습니다. 마트에 진열된 과일과 채소를 보고 물음에 답하세요.

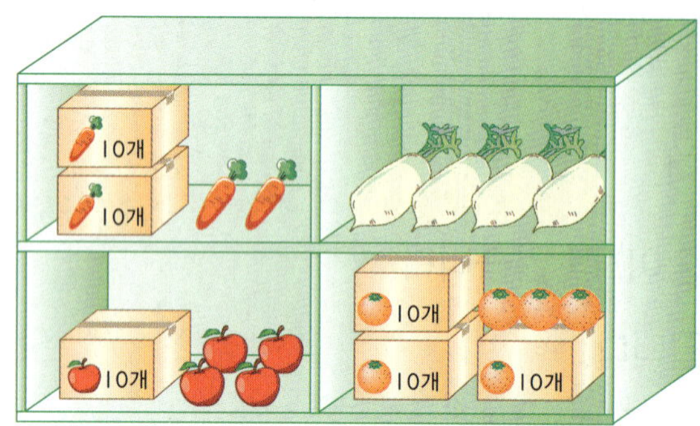

1 사과와 무는 모두 몇 개인지 덧셈식으로 나타내 보세요.

$$14 + \boxed{} = \boxed{}$$

2 당근과 귤은 모두 몇 개인지 덧셈식으로 나타내 보세요.

$$22 + \boxed{} = \boxed{}$$

3 당근과 무
채소는 모두 몇 개인지 덧셈식으로 나타내 보세요.

$$22 + \boxed{} = \boxed{}$$

4 사과와 귤
과일은 모두 몇 개인지 덧셈식으로 나타내 보세요.

$$14 + \boxed{} = \boxed{}$$

5 덧셈을 해 보세요.

(1)
$$19 + 10 = \boxed{}$$
$$19 + 20 = \boxed{}$$
$$19 + 30 = \boxed{}$$

(2)
$$21 + 37 = \boxed{}$$
$$37 + 21 = \boxed{}$$
$$23 + 26 = \boxed{}$$
$$26 + 23 = \boxed{}$$

6 두 주머니에서 수를 각각 하나씩 골라 덧셈식 2개를 써 보세요.

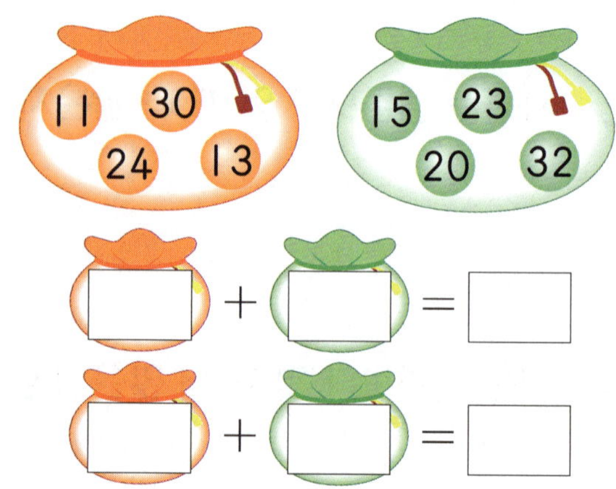

$$\boxed{} + \boxed{} = \boxed{}$$

$$\boxed{} + \boxed{} = \boxed{}$$

월 ⃝ 일

● **그림을 보고 뺄셈하기**

(7~10) 나은이가 가지고 있는 색연필입니다. 그림을 보고 물음에 답하세요.

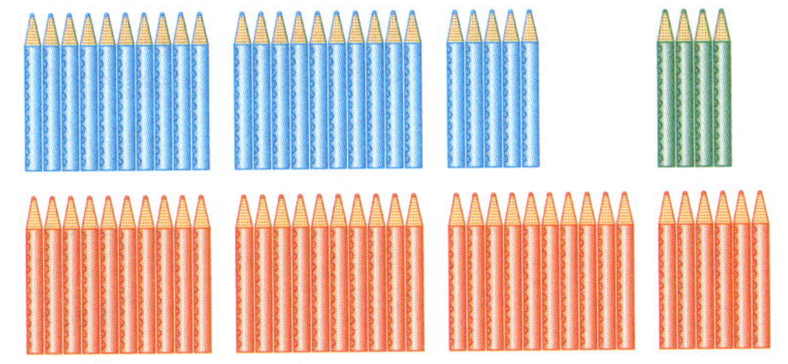

7 파란색 색연필은 초록색 색연필보다 몇 자루 더 많은지 뺄셈식으로 나타내 보세요.

⬜ − ⬜ = ⬜

8 빨간색 색연필은 초록색 색연필보다 몇 자루 더 많은지 뺄셈식으로 나타내 보세요.

⬜ − ⬜ = ⬜

9 빨간색 색연필은 파란색 색연필보다 몇 자루 더 많은지 뺄셈식으로 나타내 보세요.

⬜ − ⬜ = ⬜

10 빨간색 색연필 중 3자루를 동생에게 주었다면 남은 빨간색 색연필은 몇 자루인지 뺄셈식으로 나타내 보세요.

⬜ − 3 = ⬜

11 뺄셈을 해 보세요.

(1)

$39 - 11 =$ ⬜

$39 - 12 =$ ⬜

$39 - 13 =$ ⬜

$39 - 14 =$ ⬜

(2)

$26 - 3 =$ ⬜

$27 - 4 =$ ⬜

$28 - 5 =$ ⬜

$29 - 6 =$ ⬜

12 4장의 수 카드 중 2장을 골라 뺄셈식 2개를 써 보세요.

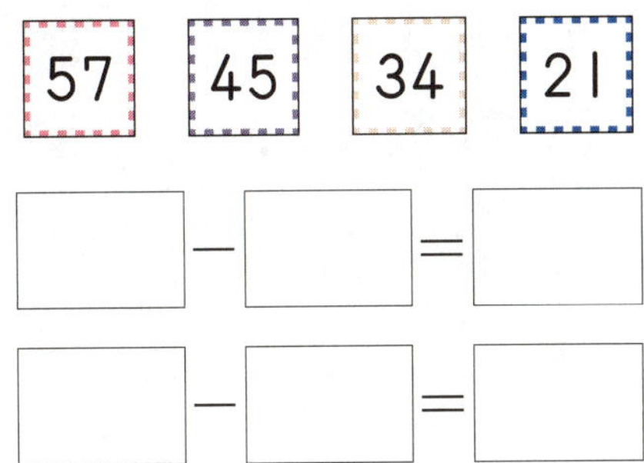

⬜ − ⬜ = ⬜

⬜ − ⬜ = ⬜

(1~2) 그림을 보고 ☐ 안에 알맞은 수를 써넣으세요.

1

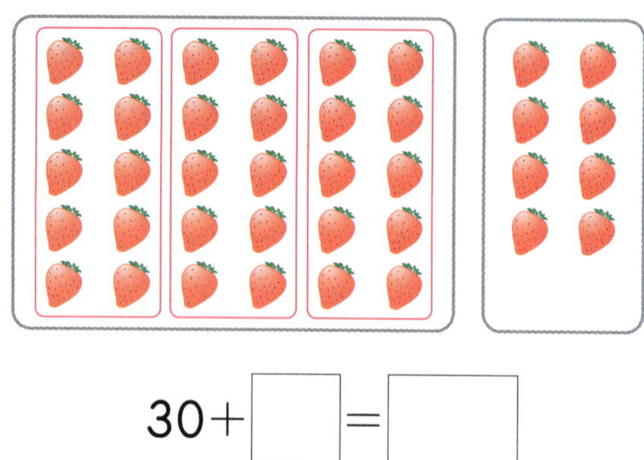

$$30 + \boxed{} = \boxed{}$$

2

$$46 - \boxed{} = \boxed{}$$

3 사과는 배보다 몇 개 더 많은지 뺄셈식으로 나타내 보세요.

$$30 - \boxed{} = \boxed{}$$

• (사과의 수)−(배의 수)를 구합니다.

월   일

4 덧셈을 해 보세요.

(1)
$$\begin{array}{r} 1\ 1 \\ +\ \ \ 7 \\ \hline \end{array}$$

(2)
$$\begin{array}{r} 4\ 0 \\ +\ 1\ 0 \\ \hline \end{array}$$

(3)
$$\begin{array}{r} 5\ 0 \\ +\ 4\ 0 \\ \hline \end{array}$$

(4)
$$\begin{array}{r} 2\ 2 \\ +\ 4\ 3 \\ \hline \end{array}$$

5 뺄셈을 해 보세요.

(1)
$$\begin{array}{r} 3\ 7 \\ -\ \ \ 4 \\ \hline \end{array}$$

(2)
$$\begin{array}{r} 5\ 6 \\ -\ 4\ 5 \\ \hline \end{array}$$

6 합이 같은 것끼리 선으로 이어 보세요.

24+14	•	•	20+40
30+30	•	•	32+6
4+32	•	•	15+21

다시 확인

• 낱개는 낱개끼리, 10개씩 묶음은 10개씩 묶음끼리 줄을 맞추어 계산합니다.

6. 덧셈과 뺄셈 (3) **175**

7 차가 같은 것끼리 선으로 이어 보세요.

| $90-50$ | $40-20$ | $63-30$ |

| $55-22$ | $80-60$ | $45-5$ |

(8~9) 그림을 보고 물음에 답하세요.

8 노란색 책과 초록색 책은 모두 몇 권일까요?

$$\boxed{} + \boxed{} = \boxed{} \Rightarrow \boxed{} \text{권}$$

↳ 노란색   ↳ 초록색
책의 수   책의 수

9 아랫줄에 있는 책은 모두 몇 권일까요?

$$\boxed{} \rightarrow \text{빨간색 책의 수}$$
$$+ \boxed{} \rightarrow \text{파란색 책의 수}$$
$$\boxed{} \Rightarrow \boxed{} \text{권}$$

• 아랫줄에 있는 책은 빨간색
책과 파란색 책입니다.

(10~11) 민재네 학교에서 알뜰 시장이 열렸습니다. 그림을 보고 물음에 답하세요.

10 민재는 붙임딱지 38장을 가지고 있습니다. 민재가 축구공을 한 개 샀습니다. 민재의 붙임딱지는 몇 장 남았을까요?

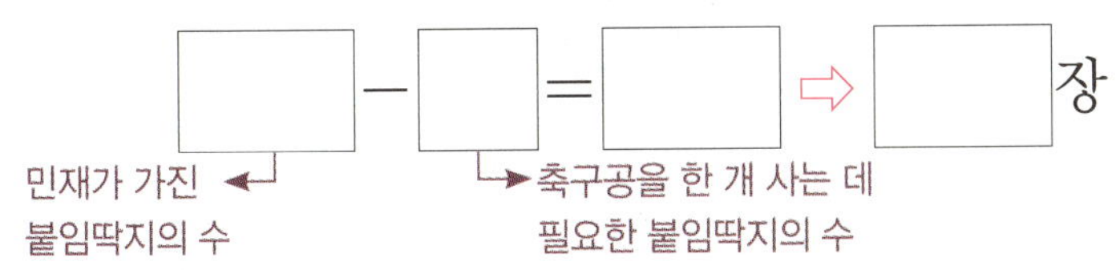

민재가 가진 붙임딱지의 수

축구공을 한 개 사는 데 필요한 붙임딱지의 수

11 지민이는 붙임딱지 45장을 가지고 있습니다. 지민이가 가방을 한 개 샀습니다. 지민이의 붙임딱지는 몇 장 남았을까요?

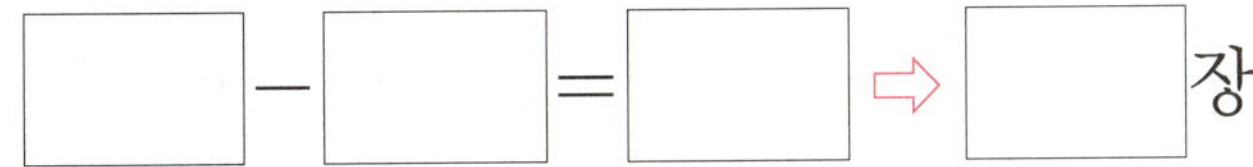

장

• 지민이가 가지고 있는 붙임딱지의 수에서 가방을 사는 데 필요한 붙임딱지의 수를 뺍니다.

12 사탕을 희재는 16개, 진수는 4개 가지고 있습니다. 희재는 진수보다 사탕을 몇 개 더 많이 가지고 있는지 뺄셈식으로 나타내 보세요.

• 희재가 가진 사탕의 수에서 진수가 가진 사탕의 수를 뺍니다.

[1~2] 그림을 보고 ☐ 안에 알맞은 수를 써 넣으세요.

1

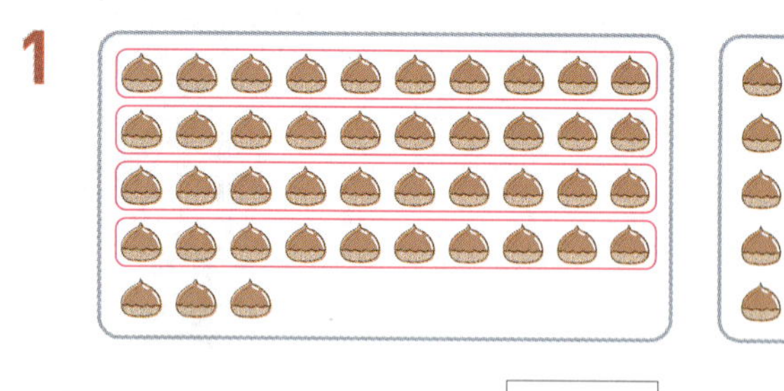

$43+6=$ ☐

2

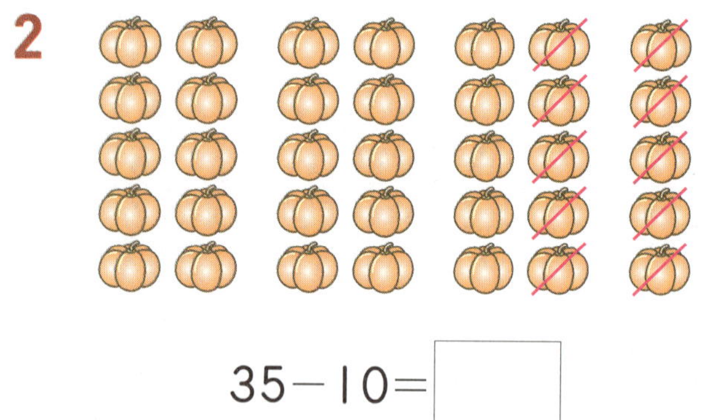

$35-10=$ ☐

[3~4] 계산해 보세요.

3 $30+40=$ ☐

4 $60-40=$ ☐

[5~6] 계산해 보세요.

5
$$\begin{array}{r} 3\ 8 \\ +\ 2\ 1 \\ \hline \end{array}$$

6
$$\begin{array}{r} 5\ 9 \\ -\ 1\ 7 \\ \hline \end{array}$$

7 빈칸에 알맞은 수를 써넣으세요.

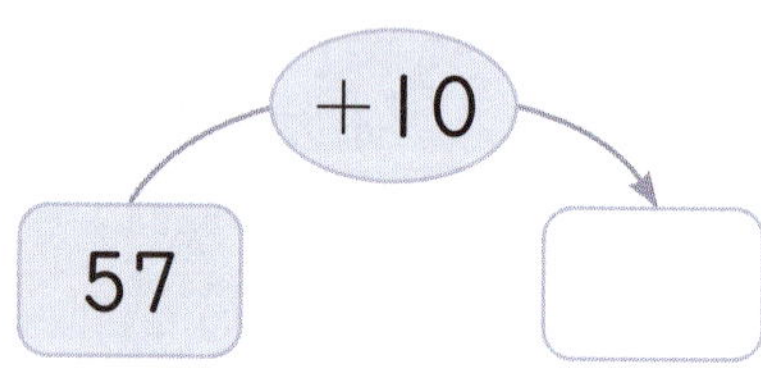

8 두 수의 차를 빈칸에 써넣으세요.

6	88

9 □ 안에 알맞은 수를 써넣으세요.

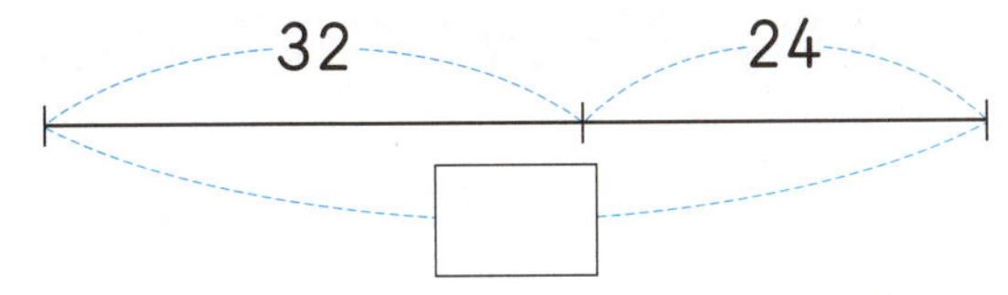

10 두 수의 합과 차를 구하세요.

48	21

합 (　　　　　　　　)

차 (　　　　　　　　)

11 차가 더 큰 쪽에 ○표 하세요.

$$\begin{array}{r} 5\ 4 \\ -\ 1\ 3 \\ \hline \end{array} \qquad \begin{array}{r} 7\ 0 \\ -\ 3\ 0 \\ \hline \end{array}$$

(　　　　) 　　　(　　　　)

12 합과 차가 같은 것끼리 선으로 이어 보세요.

23+41	•	•	66−26
20+20	•	•	73−12
31+30	•	•	68−4

13 합이 더 큰 쪽에 ○표 하세요.

| 63+24 | (　　　　) |
| 37+52 | (　　　　) |

[14~15] 텃밭에 있는 당근과 무를 보고 물음에 답하세요.

14 당근과 무는 모두 몇 개일까요?

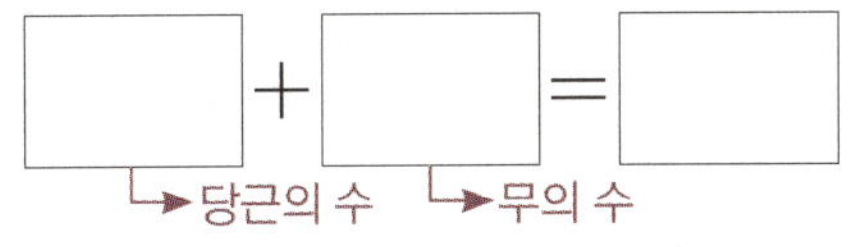

15 당근은 무보다 몇 개 더 많은지 뺄셈식으로 나타내 보세요.

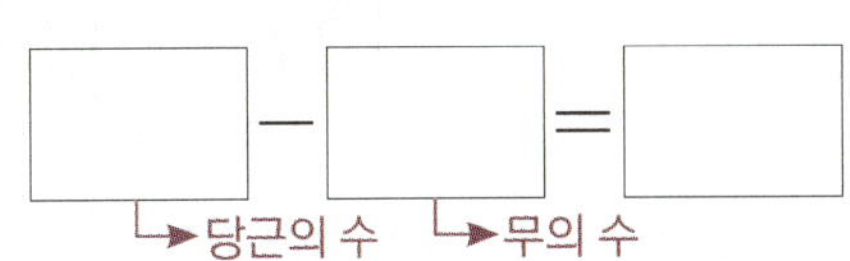

16 같은 모양에 적힌 수의 합을 구하세요.

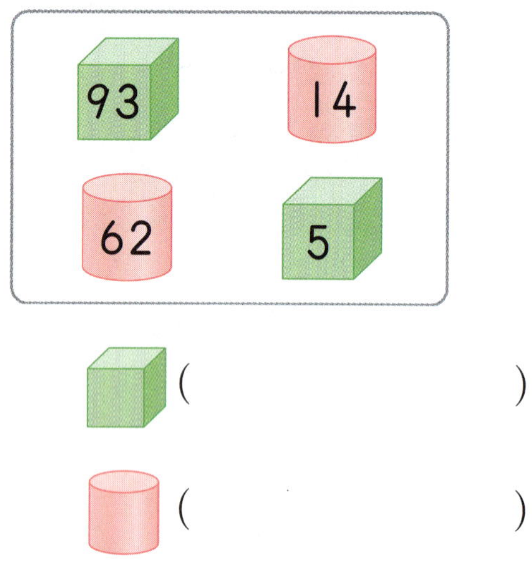

( )

( )

17 지섭이네 반 학생은 26명이고, 수형이네 반 학생은 37명입니다. 누구네 반 학생이 몇 명 더 많은지 뺄셈식을 쓰고 답을 구하세요.

뺄셈식 ______________________________

답 ________________ , ________________

18 3장의 수 카드 중에서 가장 큰 수와 가장 작은 수를 골라 두 수의 합과 차를 구하세요.

| 14 | 37 | 11 |

합 ( )

차 ( )

19 친구들이 말하는 수를 각각 구하세요.

지아 ( )

승찬 ( )

20 현우의 일기를 읽고 공연을 한 사람은 모두 몇 명인지 구하세요.

○월 ○일	
제목: 공연 나들이	
가족과 함께 공연을 보았다.	
남자 15명과 여자 14명이 공연을 하고 있었다. 재미있는 공연을 봐서 행복한 하루였다.	

( )

스스로 **학습장**

스스로 학습장은 이 단원에서 배운 것을 확인하는 코너입니다.
몰랐던 것은 꼭 다시 공부해서 내 것으로 만들어 보아요.

🌸 지민이의 그림일기를 보고 물음에 답하세요.

1 여자 어린이들이 심은 나무의 수를 세어 위 그림일기의 ☐ 안에 알맞은 수를 써넣으세요.

2 지민이네 반 어린이들이 심은 나무는 모두 몇 그루인지 덧셈식으로 나타내 보세요.

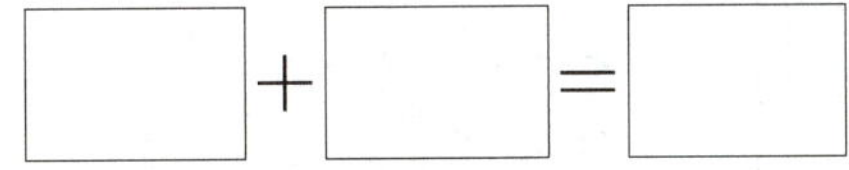

3 남자 어린이들이 여자 어린이들보다 나무를 몇 그루 더 많이 심었는지 뺄셈식으로 나타내 보세요.

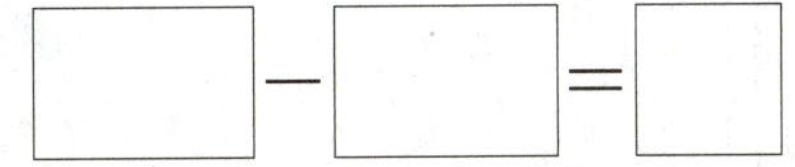

이 숫자들을 읽어 보겠니?
60, 70, 80, 90
너무 쉬운 문제네요.

육십, 칠십, 팔십, 구십 이에요.

엘리엇! 어쩐 일이니!
저는 이제 수학이 재미있고 즐거워요.

너 정말 엘리엇이 맞니?
헤헤
네~ 선생님.

다음 문제는 뭐예요?
헛!

미… 미안하구나. 다음 문제를 준비하지 않았단다.
아….

그럼 전 놀러 갈게요.
60, 70,
휙~

에디슨네 집으로 가 주세요.
어서 타거라.

에디슨의 집
오늘도 상상의 날개를
푸드덕~
푸드덕~

에디슨, 놀~자!

어! 엘리엇~!

뭘 좀 만드는
중이었어.
뭘 만들고
있는데?

얼마 전에
미래에 갔다
왔잖아.

그때 신기한
불을 봤어.
신기한 불?

동그란 병 속에서
반짝반짝 빛나는
그 물건.
아~
맞아.

그래서
만들어 봤어.
우아~

여기에 전기를
흐르게 하면

퍼
엉

헐
. . . . .

실패.
에디슨….

반드시 언젠가
성공할 거야.
내가 항상
응원할게!

한편
삼촌,
뭐 하세요?

우리 이번엔
미녀를 만나러 가자!
그게 뭐예요
삼촌~
에디슨
미녀와
야수

에디슨은 1847년 미국 오하이오에서 태어났습니다.

에디슨은 어릴 때부터 호기심이 많고 엉뚱한 아이였습니다.
에디슨, 거기서 뭐하니?
병아리를 부화시킬 거예요.

가난한 형편 때문에 어린 시절부터 일을 했지만 실험도 열심히 했습니다.
신문 사세요.

그 결과, 발명 특허를 받아 연구소를 세우며 실험에 열중하게 되었습니다.

끊임없는 실패에도 불구하고 에디슨은 전구, 축음기 등의 발명을 했습니다.
드디어 성공이다!

그의 발명품은 지금까지도 우리 생활에 큰 도움을 주고 있습니다.

에디슨은 다음의 한 마디를 항상 마음에 새기며 살았습니다.
천재는 1 %의 영감과 99 %의 노력으로 이루어진다.

발명왕 에디슨은 1000종이 넘는 발명품을 남겨주고 1931년 세상을 떠났습니다.
에디슨
1847.2.11 ~ 1931.10.18

개념클릭

정답 및 풀이

초등 수학 1·2

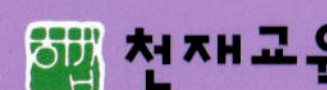
천재교육

정답 및 풀이
포인트 3가지

▶ 빠르게 정답을 확인하는 스피드 정답

▶ 혼자서도 이해할 수 있는 친절한 문제 풀이

▶ 문제 해결에 필요한 핵심 내용 또는
  틀리기 쉬운 내용을 담은 참고와 주의

스피드 정답

❶ 100까지의 수

11쪽 · 단계 **1** 교과서 개념

1 6, 60
2 8, 80
3 **쓰기** 70 **읽기** 칠십, 일흔
4 **쓰기** 90 **읽기** 구십, 아흔

13쪽 · 단계 **1** 교과서 개념

1 8 ; 68
2 7, 2 ; 72
3 87, 팔십칠, 여든일곱

15쪽 · 단계 **1** 교과서 개념

1 **예** 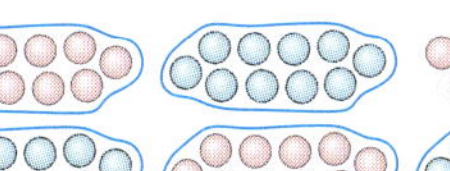
2 7, 5 ; 75
3 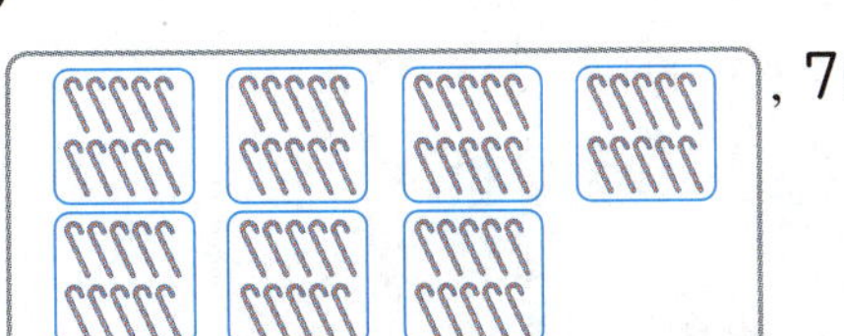

16~17쪽 · 단계 **2** 개념 집중 연습

1 60
2 80
3 **예**  , 70
4 **예**  , 90

---

5 70
6 80
7 5, 6, 56
8 7, 3, 73
9 69
10 94
11 85
12 오십삼, 쉰셋
13 육십팔, 예순여덟
14 구십육, 아흔여섯
15 **예** ; 5, 7 ; 57
16 **예** ; 6, 5 ; 65
17 **예** ; 7, 1 ; 71

19쪽 · 단계 **1** 교과서 개념

1 97, 98, 100
2 100, 백
3 57
4 60
5 61

21쪽 · 단계 **1** 교과서 개념

1 74에 ◯표 ; 큽니다에 ◯표
2 >
3 <
4 >

23쪽 　단계 **1** 교과서 개념

1 (예) 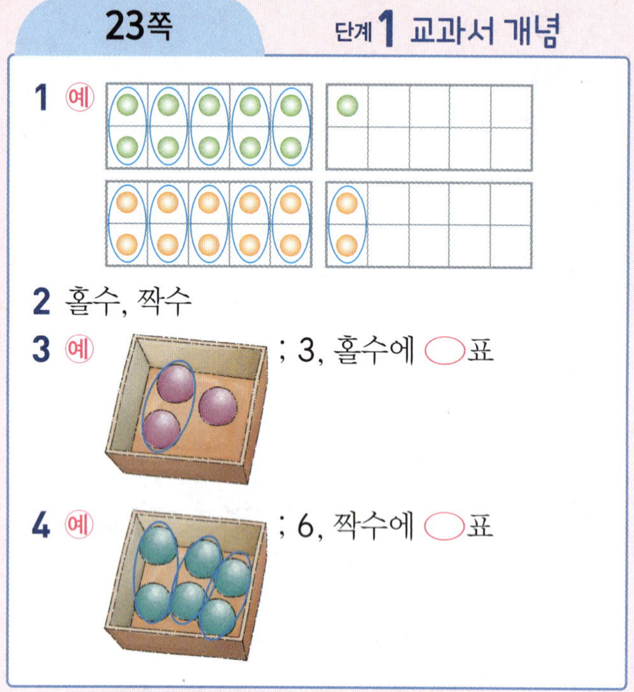

2 홀수, 짝수

3 (예) ; 3, 홀수에 ◯표

4 (예) ; 6, 짝수에 ◯표

24~25쪽 　단계 **2** 개념 집중 연습

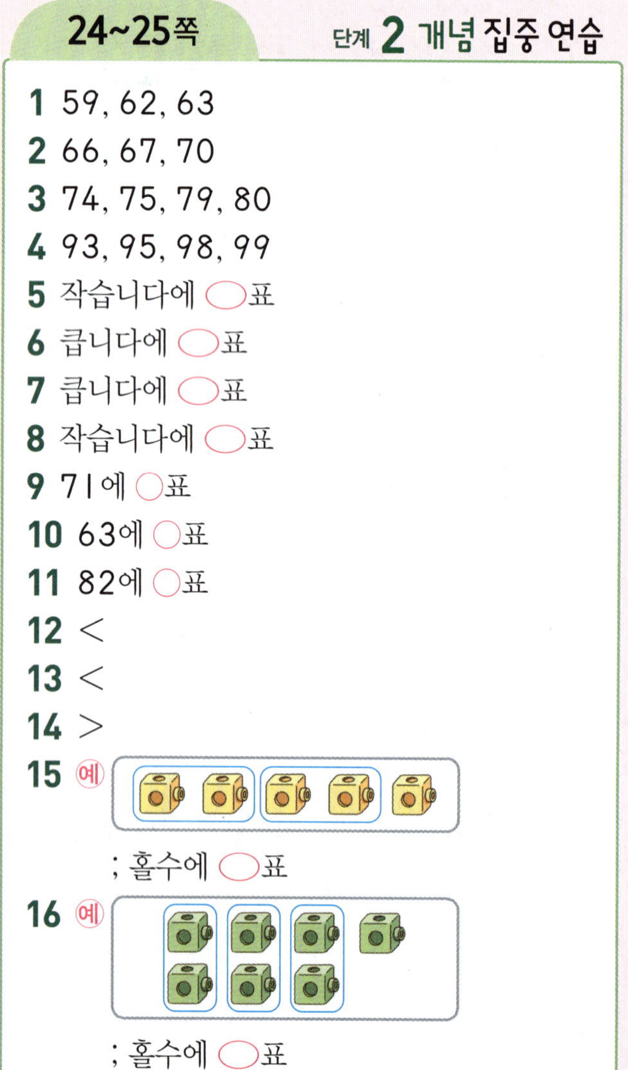

1 59, 62, 63
2 66, 67, 70
3 74, 75, 79, 80
4 93, 95, 98, 99
5 작습니다에 ◯표
6 큽니다에 ◯표
7 큽니다에 ◯표
8 작습니다에 ◯표
9 71에 ◯표
10 63에 ◯표
11 82에 ◯표
12 <
13 <
14 >
15 (예) ; 홀수에 ◯표
16 (예) ; 홀수에 ◯표

17 (예) 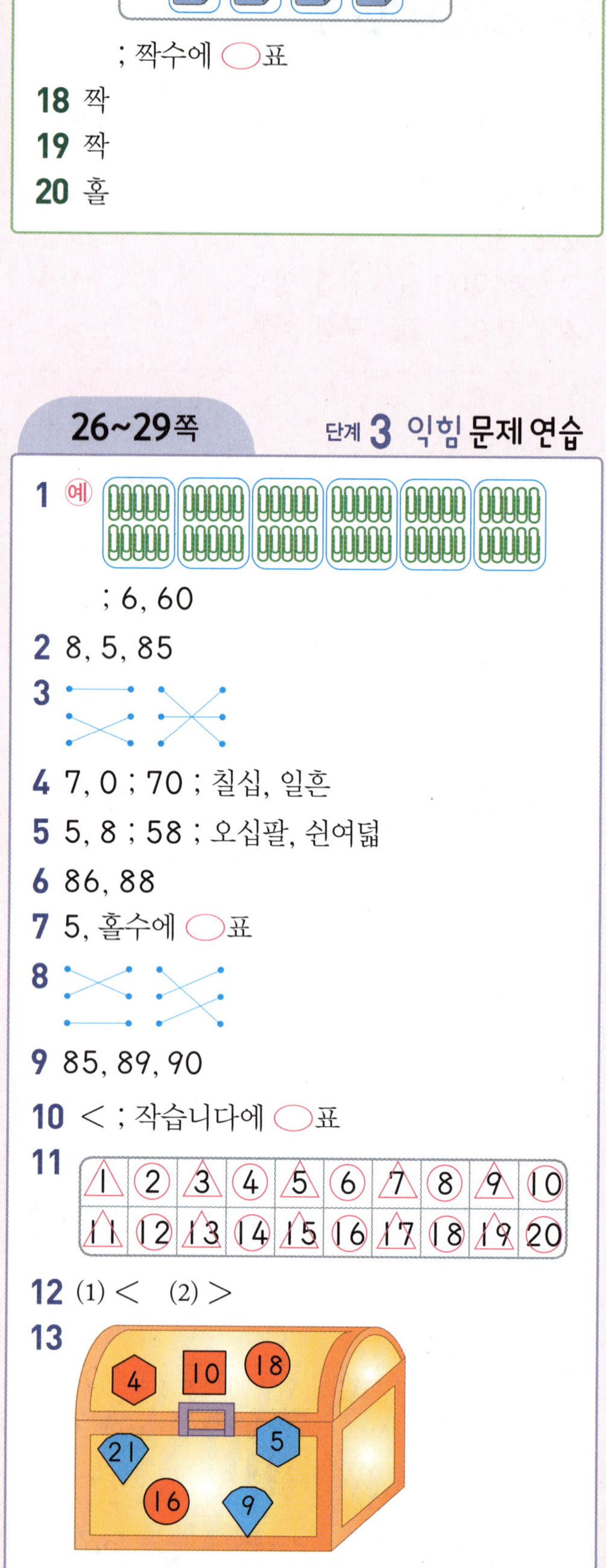
; 짝수에 ◯표

18 짝
19 짝
20 홀

26~29쪽 　단계 **3** 익힘 문제 연습

1 (예) ; 6, 60
2 8, 5, 85
3
4 7, 0 ; 70 ; 칠십, 일흔
5 5, 8 ; 58 ; 오십팔, 쉰여덟
6 86, 88
7 5, 홀수에 ◯표
8
9 85, 89, 90
10 < ; 작습니다에 ◯표
11

| 1 | 2 | 3 | 4 | 5 | 6 | 7 | 8 | 9 | 10 |
| 11 | 12 | 13 | 14 | 15 | 16 | 17 | 18 | 19 | 20 |

12 (1) <　(2) >
13
14 (　) (◯) (　)
15 83　95　79

1 쓰기 80 읽기 팔십, 여든
2 쓰기 76 읽기 칠십육, 일흔여섯
3 8, 9
4 |
5 예  ; 7, 70
6 89, 91
7 60, 62
8 짝수에 ○표
9 55, 61 ; 61에 ○표
10
11 >
12 10에 ○표
13

83	84	85	86	87	88
89	90	91	92	93	94
95	96	97	98	99	100

14 57에 △표
15 지은
16 73개
17 6개
18 2개
19 27<51
20 84개

1 (1) × (2) ○ (3) ○ (4) ○
(5) ○ (6) × (7) ○
2 (1) × (2) × (3) ○ (4) ○
(5) × (6) × (7) ○

② 덧셈과 뺄셈 (1)

1 (1) 4, 8 (2) 4, 8
2 (계산 순서대로) 3, 6, 6
3 (계산 순서대로) 8, 9, 9
4 (계산 순서대로) 4, 7, 7

1 (1) 6, 2 (2) 4, 2
2 (계산 순서대로) 4, 2, 2
3 (계산 순서대로) 7, 2, 2
4 (계산 순서대로) 3, 2, 2

1 9
2 9
3 8 ; 6, 6, 8
4 8 ; 4, 4, 8
5 9 ; 8, 8, 9
6 9 ; 6, 6, 9
7 8 ; 6, 6, 8
8 7 ; 6, 6, 7
9 6
10 2
11 3 ; 4, 4, 3
12 | ; 6, 6, |
13 2 ; 4, 4, 2
14 2 ; 4, 4, 2
15 3 ; 4, 4, 3
16 3 ; 6, 6, 3

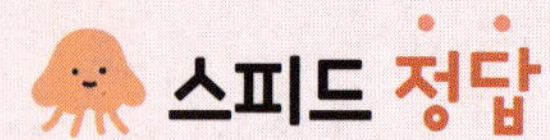

43쪽 · 단계 1 교과서 개념

1 (1) 2 (2) 8 (3) 같습니다에 ○표
2 ; 7
3 ; 5
4 ; 4
5 ; 1

45쪽 · 단계 1 교과서 개념

1 (1) 7 (2) 4
2 5
3 8
4 7, 3
5 9, 1

46~47쪽 · 단계 2 개념 집중 연습

1 9, 10 ; 10
2 7
3 6
4 5
5 ; 2
6 ; 4
7 1
8 8
9 3
10 4, 5 ; 4
11 8
12 7
13 6
14 3
15 2
16 1
17 5

49쪽 · 단계 1 교과서 개념

1 (1) (위부터) 10, 5, 15 (2) 5, 15
2 (계산 순서대로) 11, 11
3 (계산 순서대로) 10, 14, 14
4 (계산 순서대로) 10, 12, 12

51쪽 · 단계 1 교과서 개념

1 (1) 8, 12 ; 12 (2) 12 ; 12
2 (계산 순서대로) 14, 14
3 (계산 순서대로) 10, 16, 16
4 (계산 순서대로) 10, 17, 17

52~53쪽 · 단계 2 개념 집중 연습

1 (계산 순서대로) 10, 16, 16
2 (계산 순서대로) 18, 18
3 (계산 순서대로) 10, 12, 12
4 8+2+3= 13
5 1+9+6= 16
6 5+5+9= 19
7 3+7+4= 14
8 9+1+7= 17
9 2+8+1= 11
10 4+6+9= 19
11 (계산 순서대로) 10, 15, 15
12 (계산 순서대로) 14, 14
13 (계산 순서대로) 10, 16, 16
14 4+1+9= 14
15 8+7+3= 18

16 5+④+6= $\boxed{15}$

17 7+②+8= $\boxed{17}$

18 2+⑤+5= $\boxed{12}$

19 3+⑨+1= $\boxed{13}$

20 9+③+7= $\boxed{19}$

---

1 9, 10 ; 10

2

3 8

4 (1) 6   (2) 5

5 (1) 7   (2) 2

6 (계산 순서대로) 6, 8, 8

7 (계산 순서대로) 6, 4, 4

8

9 (1) (계산 순서대로) 10, 17, 17

(2) (계산 순서대로) 10, 19, 19

10

11 (   ) (◯)

12

13 예 ; 1, 1, 9

14 8, 5, 15

15 6개

16 4+1+9=14 또는 4+7+3=14

---

1 7

2 9−2−3에 ◯표

3 3

4 5

5 9 ; 8, 8, 9

6 2 ; 5, 5, 2

7 4, 4

8 14

9 (계산 순서대로) 10, 16, 16

10 2, 2

11 13

12 18

13

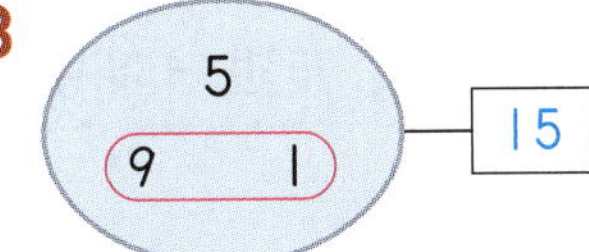

14 예 6+4+5=15 ; 15마리

15 3개

16

17 17개

18 ㉡

19 11

20 19

---

1 (계산 순서대로) 5, 9, 9

2 (계산 순서대로) 7, 2, 2

3 6

4 2

5 (계산 순서대로) 10, 16, 16

6 (계산 순서대로) 10, 15, 15

❸ 모양과 시각

65쪽 · 단계 1 교과서 개념

3 ㄴ, ㅁ ; ㄱ, ㄷ ; ㄹ, ㅂ

67쪽 · 단계 1 교과서 개념

1 ◯에 ◯표
2 ◯에 ◯표

69쪽 · 단계 1 교과서 개념

1 3 ; 4 ; 2
2 4 ; 6 ; 8
3 ◯에 ◯표

70~71쪽 · 단계 2 개념 집중 연습

1 ( )(◯)( )
2 ( )( )(◯)
3 ( )(◯)( )
4 ( )(◯)( )

5 (◯)( )( )
6 (◯)( )( )
7 ( )( )(◯)
8 △에 ◯표
9 ◻에 ◯표
10 3개 ; 2개 ; 4개
11 4개 ; 5개 ; 3개
12 9개 ; 2개 ; 2개
13 △에 ◯표
14 ◻에 ◯표

73쪽 · 단계 1 교과서 개념

1 4   **2** 12, 6
3 2   **4** 7
5

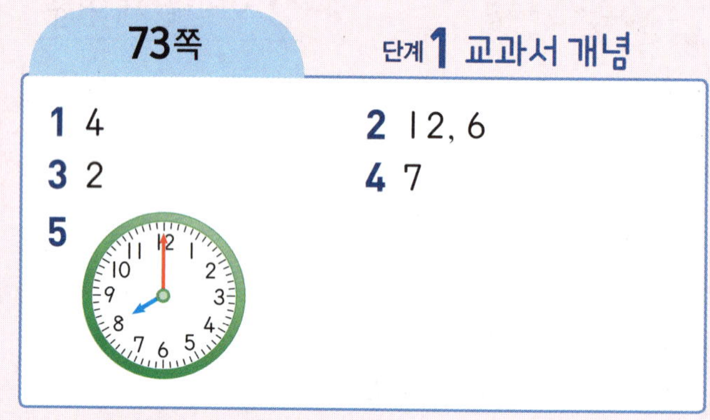

75쪽 · 단계 1 교과서 개념

1 4, 30   **2** 2, 30
3 8, 30   **4** 6, 30
5

76~77쪽 · 단계 2 개념 집중 연습

1 5   **2** 5
3 6   **4** 12
5 9   **6** 1
7 8   **8** 4
9   **10**

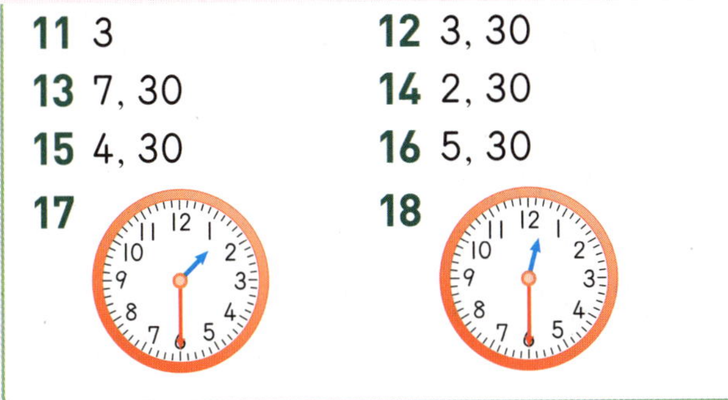

11 3 **12** 3, 30
13 7, 30 **14** 2, 30
15 4, 30 **16** 5, 30
17 **18**

78~81쪽 단계 **3** 익힘 문제 연습

1

2

3

4
5 ( ) ( ) (○)
6 (○) ( ) ( )
7 ( ) (○) ( )
8
9 (1) 11 (2) 8, 30
10
11 4개 ; 2개 ; 4개
12 9개 ; 7개 ; 1개
13 (1) (2)

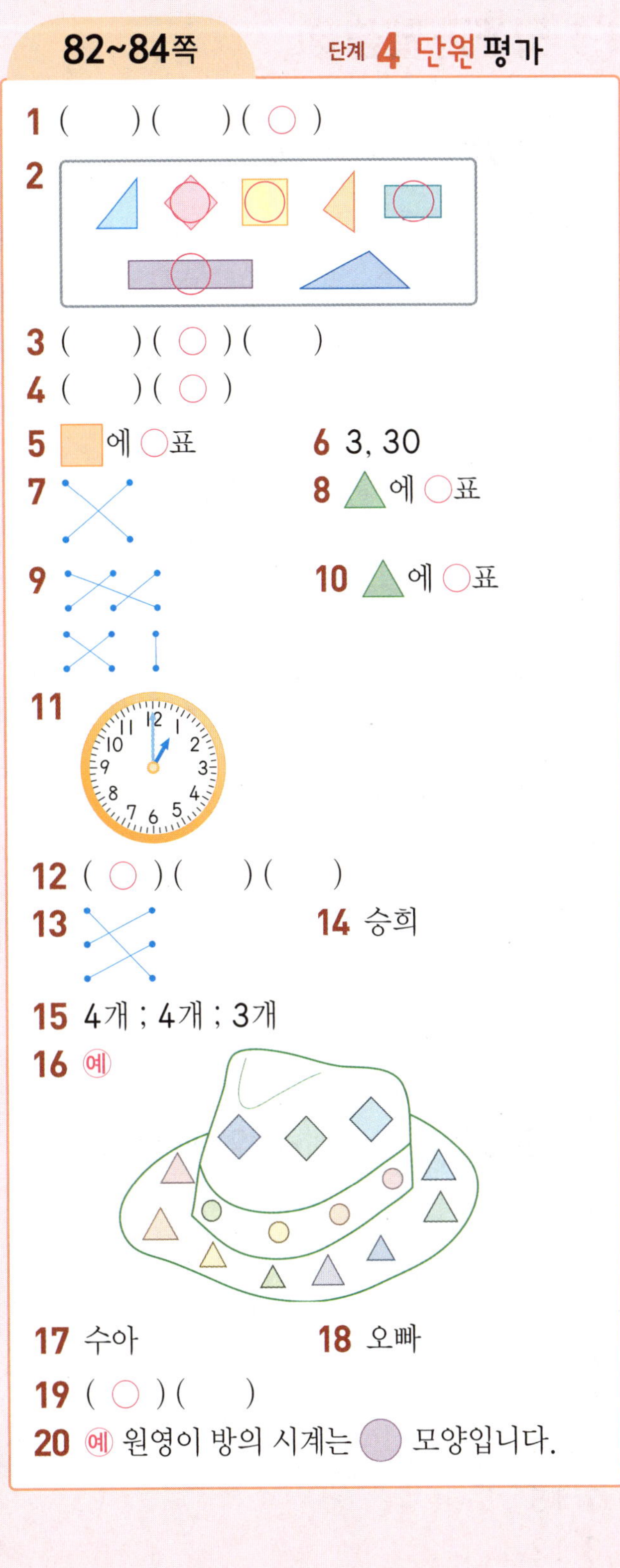

82~84쪽 단계 **4** 단원 평가

1 ( ) ( ) (○)
2
3 ( ) (○) ( )
4 ( ) (○)
5 ◻에 ○표 **6** 3, 30
7 **8** △에 ○표
9 **10** △에 ○표
11
12 (○) ( ) ( )
13 **14** 승희
15 4개 ; 4개 ; 3개
16 예
17 수아 **18** 오빠
19 (○) ( )
20 예 원영이 방의 시계는 ◯ 모양입니다.

85쪽 스스로 학습장

1 ○ ; × ; ○
2 ○ ; × ; ○
3 × ; ○ ; ×

❹ 덧셈과 뺄셈 (2)

89쪽   단계 1 교과서 개념

1 11, 12 ; 12
2 11, 12 ; 12
3 예

○	○	○	○	△		△			
△	△	△	△	△					

4 7, 11

91쪽   단계 1 교과서 개념

1 (위부터) 14 ; 4
2 (위부터) 13 ; 3
3 14
4 13

92~93쪽   단계 2 개념 집중 연습

1 12
2 12
3 13
4 14
5 13
6 12
7 15
8 12
9 14
10 15
11 11
12 13
13 (위부터) 11 ; 3
14 (위부터) 17 ; 7
15 (위부터) 16 ; 1

95쪽   단계 1 교과서 개념

1 (위부터) 15 ; 5
2 (위부터) 12 ; 2
3 (위부터) 14 ; 2
4 (위부터) 14 ; 4

97쪽   단계 1 교과서 개념

1 13, 14 ; 1
2 14, 13 ; 1
3 13
4 17
5 12, 12
6 12, 12

98~99쪽   단계 2 개념 집중 연습

1 14
2 13
3 16
4 (위부터) 12 ; 2
5 (위부터) 15 ; 3
6 (위부터) 15 ; 4
7 13
8 14
9 17
10 14 ; 1
11 11 ; 1
12 12, 15
13 9+2에 ○표
14 8+6에 ○표
15 8+8에 ○표
16 8+9에 ○표
17 8+5, 7+6에 ○표

<table>
<tr><td>

101쪽   단계 **1** 교과서 개념

1 7, 8, 9 ; 7
2 4, 5, 6 ; 4
3 6, 6
4 검은색에 ○표, 흰색에 ○표, 6

</td><td>

109쪽   단계 **1** 교과서 개념

1 8 ; 1
2 8 ; 8
3 7
4 7
5 6, 7
6 8, 7

</td></tr>
</table>

103쪽   단계 **1** 교과서 개념

1 9
2 8
3 8
4 6
5 7
6 9

110~111쪽   단계 **2** 개념 집중 연습

1 5   **2** 5
3 8   **4** 8
5 (위부터) 7 ; 4   **6** (위부터) 7 ; 6
7 (위부터) 8 ; 2   **8** 8
9 8   **10** 9
11 4 ; 1   **12** 9 ; 1
13 9, 9 ; 같습니다
14 11−9에 △표
15 12−9에 △표
16 13−7에 △표
17 15−8에 △표
18 11−6, 13−8에 △표

104~105쪽   단계 **2** 개념 집중 연습

1 4   **2** 8
3 9   **4** 8
5 6   **6** 8
7 5   **8** 7
9 7   **10** 5
11 7   **12** 9
13 6   **14** 3
15 (위부터) 7 ; 5
16 (위부터) 9 ; 4
17 (위부터) 9 ; 8

112~115쪽   단계 **3** 익힘 문제 연습

1 13
2 3
3 (위부터) 11 ; 2
4 (위부터) 7 ; 2
5 (1) (위부터) 16 ; 6   (2) (위부터) 16 ; 6
6 (1) 12   (2) 14
7 (1) 8   (2) 6
8 (1) 12   (2) 17   (3) 8   (4) 8
9 (1) 10   (2) 2
10 6, 15 ; 15
11 8, 14 ; 14
12 6권

107쪽   단계 **1** 교과서 개념

1 5
2 (위부터) 5 ; 2
3 (위부터) 2 ; 1
4 (위부터) 9 ; 5
5 (위부터) 6 ; 4

116~118쪽 · 단계 **4** 단원 평가

1 11
2 (위부터) 13 ; 2, 1
3 야구 방망이에 ◯표, 5
4 (위부터) 8 ; 6
5 (위부터) 8 ; 3
6 (위부터) 16 ; 1
7 12
8 5
9 15
10 11−3에 ◯표
11 ㉠
12 7, 12
13 12, 13, 14, 15
14
15 8, 9
16

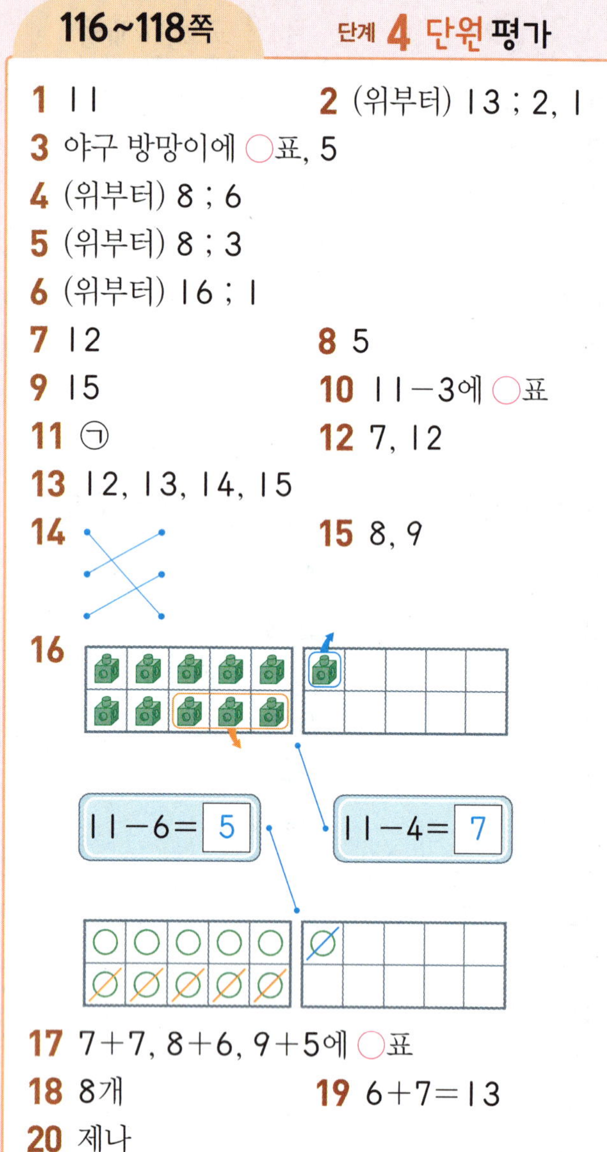

$11-6=\boxed{5}$ $11-4=\boxed{7}$

17 7+7, 8+6, 9+5에 ◯표
18 8개
19 6+7=13
20 제나

119쪽 · 스스로 학습장

1 $8+9=\boxed{17}$; $8+9=\boxed{17}$;

$\boxed{2}$ 7 $\boxed{7}$ 1

$8 \ + \ 9 = \boxed{17}$

5 $\boxed{3}$ 5 $\boxed{4}$

2 $16-7=\boxed{9}$; $16-7=\boxed{9}$

6 $\boxed{1}$ 10 $\boxed{6}$

⑤ 규칙 찾기

123쪽 · 단계 **1** 교과서 개념

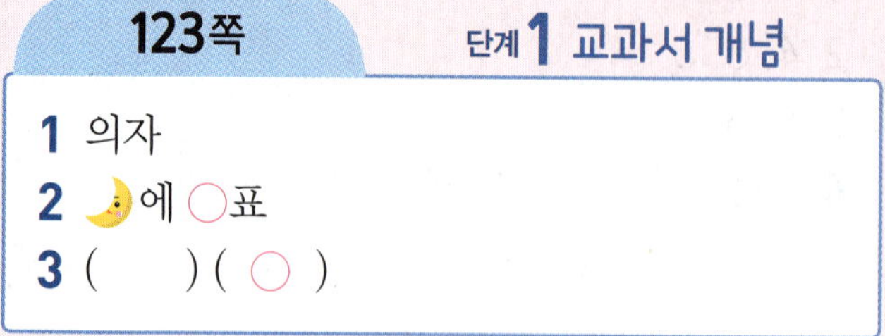

1 의자
2 🌙에 ◯표
3 (   ) (◯)

125쪽 · 단계 **1** 교과서 개념

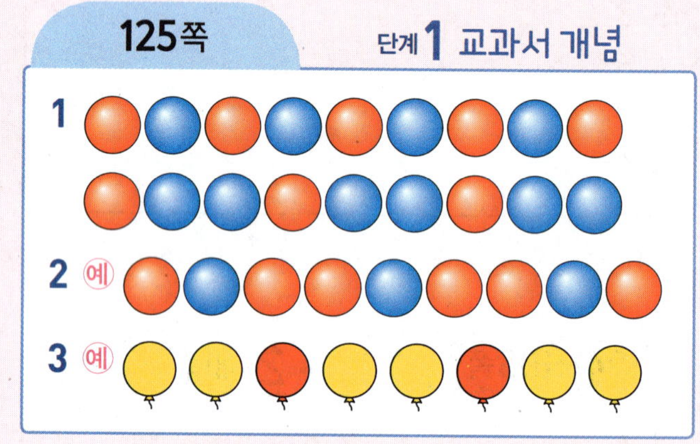

1
2 예
3 예

126~127쪽 · 단계 **2** 개념 집중 연습

1
2
3
4 양말
5 노란색
6
7
8

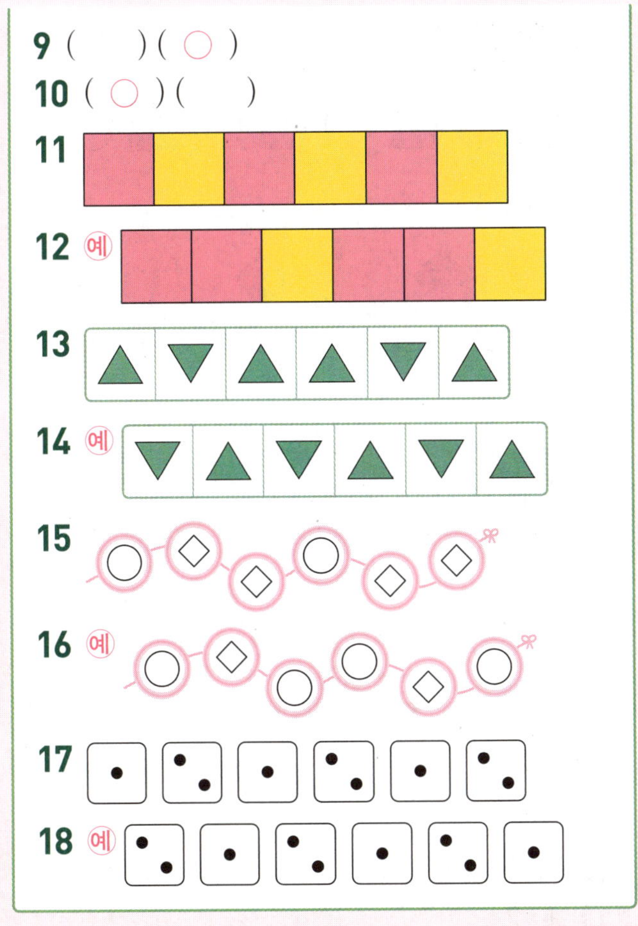
9 (   ) (○)
10 (○) (   )
11
12 ⑩
13
14 ⑩
15
16 ⑩
17
18 ⑩

1
2
3 달
4

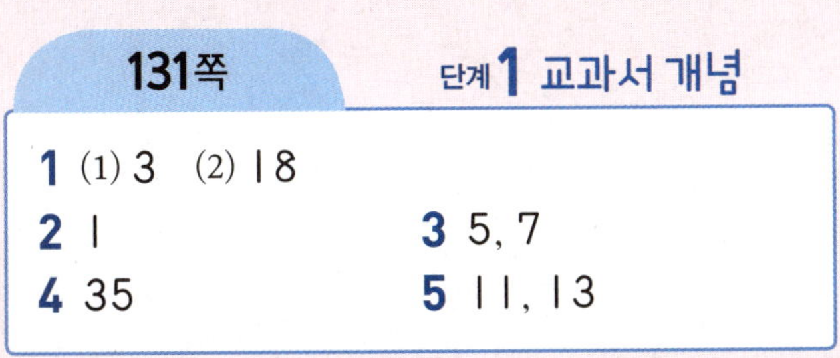

1 (1) 3   (2) 18
2 1   **3** 5, 7
4 35   **5** 11, 13

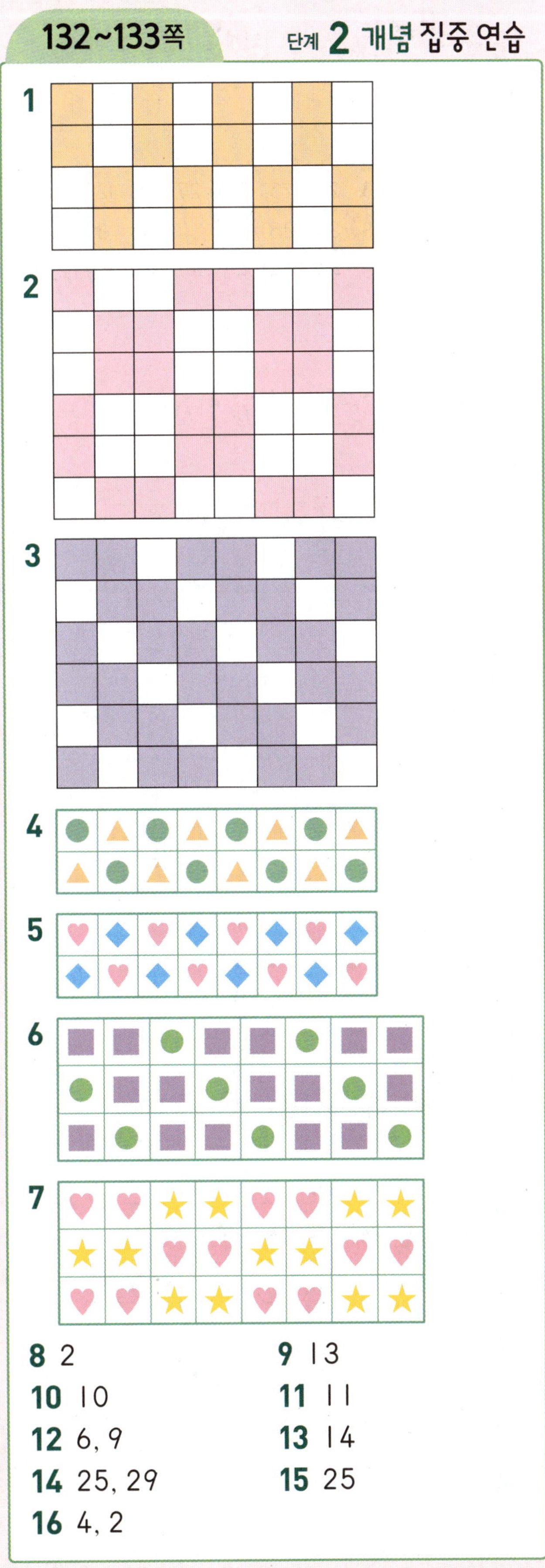

1
2
3
4
5
6
7
8 2   **9** 13
10 10   **11** 11
12 6, 9   **13** 14
14 25, 29   **15** 25
16 4, 2

135쪽　　단계 **1** 교과서 개념

1 (1) 1　(2) 10
2 4
3

21	22	23	24	25	26	27	28	29	30
31	32	33	34	35	36	37	38	39	40
41	42	43	44	45	46	47	48	49	50

137쪽　　단계 **1** 교과서 개념

1 ×
2

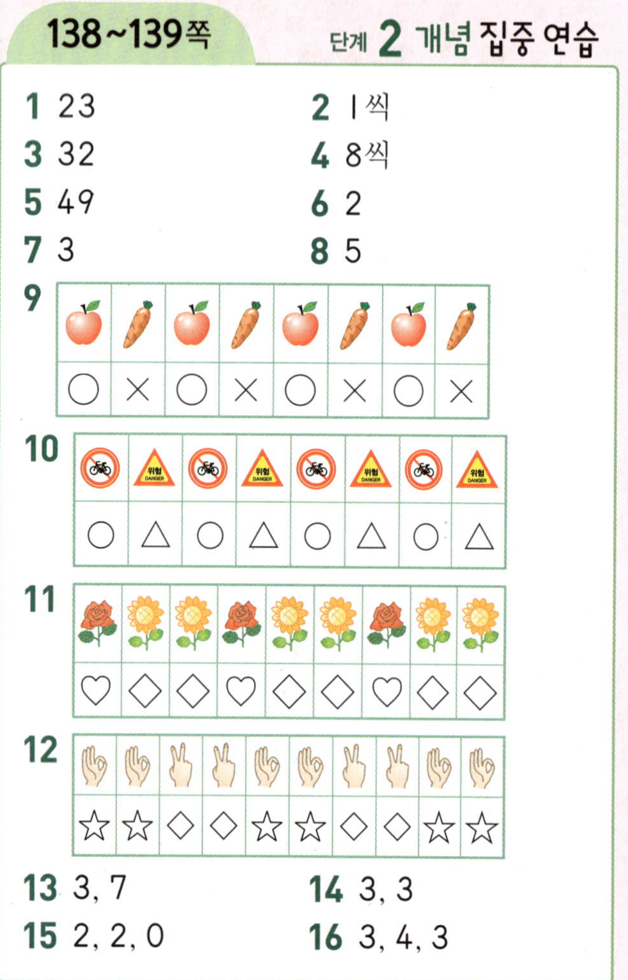

○ ○ × ○ ○ × ○ ○ ×

3 4, 2
4 4, 2

138~139쪽　　단계 **2** 개념 집중 연습

1 23　　　　　　**2** 1씩
3 32　　　　　　**4** 8씩
5 49　　　　　　**6** 2
7 3　　　　　　**8** 5
9 ○ × ○ × ○ × ○ ×
10 ○ △ ○ △ ○ △ ○ △
11 ♡ ◇ ♡ ◇ ♡ ◇
12 ☆ ☆ ◇ ◇ ☆ ☆ ◇ ◇ ☆ ☆
13 3, 7　　　　**14** 3, 3
15 2, 2, 0　　**16** 3, 4, 3

140~143쪽　　단계 **3** 익힘 문제 연습

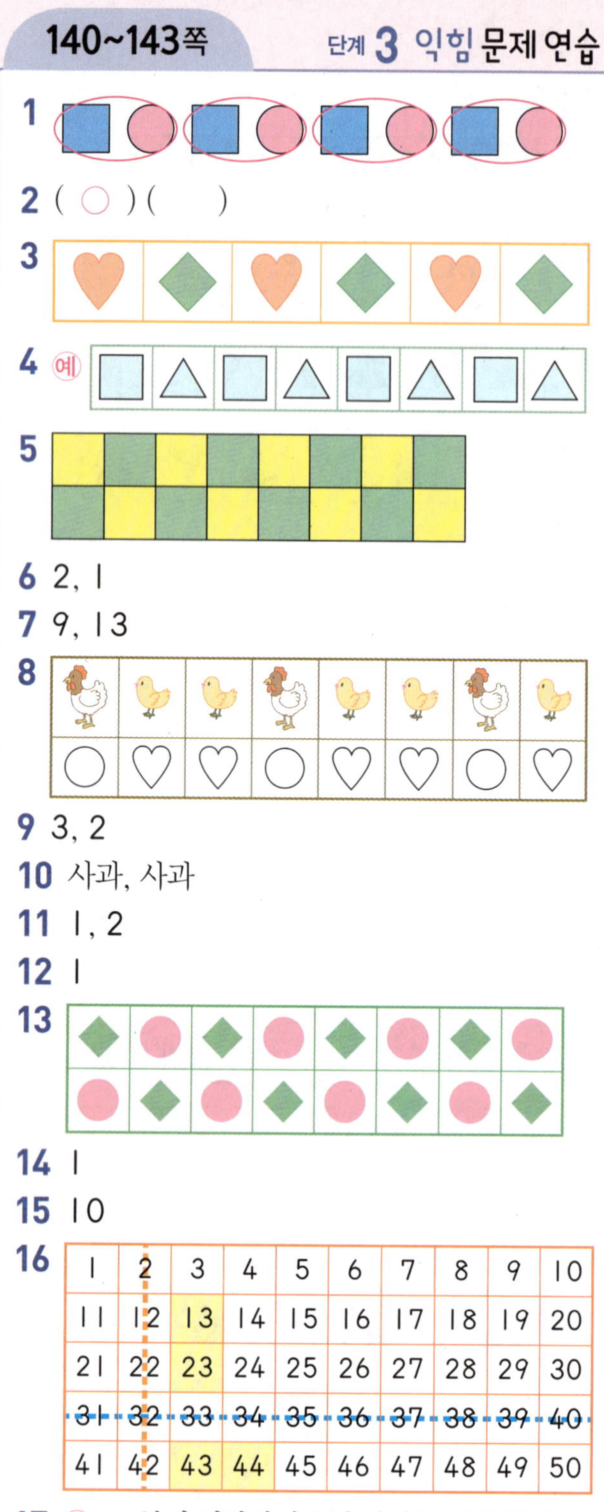

1 （그림）
2 (○) (　　)
3 ♡ ◇ ♡ ◇ ♡ ◇
4 예) □ △ □ △ □ △ □ △
5 （그림）
6 2, 1
7 9, 13
8 ○ ♡ ♡ ○ ○ ♡ ○ ♡
9 3, 2
10 사과, 사과
11 1, 2
12 1
13 （그림）
14 1
15 10
16

1	2	3	4	5	6	7	8	9	10
11	12	13	14	15	16	17	18	19	20
21	22	23	24	25	26	27	28	29	30
31	32	33	34	35	36	37	38	39	40
41	42	43	44	45	46	47	48	49	50

17 예) 61부터 시작하여 2씩 커지는 규칙입니다.

1 (○) (　　)　　**2** 2

3 양말　　　　　　**4** 호랑이

5 2, 7　　　　　　**6** 2, 7

7 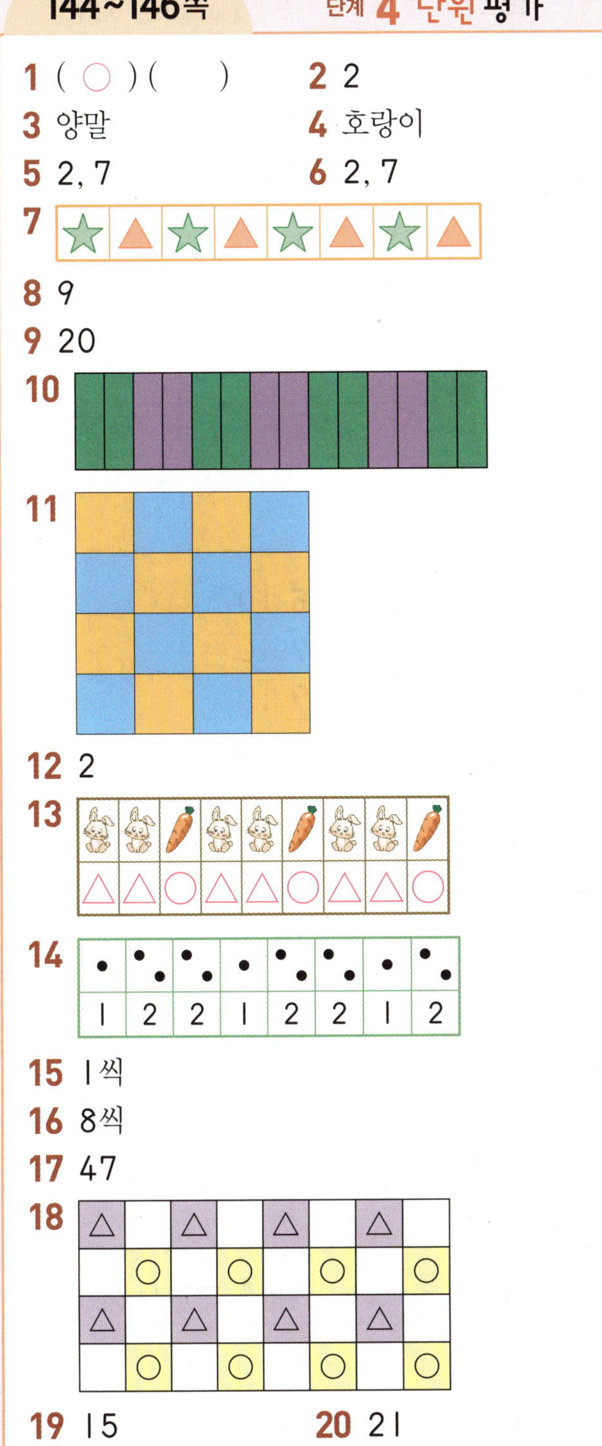

8 9

9 20

10

11

12 2

13

14

| | | | | | | | |
|1|2|2|1|2|2|1|2|

15 |씩

16 8씩

17 47

18

19 |5　　　　　　**20** 2|

1 파란색　　　　**2** |0, |0

3

---

6 덧셈과 뺄셈 (3)

1 (왼쪽부터) 25, 25

2 (왼쪽부터) 32, 33, 33

3 46　　　　　　**4** 58

5 67

1 |0, 50　　　　**2** 50, 80

3 40　　　　　　**4** 40

5 70

1 36　　　　　　**2** 49

3 67　　　　　　**4** 27

5 37　　　　　　**6** 56

7 78　　　　　　**8** 35

9 27　　　　　　**10** 47

11 39　　　　　　**12** 30

13 50　　　　　　**14** 60

15 50　　　　　　**16** 70

17 70　　　　　　**18** 80

19 80　　　　　　**20** 80

21 70　　　　　　**22** 90

1 6, 46　　　　　**2** 97

3 77　　　　　　**4** 66

5 79　　　　　　**6** 86

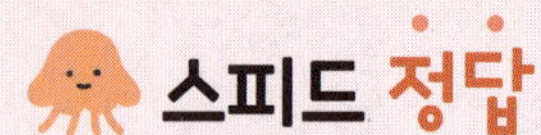

스피드 정답

159쪽 — 단계 1 교과서 개념

1 (1) 4, 2   (2) 2, 42
2 15
3 50
4 92
5 20
6 34
7 72

160~161쪽 — 단계 2 개념 집중 연습

1 37
2 38
3 39
4 39
5 66
6 88
7 75
8 57
9 37
10 79
11 98
12 34
13 7, 22
14 3, 50
15 21
16 33
17 40
18 62
19 11
20 23
21 33
22 41

163쪽 — 단계 1 교과서 개념

1 50
2 10
3 20
4 10
5 20
6 30
7 60

165쪽 — 단계 1 교과서 개념

1 (1) 2개   (2) 3개   (3) 2, 32
2 21
3 12
4 30
5 27

166~167쪽 — 단계 2 개념 집중 연습

1 30
2 20
3 10
4 20
5 10
6 40
7 40
8 30
9 10
10 40
11 30
12 12
13 15, 23
14 43, 20
15 33
16 30
17 22
18 34
19 16
20 23
21 22
22 20

169쪽 — 단계 1 교과서 개념

1 17
2 5, 29
3 24, 36

171쪽 — 단계 1 교과서 개념

1 25, 2, 23
2 13, 2, 11
3 25, 13, 12

1 4, 18
2 33, 55
3 4, 26
4 33, 47
5 ⑴ 29, 39, 49
　　⑵ 58, 58, 49, 49
6 예 11, 20, 31 ;
　　　24, 32, 56
7 25, 4, 21
8 36, 4, 32
9 36, 25, 11
10 36, 33
11 ⑴ 28, 27, 26, 25
　　　⑵ 23, 23, 23, 23
12 예 57, 45, 12 ;
　　　45, 21, 24

1 8, 38
2 4, 42
3 20, 10
4 ⑴ 18　⑵ 50
　　⑶ 90　⑷ 65
5 ⑴ 33　⑵ 11
6
7
8 21, 6, 27 ; 27
9 (위부터) 13, 14, 27 ; 27
10 38, 7, 31 ; 31
11 45, 15, 30 ; 30
12 16, 4, 12

1 49
2 25
3 70
4 20
5 59
6 42
7 67
8 82
9 56
10 69, 27
11 (○) (　)
12
13 (　)
　　(○)
14 27, 11, 38
15 27, 11, 16
16 98, 76
17 37−26=11 ; 수형이네 반, 11명
18 48, 26
19 47, 15
20 29명

1 11
2 14, 11, 25 (또는 11+14=25)
3 14, 11, 3

❶ 100까지의 수

학부모 지도 가이드 1학년 1학기에서 배운 50까지의 수에서 범위를 넓혀 100까지의 수를 알아보는 단원입니다. 실생활에서 수가 쓰이는 상황을 통해 100까지의 수의 순서를 알고 수의 크기 비교를 해 봅니다. 또한 둘씩 짝을 지어 보는 활동을 통해 짝수와 홀수를 직관적으로 이해하고 구분해 봅니다.

11쪽 · 단계 **1** 교과서 개념

1 6, 60
2 8, 80
3 쓰기 70 읽기 칠십, 일흔
4 쓰기 90 읽기 구십, 아흔

1 10개씩 묶음 6개이므로 달걀은 모두 60개입니다.
2 10개씩 묶음 8개이므로 달걀은 모두 80개입니다.
3 10개씩 묶음 7개 ⇨ 70 (칠십, 일흔)
4 10개씩 묶음 9개 ⇨ 90 (구십, 아흔)

13쪽 · 단계 **1** 교과서 개념

1 8 ; 68
2 7, 2 ; 72
3 87, 팔십칠, 여든일곱

1 10개씩 묶음 6개와 낱개 8개이므로 68입니다.
2 10개씩 묶음 7개와 낱개 2개이므로 72입니다.
3 10개씩 묶음 8개와 낱개 7개를 87(팔십칠, 여든일곱)이라고 합니다.

15쪽 · 단계 **1** 교과서 개념

1 예

2 7, 5 ; 75
3

2 구슬을 10개씩 묶어 세어 보면 10개씩 묶음 7개와 낱개 5개이므로 구슬은 모두 75개입니다.
3 7 8 (칠십팔, 일흔여덟)
　　　→ 낱개의 수
　10개씩 묶음의 수

　6 6 (육십육, 예순여섯)
　　　→ 낱개의 수
　10개씩 묶음의 수

　5 9 (오십구, 쉰아홉)
　　　→ 낱개의 수
　10개씩 묶음의 수

16~17쪽 · 단계 **2** 개념 집중 연습

1 60
2 80
3 예 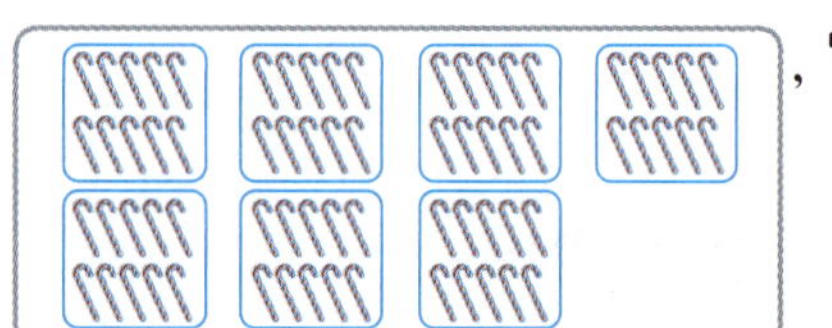 , 70

4 예 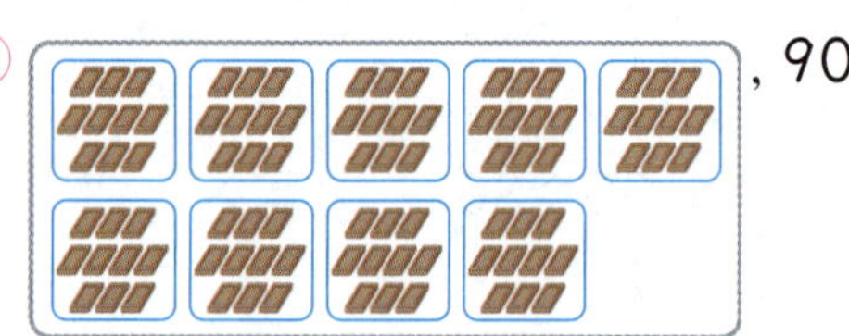 , 90

5 70

6 80

7 5, 6, 56

8 7, 3, 73

9 69

10 94

11 85

12 오십삼, 쉰셋

13 육십팔, 예순여덟

14 구십육, 아흔여섯

15 〔예〕 ; 5, 7 ; 57

16 〔예〕 ; 6, 5 ; 65

17 〔예〕 ; 7, 1 ; 71

1 10개씩 묶음 6개 ⇨ 60

2 10개씩 묶음 8개 ⇨ 80

3 10개씩 묶음 7개 ⇨ 70

4 10개씩 묶음 9개 ⇨ 90

7 10개씩 묶음 5개와 낱개 6개를 56이라고 합니다.

8 10개씩 묶음 7개와 낱개 3개를 73이라고 합니다.

9 예순아홉
  6 9 ⇨ 69

10 구십사
  9 4 ⇨ 94

11 여든다섯
  8 5 ⇨ 85

12 5 3
  오십 삼
  쉰 셋

13 6 8
  육십 팔
  예순 여덟

14 9 6
  구십 육
  아흔 여섯

15 10개씩 묶어 세어 보면 10개씩 묶음 5개와 낱개 7개이므로 57입니다.

16 10개씩 묶어 세어 보면 10개씩 묶음 6개와 낱개 5개이므로 65입니다.

17 10개씩 묶어 세어 보면 10개씩 묶음 7개와 낱개 1개이므로 71입니다.

19쪽　　단계**1** 교과서 개념

1 97, 98, 100

2 100, 백

3 57

4 60

5 61

1 96보다 1만큼 더 큰 수는 97,
  97보다 1만큼 더 큰 수는 98,
  99보다 1만큼 더 큰 수는 100입니다.

2 99보다 1만큼 더 큰 수는 100입니다.
  100은 백이라고 읽습니다.

3 58보다 1만큼 더 작은 수는 58 바로 앞의 수인 57입니다.

4 59보다 1만큼 더 큰 수는 59 바로 뒤의 수인 60입니다.

5 62보다 1만큼 더 작은 수는 62 바로 앞의 수인 61입니다.

21쪽 · 단계 1 교과서 개념

1 74에 ◯표 ; 큽니다에 ◯표
2 >
3 <
4 >

1 10개씩 묶음의 수가 클수록 큰 수입니다.
⇨ 74는 58보다 큽니다.
2 >, <는 더 큰 수 쪽으로 벌어지게 나타냅니다.
⇨ 74>58
3 10개씩 묶음의 수를 비교하면 6<8이므로
68<82입니다.
4 57과 53은 10개씩 묶음의 수가 같으므로
낱개의 수를 비교하면 57>53입니다.

23쪽 · 단계 1 교과서 개념

1 예

2 홀수, 짝수
3 예 ; 3, 홀수에 ◯표

4 예 ; 6, 짝수에 ◯표

2 11은 둘씩 짝을 지을 때 하나가 남으므로 홀수
입니다. 12는 둘씩 짝을 지을 때 남는 것이 없
으므로 짝수입니다.

3 구슬을 세어 보면 3개입니다. 3은 둘씩 짝을
지을 때 하나가 남으므로 홀수입니다.
4 구슬을 세어 보면 6개입니다. 6은 둘씩 짝을
지을 때 남는 것이 없으므로 짝수입니다.

24~25쪽 · 단계 2 개념 집중 연습

1 59, 62, 63
2 66, 67, 70
3 74, 75, 79, 80
4 93, 95, 98, 99
5 작습니다에 ◯표
6 큽니다에 ◯표
7 큽니다에 ◯표
8 작습니다에 ◯표
9 71에 ◯표
10 63에 ◯표
11 82에 ◯표
12 <
13 <
14 >
15 예 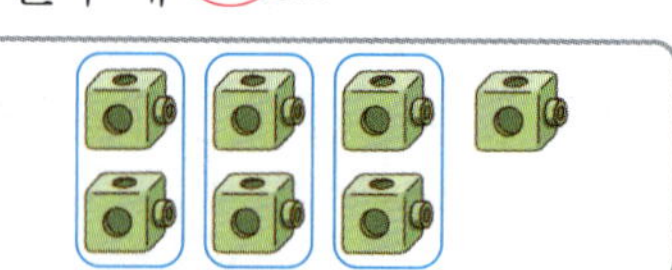
; 홀수에 ◯표
16 예 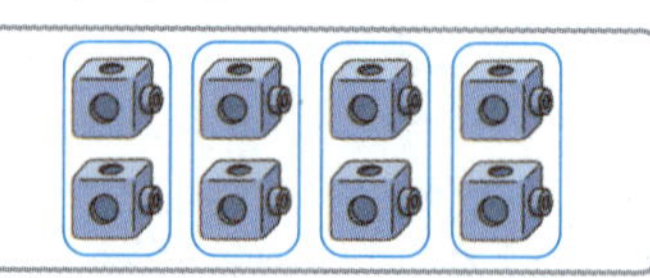
; 홀수에 ◯표
17 예
; 짝수에 ◯표
18 짝
19 짝
20 홀

1 56부터 수를 순서대로 써넣습니다.

5 10개씩 묶음의 수를 비교하면 53은 75보다 작습니다.

6 10개씩 묶음의 수를 비교하면 70은 60보다 큽니다.

7 10개씩 묶음의 수가 같으므로 낱개의 수를 비교하면 56은 51보다 큽니다.

8 10개씩 묶음의 수가 같으므로 낱개의 수를 비교하면 62는 67보다 작습니다.

9 10개씩 묶음의 수를 비교하면 71은 56보다 큽니다.

10 10개씩 묶음의 수를 비교하면 63은 59보다 큽니다.

11 10개씩 묶음의 수가 같으므로 낱개의 수를 비교하면 82는 80보다 큽니다.

12 10개씩 묶음의 수가 같으므로 낱개의 수를 비교하면 74는 79보다 작습니다.

13 10개씩 묶음의 수를 비교하면 65는 85보다 작습니다.

14 10개씩 묶음의 수를 비교하면 96은 89보다 큽니다.

15 5는 둘씩 짝을 지을 때 하나가 남으므로 홀수입니다.

16 7은 둘씩 짝을 지을 때 하나가 남으므로 홀수입니다.

17 8은 둘씩 짝을 지을 때 남는 것이 없으므로 짝수입니다.

18 10은 둘씩 짝을 지을 때 남는 것이 없으므로 짝수입니다.

> 참고 · 짝수: 일의 자리 수가 0, 2, 4, 6, 8인 수
> · 홀수: 일의 자리 수가 1, 3, 5, 7, 9인 수

19 22는 둘씩 짝을 지을 때 남는 것이 없으므로 짝수입니다.

20 17은 둘씩 짝을 지을 때 하나가 남으므로 홀수입니다.

---

1 (예) 

　; 6, 60

2 8, 5, 85

3 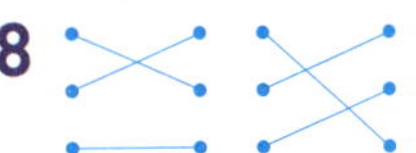

4 7, 0 ; 70 ; 칠십, 일흔

5 5, 8 ; 58 ; 오십팔, 쉰여덟

6 86, 88

7 5, 홀수에 ○표

8 

9 85, 89, 90

10 < ; 작습니다에 ○표

11

①	②	③	④	⑤	⑥	⑦	⑧	⑨	⑩
⑪	⑫	⑬	⑭	⑮	⑯	⑰	⑱	⑲	⑳

12 (1) <　(2) >

13 

14 (　　) (○) (　　)

15

83	95	79

---

1 10개씩 묶어 세어 보면 10개씩 묶음 6개이므로 60입니다.

2 10개씩 묶음 8개와 낱개 5개를 85라고 합니다.

3 60 ⇨ 육십, 예순
80 ⇨ 팔십, 여든
90 ⇨ 구십, 아흔

4 10개씩 묶음 7개는 70(칠십, 일흔)이라고 합니다.

5 10개씩 묶음 5개와 낱개 8개는
58(오십팔, 쉰여덟)이라고 합니다.

6 ・87보다 1만큼 더 작은 수:
87 바로 앞의 수인 86
・87보다 1만큼 더 큰 수:
87 바로 뒤의 수인 88

7 

원숭이를 세어 보면 5마리이고, 5는 둘씩 짝
을 지을 때 하나가 남으므로 홀수입니다.

8 78(칠십팔, 일흔여덟)
63(육십삼, 예순셋)
99(구십구, 아흔아홉)

9 85부터 수를 순서대로 써넣습니다.

10 10개씩 묶음의 수가 같으므로 낱개의 수를 비
교하면 58은 59보다 작습니다.

> 참고 ・■ > ▲ ⇨ ■는 ▲보다 큽니다.
> ・▲ < ■ ⇨ ▲는 ■보다 작습니다.

11 짝수: 둘씩 짝을 지을 때 남는 것이 없는 수
홀수: 둘씩 짝을 지을 때 하나가 남는 수

12 (1) 59 < 70
⌐5<7⌐

(2) 81 > 68
⌐8>6⌐

13 짝수: 4, 10, 18, 16
홀수: 21, 5, 9

14 짝수: 8, 16, 4, 22, 10, 14
홀수: 11, 7, 15

15 10개씩 묶음의 수를 비교하면 95가 가장 크
고, 79가 가장 작습니다.

30~32쪽   단계 **4** 단원 평가

1 쓰기 80   읽기 팔십, 여든
2 쓰기 76   읽기 칠십육, 일흔여섯
3 8, 9
4 1
5 (예) 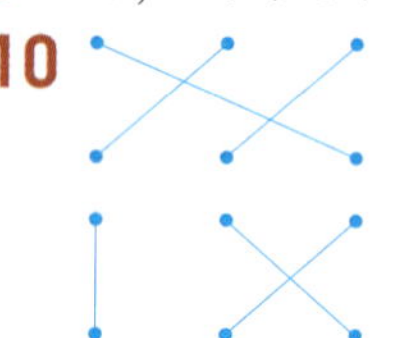 ; 7, 70
6 89, 91
7 60, 62
8 짝수에 ◯표
9 55, 61 ; 61에 ◯표
10
11 >
12 10에 ◯표
13

83	84	85	86	87	88
89	90	91	92	93	94
95	96	97	98	99	100

14 57에 △표
15 지은
16 73개
17 6개
18 2개
19 27<51
20 84개

---

1 10개씩 묶음 8개 ⇨ 80 (팔십, 여든)

2 10개씩 묶음 7개와 낱개 6개
⇨ 76 (칠십육, 일흔여섯)

3 8 9
⌐↑↓ 낱개의 수
10개씩 묶음의 수

5 ㅣ0개씩 묶음 7개이므로 70입니다.

6 • 90보다 ㅣ만큼 더 작은 수:
  90 바로 앞의 수인 89
 • 90보다 ㅣ만큼 더 큰 수:
  90 바로 뒤의 수인 9ㅣ

7 58부터 수를 순서대로 써넣습니다.

8 6은 둘씩 짝을 지을 때 남는 것이 없으므로
짝수입니다.

9 ┌ ㅣ0개씩 묶음 5개와 낱개 5개: 55
 └ ㅣ0개씩 묶음 6개와 낱개 ㅣ개: 6ㅣ
 ⇨ ㅣ0개씩 묶음의 수를 비교하면 6ㅣ은 55보
  다 큽니다.

10 58 (오십팔, 쉰여덟)
 82 (팔십이, 여든둘)
 97 (구십칠, 아흔일곱)

11 90 > 59
  └ 9>5 ┘

12 짝수: ㅣ0
 홀수: ㅣㅣ, 7

13 83부터 수를 순서대로 써넣습니다.

14 ㅣ0개씩 묶음의 수를 비교하면 83이 가장 큰
수입니다. 57과 59는 ㅣ0개씩 묶음의 수가
같으므로 낱개의 수를 비교하면 7<9이므로
57이 59보다 작습니다.
 ⇨ 가장 작은 수는 57입니다.

15 색연필은 ㅣ0자루씩 묶음 5개와 낱개 6자루
로 56 (오십육, 쉰여섯)자루 있습니다.

16 ㅣ0개씩 7통: 70개 ┐
  낱개 3개: 3개 ┘ 73개

17 60개는 ㅣ0개씩 묶음 6개이므로 사과가 담긴
상자는 6개입니다.

18 87보다 크고 90보다 작은 수는 88, 89로
모두 2개입니다.

19 27, 5ㅣ은 홀수이고 ㅣ6은 짝수입니다. 홀수
인 27, 5ㅣ의 크기를 비교하면 ㅣ0개씩 묶음
의 수가 더 큰 5ㅣ이 27보다 큽니다.
 ⇨ 27<5ㅣ

20 낱개 ㅣ4개는 ㅣ0개씩 묶음 ㅣ개, 낱개 4개와
같습니다.
 ⇨ 수수깡은 ㅣ0개씩 묶음 7+ㅣ=8(개),
  낱개 4개와 같으므로 84개입니다.

 `참고` ㅣ0개씩 묶음 ■개, 낱개 ▲●개인 수
   ⇨ ㅣ0개씩 묶음 (■+▲)개, 낱개 ●개인 수

33쪽　　　스스로 학습장

1 (1) × (2) ○ (3) ○ (4) ○
 (5) ○ (6) × (7) ○
2 (1) × (2) × (3) ○ (4) ○
 (5) × (6) × (7) ○

1 (1) 87 ⇨ 여든일곱
 (6) 87 ⇨ ㅣ0개씩 묶음 8개와 낱개 7개
2 (1) 99 ⇨ 구십구
 (2) 99 ⇨ ㅣ00보다 ㅣ만큼 더 작은 수
 (5) 99 ⇨ 홀수
 (6) 99 ⇨ ㅣ0개씩 묶음 9개와 낱개 9개

❷ 덧셈과 뺄셈 (1)

학부모 지도 가이드 ㅣ학년 ㅣ학기에서는 9까지 수의 덧셈과 뺄셈을 배웠습니다. 이번 단원에서는 한 자리 수인 세 수의 덧셈과 뺄셈, 10이 되는 더하기와 10에서 빼기, 합이 10이 되는 두 수를 이용한 세 수의 덧셈을 배웁니다.

실생활에서 덧셈과 뺄셈이 필요한 상황을 이해하고 다양한 방법으로 계산해 보며 문제 해결 능력을 길러 봅니다.

37쪽　단계 1 교과서 개념

1 (1) 4, 8　(2) 4, 8
2 (계산 순서대로) 3, 6, 6
3 (계산 순서대로) 8, 9, 9
4 (계산 순서대로) 4, 7, 7

1 (1) $2+2=④$　(2) $2+2+4=8$
　　$④+4=8$

2 ㅣ과 2를 더하면 3이 되고 그 수에 3을 더하면 6이 됩니다.

3 3과 5를 더하면 8이 되고 그 수에 ㅣ을 더하면 9가 됩니다.

4 ㅣ과 3을 더하면 4가 되고 그 수에 3을 더하면 7이 됩니다.

39쪽　단계 1 교과서 개념

1 (1) 6, 2　(2) 4, 2
2 (계산 순서대로) 4, 2, 2
3 (계산 순서대로) 7, 2, 2
4 (계산 순서대로) 3, 2, 2

1 (1) $7-ㅣ=⑥$　(2) $7-ㅣ-4=2$
　　$⑥-4=2$

2 8에서 4를 빼면 4가 되고 그 수에서 2를 더 빼면 2가 됩니다.

3 9에서 2를 빼면 7이 되고 그 수에서 5를 더 빼면 2가 됩니다.

4 6에서 3을 빼면 3이 되고 그 수에서 ㅣ을 더 빼면 2가 됩니다.

40~41쪽　단계 2 개념 집중 연습

1 9	**2** 9
3 8 ; 6, 6, 8	**4** 8 ; 4, 4, 8
5 9 ; 8, 8, 9	**6** 9 ; 6, 6, 9
7 8 ; 6, 6, 8	**8** 7 ; 6, 6, 7
9 6	**10** 2
11 3 ; 4, 4, 3	**12** ㅣ ; 6, 6, ㅣ
13 2 ; 4, 4, 2	**14** 2 ; 4, 4, 2
15 3 ; 4, 4, 3	**16** 3 ; 6, 6, 3

1 4와 2를 더하면 6이 되고 그 수에 3을 더하면 9가 됩니다.

2 4와 ㅣ을 더하면 5가 되고 그 수에 4를 더하면 9가 됩니다.

3~8 두 수를 더해 나온 수에 나머지 한 수를 더합니다.

9 9에서 ㅣ을 빼면 8이 되고 그 수에서 2를 더 빼면 6이 됩니다.

10 8에서 3을 빼면 5가 되고 그 수에서 3을 더 빼면 2가 됩니다.

11~16 앞의 두 수를 빼서 나온 수에서 나머지 한 수를 뺍니다.

43쪽　단계 1 교과서 개념

1 (1) 2　(2) 8　(3) 같습니다에 ◯표
2 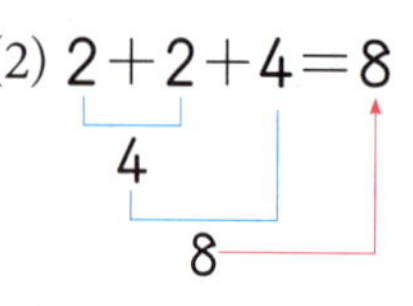 ; 7

3 ; 5

4 ; 4

5 ; 1

1 (1) 노란색 구슬 8개에 파란색 구슬 2개를 더하면 8＋2＝10(개)입니다.
(2) 파란색 구슬 2개에 노란색 구슬 8개를 더하면 2＋8＝10(개)입니다.
(3) 2와 8을 서로 바꾸어도 합은 10으로 같습니다.

2 ○를 7개 더 그립니다.
⇨ 3과 더해서 10이 되는 수는 7입니다.

3 ○를 5개 더 그립니다.
⇨ 5와 더해서 10이 되는 수는 5입니다.

4 ○를 4개 더 그립니다.
⇨ 6과 더해서 10이 되는 수는 4입니다.

5 ○를 1개 더 그립니다.
⇨ 9와 더해서 10이 되는 수는 1입니다.

45쪽 단계 **1** 교과서 개념

1 (1) 7　(2) 4
2 5　　　　**3** 8
4 7, 3　　**5** 9, 1

1 (1) 달걀 10개에서 3개를 빼면 달걀판에 남은 달걀은 10－3＝7(개)입니다.
(2) 달걀 10개에서 6개를 빼면 달걀판에 남은 달걀은 10－6＝4(개)입니다.

2 ○ 10개 중에서 5개를 /으로 지우면 남아 있는 ○는 5개입니다.
⇨ 10－5＝5

3 ○ 10개 중에서 2개를 /으로 지우면 남아 있는 ○는 8개입니다.
⇨ 10－2＝8

---

4 보라색 연결 모형(10개)은 노란색 연결 모형(7개)보다 3개 더 많습니다.
⇨ 10－7＝3

5 보라색 연결 모형(10개)은 노란색 연결 모형(9개)보다 1개 더 많습니다.
⇨ 10－9＝1

46~47쪽 단계 **2** 개념 집중 연습

1 9, 10 ; 10　　**2** 7
3 6　　　　　　　**4** 5
5 ; 2
6 ; 4
7 1　　　　　　　**8** 8
9 3
10 4, 5 ; 4　　　**11** 8
12 7　　　　　　 **13** 6
14 3　　　　　　 **15** 2
16 1　　　　　　 **17** 5

1 7부터 이어 세어 보면 7하고 8, 9, 10입니다.

2 3과 더해서 10이 되는 수는 7입니다.

3 4와 더해서 10이 되는 수는 6입니다.

4 5와 더해서 10이 되는 수는 5입니다.

5 ○를 2개 더 그립니다.
⇨ 8과 더해서 10이 되는 수는 2입니다.

6 ○를 4개 더 그립니다.
⇨ 6과 더해서 10이 되는 수는 4입니다.

7 9와 더해서 10이 되는 수는 1입니다.

8 2와 더해서 10이 되는 수는 8입니다.

9 7과 더해서 10이 되는 수는 3입니다.

10 10부터 거꾸로 세어 보면 9, 8, 7, 6, 5, 4입니다.

11 꽃 10송이 중에서 2송이를 빼면 남은 꽃은 10－2＝8(송이)입니다.

12 바나나 10개 중에서 3개를 빼면 남은 바나나는 $10-3=7$(개)입니다.

13 전구 10개 중에서 4개를 빼면 남은 전구는 $10-4=6$(개)입니다.

14 ○ 10개 중에서 7개를 /으로 지우면 남아 있는 ○는 3개입니다.
  ⇨ $10-7=3$

15 ○ 10개 중에서 8개를 /으로 지우면 남아 있는 ○는 2개입니다.
  ⇨ $10-8=2$

16 하늘색 구슬과 분홍색 구슬의 수를 비교하면 하늘색 구슬이 $10-9=1$(개) 더 많습니다.

17 별과 달의 수를 비교하면 별이 $10-5=5$(개) 더 많습니다.

49쪽 단계 1 교과서 개념

1 (1) (위부터) 10, 5, 15　(2) 5, 15
2 (계산 순서대로) 11, 11
3 (계산 순서대로) 10, 14, 14
4 (계산 순서대로) 10, 12, 12

2 $3+7+1=10+1=11$
3 $2+8+4=10+4=14$
4 $1+9+2=10+2=12$

51쪽 단계 1 교과서 개념

1 (1) 8, 12 ; 12　(2) 12 ; 12
2 (계산 순서대로) 14, 14
3 (계산 순서대로) 10, 16, 16
4 (계산 순서대로) 10, 17, 17

1 앞의 두 수를 먼저 더하는 방법과 뒤의 두 수를 먼저 더하는 방법의 결과는 같습니다.
2 $4+5+5=4+10=14$
3 $6+1+9=6+10=16$
4 $7+7+3=7+10=17$

52~53쪽 단계 2 개념 집중 연습

1 (계산 순서대로) 10, 16, 16
2 (계산 순서대로) 18, 18
3 (계산 순서대로) 10, 12, 12
4 $8+2+3=\boxed{13}$
5 $1+9+6=\boxed{16}$
6 $5+5+9=\boxed{19}$
7 $3+7+4=\boxed{14}$
8 $9+1+7=\boxed{17}$
9 $2+8+1=\boxed{11}$
10 $4+6+9=\boxed{19}$
11 (계산 순서대로) 10, 15, 15
12 (계산 순서대로) 14, 14
13 (계산 순서대로) 10, 16, 16
14 $4+1+9=\boxed{14}$
15 $8+7+3=\boxed{18}$
16 $5+4+6=\boxed{15}$
17 $7+2+8=\boxed{17}$
18 $2+5+5=\boxed{12}$
19 $3+9+1=\boxed{13}$
20 $9+3+7=\boxed{19}$

1 $4+6+6=10+6=16$
2 $7+3+8=10+8=18$
3 $6+4+2=10+2=12$
4 $8+2+3=13$
5 $1+9+6=16$
6 $5+5+9=19$

7 $3+7+4=14$
  10
  14

8 $9+1+7=17$
  10
  17

11 $5+8+2=5+10=15$

12 $4+3+7=4+10=14$

13 $6+6+4=6+10=16$

14 $4+1+9=14$
  10
  14

15 $8+7+3=18$
  10
  18

16 $5+4+6=15$
  10
  15

17 $7+2+8=17$
  10
  17

18 $2+5+5=12$
  10
  12

19 $3+9+1=13$
  10
  13

54~57쪽 단계 **3** 익힘 **문제 연습**

1 9, 10 ; 10

2

3 8

4 (1) 6 (2) 5

5 (1) 7 (2) 2

6 (계산 순서대로) 6, 8, 8

7 (계산 순서대로) 6, 4, 4

---

8 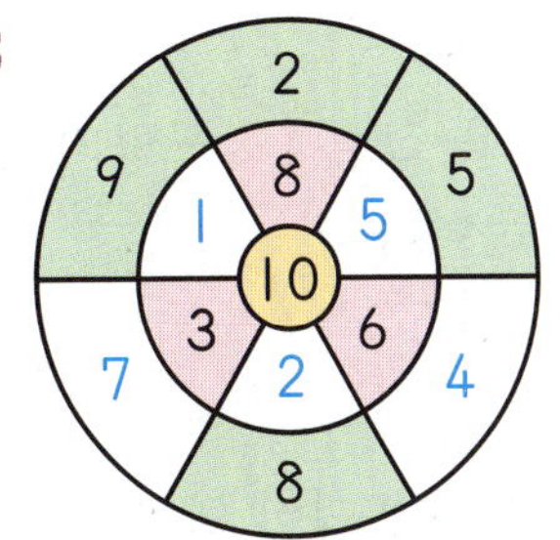

9 (1) (계산 순서대로) 10, 17, 17
  (2) (계산 순서대로) 10, 19, 19

10

11 (　)(　○　)

12

13 예 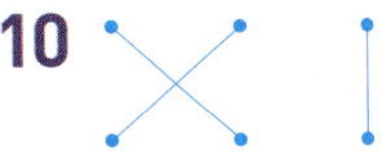 ; 1, 1, 9

14 8, 5, 15   **15** 6개

16 $4+1+9=14$ 또는 $4+7+3=14$

---

1 6부터 이어 세어 보면 6하고 7, 8, 9, 10입니다.

2 노란색 색종이 5장, 빨간색 색종이 2장, 파란색 색종이 1장을 모두 더하는 덧셈식은 $5+2+1$입니다.
  ⇨ $5+2+1=7+1=8$

3 2와 더해서 10이 되는 수는 8입니다.

4 (1) 4와 더해서 10이 되는 수는 6입니다.
  (2) 5와 더해서 10이 되는 수는 5입니다.

5 (1) 10개에서 3개를 지우면 7개가 남습니다.
  (2) 위의 구슬은 아래의 구슬보다 $10-8=2$(개) 더 많습니다.

6 $2+4+2=6+2=8$

7 $9-3-2=6-2=4$

8 두 수를 더하여 10이 되는 수를 찾습니다.
  ⇨ $9+1=10,\ 7+3=10,\ 8+2=10,$
  $4+6=10,\ 5+5=10$

9 (1) $5+5+7=10+7=17$
  (2) $9+6+4=9+10=19$

10 $6-2-1=4-1=3,$
  $5-3-2=2-2=0,$
  $8-1-2=7-2=5$

11 $1+9+2=10+2=12$

13 ★ 모양 10개에서 /을 그린 ★ 모양의 수만큼 빼는 뺄셈식을 만듭니다.

14 $2+8+5=10+5=15$

15 $10-4=6$(개)

16 합이 10이 되는 두 수를 골라야 하므로 수 카드 1과 9 또는 7과 3을 골라 덧셈식을 완성합니다.

58~60쪽　　　단계 **4** 단원 평가

1 7

2 $9-2-3$에 ◯표

3 3

4 5

5 9 ; 8, 8, 9

6 2 ; 5, 5, 2

7 4, 4

8 14

9 (계산 순서대로) 10, 16, 16

10 2, 2

11 13

12 18

13

5
9　1　　15

14 예 $6+4+5=15$; 15마리

15 3개

16

17 17개

18 ㉡

19 11

20 19

---

3 검은색 바둑돌 7개와 흰색 바둑돌 3개를 더하면 바둑돌은 모두 10개가 됩니다.

4 바나나와 토마토를 하나씩 짝 지어 보면 바나나가 5개 남습니다.

5 두 수를 더해 나온 수에 나머지 한 수를 더합니다.

6 앞의 두 수를 빼서 나온 수에서 나머지 한 수를 뺍니다.

7 두 수를 바꾸어 더해도 결과가 같습니다.

---

8 합이 10이 되는 두 수 8과 2를 먼저 계산합니다.
⇨ $4+8+2=4+10=14$

10 점 10개에서 8개를 빼면 2개가 남습니다.
⇨ $10-8=2$
점 10개에서 2개를 빼면 8개가 남습니다.
⇨ $10-2=8$

11 $2+8+3=10+3=13$

12 $8+5+5=18$
10
18

13 9와 1을 더하면 10이 되므로 9와 1을 ◯로 묶습니다.
⇨ $5+9+1=5+10=15$

14 새 6마리, 기린 4마리, 토끼 5마리이므로 동물은 모두 $6+4+5=15$(마리)입니다.

15 $10-7=3$이므로 귤을 주혁이는 민지보다 3개 더 많이 땄습니다.

16 $2+2+2=6$, $5+1+3=9$

17 $6+4+7=10+7=17$(개)

18 ㉠ $10-5=5$
㉡ $9-2-1=7-1=6$
㉢ $8-3-2=5-2=3$

19 작은 수부터 3장을 뽑으면 1, 4, 6입니다.
⇨ $1+4+6=1+10=11$

20 큰 수부터 3장을 뽑으면 9, 6, 4입니다.
⇨ $9+6+4=9+10=19$

61쪽　　　스스로 학습장

1 (계산 순서대로) 5, 9, 9

2 (계산 순서대로) 7, 2, 2

3 6

4 2

5 (계산 순서대로) 10, 16, 16

6 (계산 순서대로) 10, 15, 15

❸ 모양과 시각

65쪽 · 단계 **1** 교과서 개념

1 

3 ㉡, ㉢ ; ㉠, ㉣ ; ㉣, ㉫

1 ▢ 모양은 연습장, 달력입니다.

2 △ 모양은 교통 표지판, 삼각자입니다.

3 같은 모양을 찾을 때에는 크기나 색깔은 생각하지 않습니다.

67쪽 · 단계 **1** 교과서 개념

1 ◯에 ◯표

2 ▢에 ◯표

3 **4** 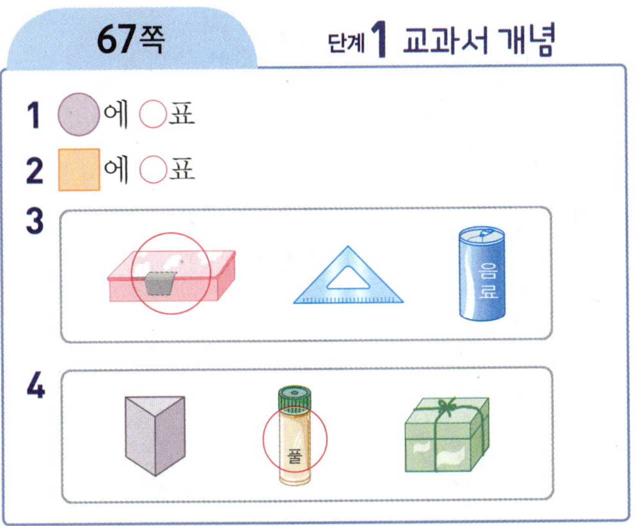

---

1 연필꽂이를 본뜨면 ◯ 모양이 나옵니다.

2 주사위를 본뜨면 ▢ 모양이 나옵니다.

3 필통을 찰흙 위에 찍으면 ▢ 모양을 찍을 수 있습니다.

4 풀의 윗부분이나 아랫부분을 찰흙 위에 찍으면 ◯ 모양을 찍을 수 있습니다.

69쪽 · 단계 **1** 교과서 개념

1 3 ; 4 ; 2
2 4 ; 6 ; 8
3 ◯에 ◯표

1 ▢ 모양 3개, △ 모양 4개, ◯ 모양 2개로 꾸민 그림입니다.

2 ▢ 모양 4개, △ 모양 6개, ◯ 모양 8개로 꾸민 그림입니다.

> **주의** 각 모양의 개수를 빠뜨리거나 여러 번 세지 않도록 주의하여 세어 봅니다.

3 ◯ 모양을 8개로 가장 많이 이용했습니다.

70~71쪽 · 단계 **2** 개념 집중 연습

1 (　) (◯) (　)
2 (　) (　) (◯)
3 (　) (◯) (　)
4 (　) (◯) (　)
5 (◯) (　) (　)
6 (◯) (　) (　)
7 (　) (　) (◯)
8 △에 ◯표
9 ▢에 ◯표
10 3개 ; 2개 ; 4개
11 4개 ; 5개 ; 3개
12 9개 ; 2개 ; 2개
13 △에 ◯표
14 ▢에 ◯표

1 시계는 ⬤ 모양, 교통 표지판은 ▲ 모양입니다.

2 수학책은 ⬛ 모양, 피자는 ⬤ 모양입니다.

3 삼각자는 ▲ 모양, 사진은 ⬛ 모양입니다.

4 자는 ⬛ 모양, 도넛은 ⬤ 모양입니다.

5 소고는 ⬤ 모양, 피자 조각은 ▲ 모양입니다.

6 동화책을 본뜨면 ⬛ 모양이 나옵니다.

7 풀을 본뜨면 ⬤ 모양이 나옵니다.

8 ▲ 모양은 뾰족한 곳이 모두 3군데입니다.

9 ⬛ 모양은 뾰족한 곳이 모두 4군데입니다.

10 ⬛ 모양 3개, ▲ 모양 2개, ⬤ 모양 4개를 이용하여 꾸민 그림입니다.

> **참고** 모양을 셀 때에는 크기와 색깔은 생각하지 않고 같은 모양을 세어 봅니다.

11 ⬛ 모양 4개, ▲ 모양 5개, ⬤ 모양 3개를 이용하여 꾸민 그림입니다.

12 ⬛ 모양 9개, ▲ 모양 2개, ⬤ 모양 2개를 이용하여 꾸민 그림입니다.

13 ⬛ 모양 1개, ▲ 모양 4개, ⬤ 모양 2개를 이용하여 꾸민 그림으로 ▲ 모양을 가장 많이 이용했습니다.

14 ⬛ 모양 5개, ▲ 모양 1개, ⬤ 모양 4개를 이용하여 꾸민 그림으로 ⬛ 모양을 가장 많이 이용했습니다.

73쪽   단계 **1** 교과서 개념

1 4   **2** 12, 6
3 2   **4** 7
5

---

3 짧은바늘이 2, 긴바늘이 12를 가리키므로 2시입니다.

4 짧은바늘이 7, 긴바늘이 12를 가리키므로 7시입니다.

5 8시이므로 짧은바늘이 8을 가리키도록 그립니다.

75쪽   단계 **1** 교과서 개념

1 4, 30   **2** 2, 30
3 8, 30   **4** 6, 30
5

---

3 짧은바늘이 8과 9 사이, 긴바늘이 6을 가리키므로 8시 30분입니다.

4 짧은바늘이 6과 7 사이, 긴바늘이 6을 가리키므로 6시 30분입니다.

5 5시 30분은 시계의 짧은바늘이 5와 6 사이를 가리키도록 그립니다.

76~77쪽   단계 **2** 개념 집중 연습

1 5   **2** 5
3 6   **4** 12
5 9   **6** 1
7 8   **8** 4
9   **10**
11 3   **12** 3, 30
13 7, 30   **14** 2, 30
15 4, 30   **16** 5, 30
17   **18**

---

2 짧은바늘이 5, 긴바늘이 12를 가리키므로 5시입니다.

3~6 긴바늘이 12를 가리킬 때 짧은바늘이 가리키는 숫자에 '시'를 붙여 '몇 시'라고 읽습니다.

7 짧은바늘이 8, 긴바늘이 12를 가리키므로 8시입니다.

8 짧은바늘이 4, 긴바늘이 12를 가리키므로 4시입니다.

9 3시이므로 짧은바늘이 3, 긴바늘이 12를 가리키도록 그립니다.

10 10시이므로 짧은바늘이 10, 긴바늘이 12를 가리키도록 그립니다.

12 짧은바늘이 3과 4 사이, 긴바늘이 6을 가리키므로 3시 30분입니다.

13 짧은바늘이 7과 8 사이, 긴바늘이 6을 가리키므로 7시 30분입니다.

14 짧은바늘이 2와 3 사이, 긴바늘이 6을 가리키므로 2시 30분입니다.

15 짧은바늘이 4와 5 사이, 긴바늘이 6을 가리키므로 4시 30분입니다.

16 짧은바늘이 5와 6 사이, 긴바늘이 6을 가리키므로 5시 30분입니다.

17 1시 30분이므로 짧은바늘이 1과 2 사이, 긴바늘이 6을 가리키도록 그립니다.

18 12시 30분이므로 짧은바늘이 12와 1 사이, 긴바늘이 6을 가리키도록 그립니다.

78~81쪽 　단계 **3** 익힘 **문제 연습**

3
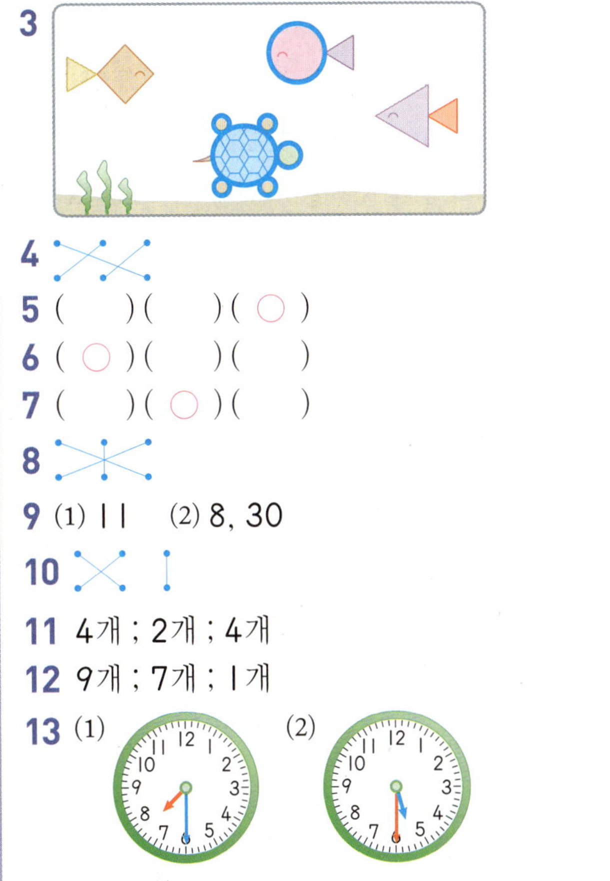

4 ╳

5 (　) (　) (○)

6 (○) (　) (　)

7 (　) (○) (　)

8 ╳

9 (1) 11　(2) 8, 30

10 ╳ |

11 4개 ; 2개 ; 4개

12 9개 ; 7개 ; 1개

13 (1) 　　　　　(2)

---

1 ⬜ 모양을 모두 찾아 따라 그려 봅니다.

2 🔺 모양을 모두 찾아 따라 그려 봅니다.

3 ⬤ 모양을 모두 찾아 따라 그려 봅니다.

4 ⬜ 모양은 ⬜ 모양끼리, 🔺 모양은 🔺 모양끼리, ⬤ 모양은 ⬤ 모양끼리 선으로 잇습니다.

5 수아가 손으로 만든 모양은 ⬤ 모양입니다.

6 에디슨이 손으로 만든 모양은 ⬜ 모양입니다.

7 엘리엇이 손으로 만든 모양은 🔺 모양입니다.

8 각 물건을 본뜨면 컵은 ⬤ 모양, 지우개는 🔺 모양, 선물상자는 ⬜ 모양이 나옵니다.

9 (1) 짧은바늘이 11, 긴바늘이 12를 가리키므로 11시입니다.

(2) 짧은바늘이 8과 9 사이, 긴바늘이 6을 가리키므로 8시 30분입니다.

10 위의 시계는 왼쪽부터 순서대로 6시, 8시, 11시 30분을 나타냅니다.

11 ▢ 모양: 4개, △ 모양: 2개, ● 모양: 4개
12 ▢ 모양: 9개, △ 모양: 7개, ● 모양: 1개
13 (1) 긴바늘이 6을 가리키도록 그립니다.
    (2) 짧은바늘이 5와 6 사이를 가리키도록 그립니다.

82~84쪽   단계 **4** 단원 평가

1 (   )(   )(◯)

2

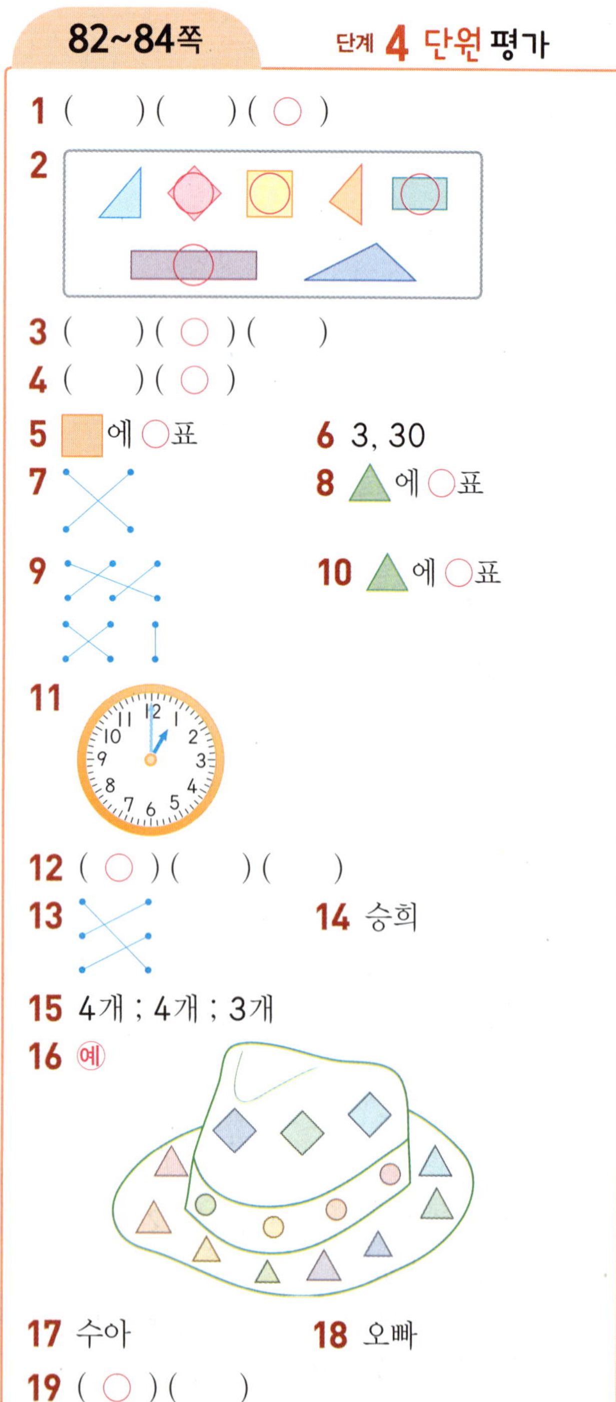

3 (   )(◯)(   )
4 (   )(◯)
5 ▢ 에 ◯표   **6** 3, 30
7   **8** △ 에 ◯표
9   **10** △ 에 ◯표
11
12 (◯)(   )(   )
13   **14** 승희
15 4개 ; 4개 ; 3개
16 예
17 수아   **18** 오빠
19 (◯)(   )
20 예 원영이 방의 시계는 ● 모양입니다.

---

1 자동차 바퀴는 ● 모양, 창문은 ▢ 모양입니다.
2 여러 가지 크기의 ▢ 모양을 모두 찾아서 ◯표 합니다.
3 창문, 신문은 ▢ 모양이고, 시계는 ● 모양입니다.
4 짧은바늘이 11과 12 사이, 긴바늘이 6을 가리키는 시계를 찾습니다.
5 종이 위에 그린 모양은 ▢ 모양입니다.
6 짧은바늘이 3과 4 사이, 긴바늘이 6을 가리키므로 3시 30분입니다.
8 시후가 손으로 만든 모양은 △ 모양입니다.
9 같은 모양을 찾아 선으로 잇습니다.
10 뾰족한 곳이 모두 3군데인 모양은 △ 모양입니다.
11 1시이므로 짧은바늘이 1, 긴바늘이 12를 가리키도록 그립니다.
12 자동차 바퀴는 ● 모양이므로 ● 모양인 것을 찾으면 시계입니다.
13   8시 •   • 12시 30분
   12시 30분 •   • 6시
   6시 •   • 8시
15 크기와 색깔은 생각하지 않고 같은 모양을 세어 봅니다.
    ⇨ ▢ 모양: 4개, △ 모양: 4개, ● 모양: 3개
16 ▢ 모양, △ 모양, ● 모양을 이용하여 모자를 자유롭게 꾸며 봅니다.
17 아버지: 7시, 오빠: 7시 30분, 수아: 6시
19 ▢ 모양 3개, △ 모양 2개, ● 모양 1개로 꾸민 모양은 왼쪽 모양입니다.
오른쪽 모양은 ▢ 모양 4개, △ 모양 3개로 꾸민 모양입니다.

85쪽   스스로 학습장

1 ◯ ; ✕ ; ◯
2 ◯ ; ✕ ; ◯
3 ✕ ; ◯ ; ✕

❹ 덧셈과 뺄셈 (2)

89쪽 · 단계 1 교과서 개념

1 11, 12 ; 12
2 11, 12 ; 12
3 예 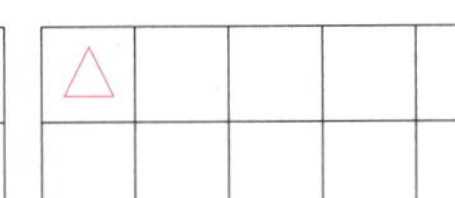
4 7, 11

1 8에서 9, 10, 11, 12라고 이어 세기 합니다.
2 7에서 8, 9, 10, 11, 12라고 이어 세기 합니다.

91쪽 · 단계 1 교과서 개념

1 (위부터) 14 ; 4
2 (위부터) 13 ; 3
3 14
4 13

1 6을 2와 4로 가르기하여 8과 2를 더해 10을 먼저 만들고 남은 4를 더합니다.
2 8을 5와 3으로 가르기하여 5와 5를 더해 10을 먼저 만들고 남은 3을 더합니다.

3 7과 3을 더해 10을 먼저 만들고 남은 4를 더합니다.
4 9와 1을 더해 10을 먼저 만들고 남은 3을 더합니다.

92~93쪽 · 단계 2 개념 집중 연습

1 12
2 12
3 13
4 14
5 13
6 12
7 15
8 12
9 14
10 15
11 11
12 13
13 (위부터) 11 ; 3
14 (위부터) 17 ; 7
15 (위부터) 16 ; 1

1 ○ 7개를 그리고 △ 3개를 그려 10을 만들고, △ 2개를 더 그려 12가 되었습니다.

2 ○ 6개를 그리고 △ 4개를 그려 10을 만들고, △ 2개를 더 그려 12가 되었습니다.

3 ○ 9개를 그리고 △ 1개를 그려 10을 만들고, △ 3개를 더 그려 13이 되었습니다.

4 6에서 7, 8, 9, 10, 11, 12, 13, 14라고 이어 세기 합니다.

5 8에서 9, 10, 11, 12, 13이라고 이어 세기 합니다.

6 3에서 4, 5, 6, 7, 8, 9, 10, 11, 12라고 이어 세기 합니다.

7 7에서 8, 9, 10, 11, 12, 13, 14, 15라고 이어 세기 합니다.

8 4와 6을 더해 10을 먼저 만들고 남은 2를 더합니다.

9 7과 3을 더해 10을 먼저 만들고 남은 4를 더합니다.

10 9와 1을 더해 10을 먼저 만들고 남은 5를 더합니다.

11 5와 5를 더해 10을 먼저 만들고 남은 1을 더합니다.

12 6과 4를 더해 10을 먼저 만들고 남은 3을 더합니다.

13 7과 3을 더해 10을 먼저 만들고 남은 1을 더합니다.

14 8과 2를 더해 10을 먼저 만들고 남은 7을 더합니다.

15 9와 1을 더해 10을 먼저 만들고 남은 6을 더합니다.

95쪽　단계 **1** 교과서 개념

1 (위부터) 15 ; 5
2 (위부터) 12 ; 2
3 (위부터) 14 ; 2
4 (위부터) 14 ; 4

1 8을 5와 3으로 가르기하여 7과 3을 더해 10을 먼저 만들고 남은 5를 더합니다.

2 7을 2와 5로 가르기하여 5와 5를 더해 10을 먼저 만들고 남은 2를 더합니다.

3 8과 2를 더해 10을 먼저 만들고 남은 4를 더합니다.

4 5와 5를 더해 10을 먼저 만들고 남은 4를 더합니다.

97쪽　단계 **1** 교과서 개념

1 13, 14 ; 1
2 14, 13 ; 1
3 13
4 17
5 12, 12
6 12, 12

1 더하는 수가 6, 7, 8, 9로 1씩 커지면 합도 11, 12, 13, 14로 1씩 커집니다.

2 더하는 수가 8, 7, 6, 5로 1씩 작아지면 합도 16, 15, 14, 13으로 1씩 작아집니다.

5~6 두 수를 바꾸어 더해도 합은 같습니다.

98~99쪽　단계 **2** 개념 집중 연습

1 14
2 13
3 16
4 (위부터) 12 ; 2
5 (위부터) 15 ; 3
6 (위부터) 15 ; 4
7 13
8 14
9 17
10 14 ; 1
11 11 ; 1
12 12, 15
13 9＋2에 ◯표
14 8＋6에 ◯표
15 8＋8에 ◯표
16 8＋9에 ◯표
17 8＋5, 7＋6에 ◯표

1 6을 4와 2로 가르기하여 8과 2를 더해 10을 먼저 만들고 남은 4를 더합니다.

2 7을 3과 4로 가르기하여 6과 4를 더해 10을 먼저 만들고 남은 3을 더합니다.

3 9를 6과 3으로 가르기하여 7과 3을 더해 10을 먼저 만들고 남은 6을 더합니다.

4 7과 3을 더해 10을 먼저 만들고 남은 2를 더합니다.

5 7과 3을 더해 10을 먼저 만들고 남은 5를 더합니다.

6 6과 4를 더해 10을 먼저 만들고 남은 5를 더합니다.

7 $6+7=13$
　　3　3

8 $5+9=14$
　　4　1

9 $8+9=17$
　　7　1

10 더하는 수가 5, 6, 7, 8로 1씩 커지면 합도 11, 12, 13, 14로 1씩 커집니다.

11 더하는 수가 6, 5, 4, 3으로 1씩 작아지면 합도 14, 13, 12, 11로 1씩 작아집니다.

12 $3+9$, $9+3$은 합이 12로 같습니다.
$8+7$, $7+8$은 합이 15로 같습니다.

13 $5+7=12$, $9+2=11$

14 $8+6=14$, $7+8=15$

15 $9+5=14$, $8+8=16$

16 $7+7=14$, $8+9=17$

17 $9+4=13$이므로 합이 $8+5$, $7+6$과 같습니다.

<table><tr><td>**101쪽**</td><td>단계**1** 교과서 개념</td></tr></table>

1 7, 8, 9 ; 7
2 4, 5, 6 ; 4
3 6, 6
4 검은색에 ◯표, 흰색에 ◯표, 6

1 11부터 10, 9, 8, 7로 거꾸로 세어 구합니다.

2 13부터 12, 11, 10, 9, 8, 7, 6, 5, 4로 거꾸로 세어 구합니다.

<table><tr><td>**103쪽**</td><td>단계**1** 교과서 개념</td></tr></table>

1 9
2 8
3 8
4 6
5 7
6 9

1 15에서 5를 먼저 빼고 10에서 남은 1을 빼면 9가 됩니다.

2 14에서 4를 먼저 빼고 10에서 남은 2를 빼면 8이 됩니다.

3 13에서 3을 먼저 빼고 10에서 남은 2를 뺍니다.

4 11에서 1을 먼저 빼고 10에서 남은 4를 뺍니다.

5 14에서 4를 먼저 빼고 10에서 남은 3을 뺍니다.

6 16에서 6을 먼저 빼고 10에서 남은 1을 뺍니다.

104~105쪽　　단계 **2** 개념 집중 연습

1 4
2 8
3 9
4 8
5 6
6 8
7 5
8 7
9 7
10 5
11 7
12 9
13 6
14 3
15 (위부터) 7 ; 5
16 (위부터) 9 ; 4
17 (위부터) 9 ; 8

1 같은 선에 연결 모형을 놓고, 차이 나는 부분을 세어 구해 보면 4개만큼 차이가 납니다.

2 같은 선에 연결 모형을 놓고, 차이 나는 부분을 세어 구해 보면 8개만큼 차이가 납니다.

3 같은 선에 연결 모형을 놓고, 차이 나는 부분을 세어 구해 보면 9개만큼 차이가 납니다.

4 같은 선에 연결 모형을 놓고, 차이 나는 부분을 세어 구해 보면 8개만큼 차이가 납니다.

5 바나나 11개 중 5개를 먹었더니 6개가 남았습니다.

6 사과 14개 중 6개를 먹었더니 8개가 남았습니다.

7 야구공과 야구 글러브를 하나씩 짝 지어 보니 야구공이 5개 더 많습니다.

8 탁구공과 탁구채를 하나씩 짝 지어 보니 탁구공이 7개 더 많습니다.

9 11에서 1을 먼저 빼고 10에서 남은 3을 뺍니다.

10 12에서 2를 먼저 빼고 10에서 남은 5를 뺍니다.

11 16에서 6을 먼저 빼고 10에서 남은 3을 뺍니다.

12 17에서 7을 먼저 빼고 10에서 남은 1을 뺍니다.

13 13에서 3을 먼저 빼고 10에서 남은 4를 뺍니다.

14 12에서 2를 먼저 빼고 10에서 남은 7을 뺍니다.

15 15에서 5를 먼저 빼고 10에서 남은 3을 뺍니다.

16 14에서 4를 먼저 빼고 10에서 남은 1을 뺍니다.

17 18에서 8을 먼저 빼고 10에서 남은 1을 뺍니다.

> 참고　빼는 수를 가르기하여 10을 먼저 만들고 10에서 남은 수를 뺍니다.

107쪽　　단계 **1** 교과서 개념

1 5
2 (위부터) 5 ; 2
3 (위부터) 2 ; 1
4 (위부터) 9 ; 5
5 (위부터) 6 ; 4

1 10에서 8을 한 번에 빼고 남은 2에 3을 더하면 5입니다.

2 10에서 7을 한 번에 빼고 남은 3에 2를 더하면 5입니다.

3 10에서 9를 한 번에 빼고 남은 l에 l을 더하면 2입니다.

4 10에서 6을 한 번에 빼고 남은 4에 5를 더하면 9입니다.

5 10에서 8을 한 번에 빼고 남은 2에 4를 더하면 6입니다.

> **참고** 빼지는 수를 10과 ■로 가르기하여 10에서 빼는 수를 한 번에 빼고 남은 수에 ■를 더합니다.

109쪽   단계 **1** 교과서 개념

1 8 ; l
2 8 ; 8
3 7
4 7
5 6, 7
6 8, 7

1 빼지는 수가 l3, l4, l5, l6으로 l씩 커지면 차는 5, 6, 7, 8로 l씩 커집니다.

2 빼지는 수가 l2, l3, l4, l5로, 빼는 수가 4, 5, 6, 7로 모두 l씩 커지면 차는 8로 같습니다.

> **참고** • 빼지는 수가 1씩 커지면 차는 1씩 커집니다.
> • 빼는 수가 1씩 커지면 차는 1씩 작아집니다.
> • 빼지는 수와 빼는 수가 똑같이 1씩 커지거나 작아지면 차는 같습니다.

110~111쪽   단계 **2** 개념 집중 연습

1 5
2 5
3 8
4 8
5 (위부터) 7 ; 4
6 (위부터) 7 ; 6
7 (위부터) 8 ; 2
8 8
9 8
10 9
11 4 ; l
12 9 ; l
13 9, 9 ; 같습니다
14 ll−9에 △표
15 l2−9에 △표
16 l3−7에 △표
17 l5−8에 △표
18 ll−6, l3−8에 △표

1 10에서 6을 한 번에 빼고 남은 4에 l을 더합니다.

2 10에서 8을 한 번에 빼고 남은 2에 3을 더합니다.

3 10에서 7을 한 번에 빼고 남은 3에 5를 더합니다.

4 10에서 9를 한 번에 빼고 남은 l에 7을 더합니다.

5 10에서 7을 한 번에 빼고 남은 3에 4를 더합니다.

6 10에서 9를 한 번에 빼고 남은 l에 6을 더합니다.

7 10에서 4를 한 번에 빼고 남은 6에 2를 더합니다.

8 $13-5=8$
$\diagdown\ \diagdown$
$10\quad 3$

9 $14-6=8$
$\diagup\diagup\ \diagdown$
$10\quad 4$

10 $18-9=9$
$\diagup\ \diagdown$
$10\quad 8$

11 빼는 수가 4, 5, 6, 7로 1씩 커지면 차는 7, 6, 5, 4로 1씩 작아집니다.

12 빼지는 수가 13, 14, 15, 16으로 1씩 커지면 차는 6, 7, 8, 9로 1씩 커집니다.

13 빼지는 수가 12, 13, 14, 15로, 빼는 수가 3, 4, 5, 6으로 모두 1씩 커지면 차는 9로 같습니다.

14 $11-9=2$, $16-8=8$

15 $13-4=9$, $12-9=3$

16 $14-9=5$, $13-7=6$

17 $15-8=7$, $13-9=4$

18 $12-7=5$이므로 차가 $11-6$, $13-8$과 같습니다.

112~115쪽　단계 3 익힘 문제 연습

1 13

2 3

3 (위부터) 11 ; 2

4 (위부터) 7 ; 2

5 (1) (위부터) 16 ; 6　(2) (위부터) 16 ; 6

6 (1) 12　(2) 14

7 (1) 8　(2) 6

8 (1) 12　(2) 17　(3) 8　(4) 8

9 (1) 10　(2) 2

10 6, 15 ; 15

11 8, 14 ; 14

12 6권

---

3 8과 2를 더해 10을 먼저 만들고 남은 1을 더합니다.

4 10에서 5를 한 번에 빼고 남은 5에 2를 더합니다.

5 (1) 9와 1을 더해 10을 먼저 만들고 남은 6을 더합니다.
(2) 7과 3을 더해 10을 먼저 만들고 남은 6을 더합니다.

6 (1) 8과 2를 더해 10을 먼저 만들고 남은 2를 더합니다.
(2) 5와 5를 더해 10을 먼저 만들고 남은 4를 더합니다.

7 (1) 13에서 3을 먼저 빼고 10에서 남은 2를 뺍니다.
(2) 14에서 4를 먼저 빼고 10에서 남은 4를 뺍니다.

8 (1) $4+8=12$
$\diagup\ \diagdown$
$6\quad 2$

(2) $9+8=17$
$\diagup\ \diagdown$
$7\quad 2$

(3) $14-6=8$
$\diagup\ \diagdown$
$4\quad 2$

(4) $17-9=8$
$\diagup\ \diagdown$
$10\quad 7$

9 (1) 더해지는 수가 8, 7, 6, 5로 1씩 작아지면 합은 13, 12, 11, 10으로 1씩 작아집니다.
(2) 빼는 수가 6, 7, 8, 9로 1씩 커지면 차는 5, 4, 3, 2로 1씩 작아집니다.

10 $9+6=15$이므로 어항 속 물고기는 모두 15마리입니다.

11 $6+8=14$이므로 구슬은 모두 14개입니다.

12 $15-9=6$이므로 더 필요한 공책은 6권입니다.

12 $14-7=7 \Rightarrow 7+5=12$

13 $8+4=12, 8+5=13,$
$8+6=14, 8+7=15$

14 $7+4=11 \Rightarrow 5+6=11$
$9+5=14 \Rightarrow 8+6=14$
$5+7=12 \Rightarrow 7+5=12$

15 빼는 수가 9, 8, 7, 6으로 1씩 작아지면 차는
6, 7, 8, 9로 1씩 커집니다.

16 • 11에서 1을 먼저 빼고 10에서 남은 3을
빼니다. $\Rightarrow 11-4=7$
• 11에서 1을 먼저 빼고 10에서 남은 5를
빼니다. $\Rightarrow 11-6=5$

17 $5+8=13, \underline{7+7=14}, 3+9=12,$
$\underline{8+6=14}, \underline{9+5=14}, 6+5=11$

18 $14-6=8$(개)이므로 남은 귤은 8개입니다.

19 오른쪽으로 1칸 갈 때마다 더하는 수가 1씩
커집니다.
따라서 ★이 있는 칸에는 $6+7$이 들어갑니다.
$\Rightarrow 6+7=13$

20 제나가 고른 두 수의 차는 $12-4=8$이고,
승호가 고른 두 수의 차는 $14-7=7$입니다.
따라서 놀이에서 이긴 사람은 제나입니다.

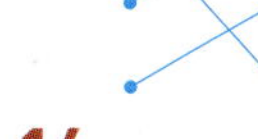

단계 4 단원 평가

1 11

2 (위부터) 13 ; 2, 1

3 야구 방망이에 ○표, 5

4 (위부터) 8 ; 6

5 (위부터) 8 ; 3

6 (위부터) 16 ; 1

7 12

8 5

9 15

10 11−3에 ○표

11 ㉠

12 7, 12

13 12, 13, 14, 15

14

15 8, 9

16

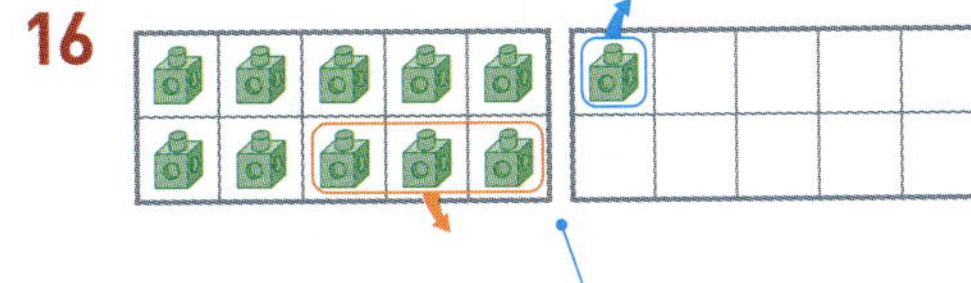

$11-6=\boxed{5}$ $11-4=\boxed{7}$

17 $7+7, 8+6, 9+5$에 ○표

18 8개

19 $6+7=13$

20 제나

---

4 16에서 6을 먼저 빼고 10에서 남은 2를 뺍
니다.

5 10에서 5를 한 번에 빼고 남은 5에 3을 더합
니다.

6 9와 1을 더해 10을 먼저 만들고 남은 6을 더
합니다.

7 $8+4=12$

8 $12-7=5$

9 $8+7=15$

10 $11-3=8, 15-9=6$

11 ㉠ $11-6=5$
㉡ $13-5=8$
㉢ $15-7=8$
㉣ $12-4=8$

119쪽

스스로 학습장

1 $8+9=\boxed{17}$; $8+9=\boxed{17}$;

$\boxed{2}$ 7 $\boxed{7}$ 1

$8 + 9 = \boxed{17}$

5 $\boxed{3}$ 5 $\boxed{4}$

2 $16-7=\boxed{9}$; $16-7=\boxed{9}$

6 $\boxed{1}$ 10 $\boxed{6}$

⑤ 규칙 찾기

학부모 지도 가이드 규칙을 찾는 활동은 복잡한 현상을 효과적으로 이해하고 앞으로의 변화를 예상하는 데 매우 중요한 역할을 합니다. 다양한 실생활 속 맥락에서 반복적인 현상의 규칙을 찾아보고, 여러 가지 방법을 사용하여 규칙을 표현하거나 만들어 보도록 합니다.

이 단원에서는 규칙을 찾아보는 활동을 통해 규칙의 유형이나 생성 방식을 알고 찾은 규칙을 말이나 행동, 그림, 기호 등으로 표현해 볼 수 있는 경험을 하도록 합니다. 규칙을 개념적으로 학습하기보다는 규칙을 찾고, 만들어 보고, 배열해 보는 활동을 통해 과정적으로 학습할 수 있도록 합니다.

1 에디슨: 빨간색과 파란색의 순서에 따라 반복되게 색칠합니다.
　 수아: 빨간색, 파란색, 파란색의 순서에 따라 반복되게 색칠합니다.

2 규칙이 있고 이에 따라 색칠했으면 정답으로 인정합니다.
　 예 빨간색, 파란색, 빨간색 순서에 따라 반복되게 색칠합니다.

3 규칙이 있고 이에 따라 색칠했으면 정답으로 인정합니다.
　 예 노란색, 노란색, 빨간색 순서에 따라 반복되게 색칠합니다.

123쪽 　 단계 **1** 교과서 개념

1 의자
2 🌙에 ◯표
3 (　　) (◯)

2 🌞와 🌙이 반복되므로 빈칸에 알맞은 그림은 🌙입니다.

3 사과, 사과, 귤이 반복됩니다.

125쪽 　 단계 **1** 교과서 개념

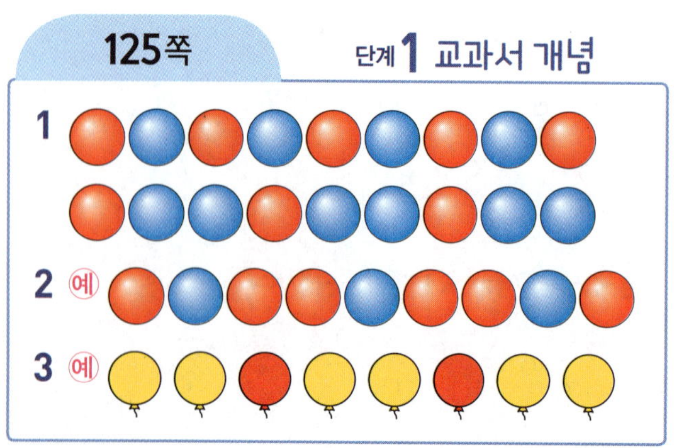

1 (빨간색, 파란색 구슬이 반복되는 배열)

2 예 (구슬 배열)

3 예 (풍선 배열)

126~127쪽 　 단계 **2** 개념 집중 연습

1 (노란색, 파란색 반복)

2 (삼각형 반복)

3 (연필, 지우개 반복)

4 양말
5 노란색

6 (원, 삼각형 반복)

7 (별, 하트 반복)

8 (달, 해 반복)

9 (　　) (◯)
10 (◯) (　　)

11 (분홍색, 노란색 반복)

12 예 (분홍색, 노란색 배열)

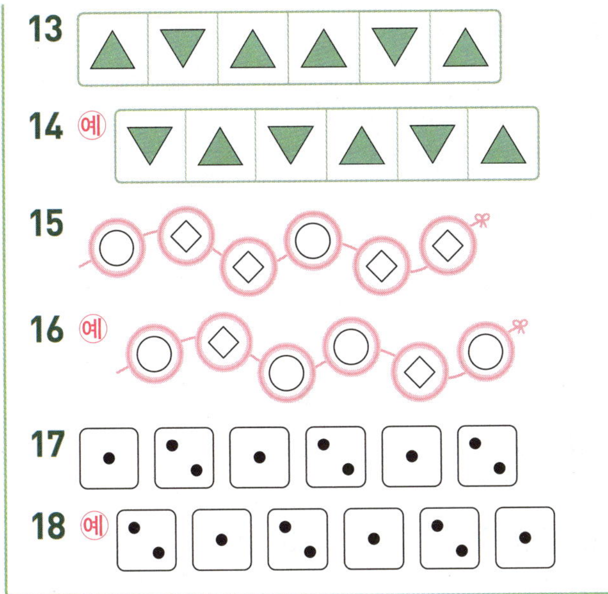

13
14 (예)
15
16 (예)
17
18 (예)

1 노란색과 파란색이 반복됩니다.

2 ▲, ▲, ▲가 반복됩니다.

3 연필, 지우개, 연필이 반복됩니다.

4 바지, 양말, 양말이 반복됩니다.

5 분홍색, 분홍색, 노란색이 반복됩니다.

6 ● 와 ▲ 가 반복됩니다.

7 ★, ♥, ♥가 반복됩니다.

8 🌙, 🌙, ☀가 반복됩니다.

9 탬버린, 트라이앵글이 반복됩니다.
　⇨ 빈칸에 알맞은 악기는 트라이앵글입니다.

10 심벌즈, 심벌즈, 북이 반복됩니다.
　⇨ 빈칸에 알맞은 악기는 심벌즈입니다.

11 분홍색, 노란색의 순서에 따라 반복되게 색칠합니다.

12 규칙이 있고 이에 따라 색칠했으면 정답으로 인정합니다.

13 ▲, ▼, ▲의 순서에 따라 반복되게 그립니다.

14 규칙이 있고 이에 따라 그렸으면 정답으로 인정합니다.

15 ○, ◇, ◇의 순서에 따라 반복되게 그립니다.

16 규칙이 있고 이에 따라 팔찌를 꾸몄으면 정답으로 인정합니다.

17 주사위 눈이 1, 2가 되도록 반복되게 그립니다.

18 규칙이 있고 이에 따라 그렸으면 정답으로 인정합니다.

1 첫째 줄은 주황색과 보라색, 둘째 줄은 보라색과 주황색이 반복됩니다.

2 첫째 줄은 노란색, 노란색, 초록색, 둘째 줄은 초록색, 초록색, 노란색이 반복됩니다.

3 첫째 줄은 별 모양과 달 모양이 반복됩니다.

4 첫째 줄은 별 모양과 달 모양, 둘째 줄은 달 모양과 별 모양이 반복됩니다.

1 (1) 3 　(2) 18
2 1 　　　　　**3** 5, 7
4 35 　　　　**5** 11, 13

1 (1) 3보다 3만큼 더 큰 수는 6, 6보다 3만큼 더 큰 수는 9이므로 3씩 커지는 규칙입니다.

(2) 15보다 3만큼 더 큰 수는 18입니다.

2 1과 4가 반복되는 규칙입니다.

3 5, 7, 7이 반복되는 규칙입니다.

4 5부터 시작하여 5씩 커집니다.

5 1부터 시작하여 2씩 커집니다.

132~133쪽 단계 **2** 개념 집중 연습

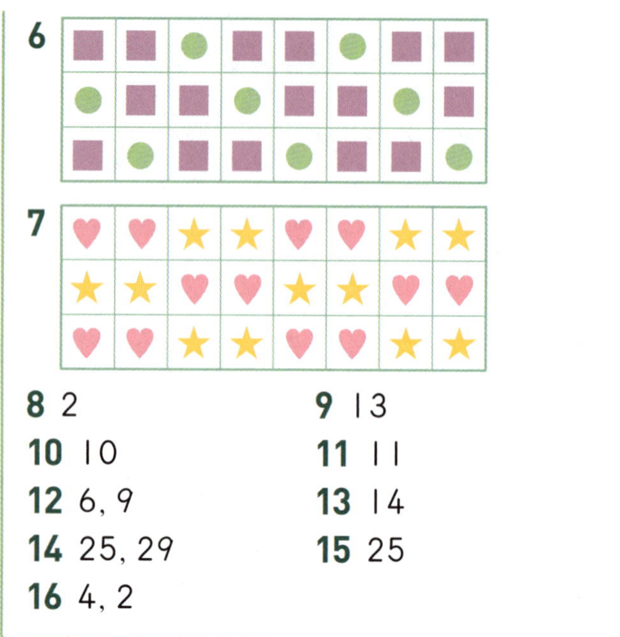

8 2

9 13

10 10

11 11

12 6, 9

13 14

14 25, 29

15 25

16 4, 2

4 첫째 줄은 ●, ▲, 둘째 줄은 ▲, ●가 반복됩니다.

5 첫째 줄은 ♥, ◆, 둘째 줄은 ◆, ♥가 반복됩니다.

6 첫째 줄은 ■, ■, ●, 둘째 줄은 ●, ■, ■, 셋째 줄은 ■, ●, ■가 반복됩니다.

7 첫째 줄은 ♥, ♥, ★, ★, 둘째 줄은 ★, ★, ♥, ♥, 셋째 줄은 ♥, ♥, ★, ★이 반복됩니다.

8 5보다 2만큼 더 큰 수는 7, 7보다 2만큼 더 큰 수는 9이므로 2씩 커지는 규칙입니다.

9 9와 13이 반복되는 규칙입니다.

10 60보다 10만큼 더 작은 수는 50, 50보다 10만큼 더 작은 수는 40이므로 10씩 작아지는 규칙입니다.

11 6과 11이 반복되는 규칙입니다.

12 6, 6, 9가 반복되는 규칙입니다.

13 4부터 시작하여 2씩 커집니다.
⇨ 4−6−8−10−12−⑭

14 9부터 시작하여 4씩 커집니다.
⇨ 9−13−17−21−㉕−㉙

15 50부터 시작하여 5씩 작아집니다.
⇨ 50−45−40−35−30−㉕

16 12부터 시작하여 2씩 작아집니다.
⇨ 12−10−8−6−④−②

135쪽 — 단계 **1** 교과서 개념

1 (1) 1 (2) 10 **2** 4

3

21	22	23	24	25	26	27	28	29	30
31	32	33	34	35	36	37	38	39	40
41	42	43	44	45	46	47	48	49	50

1 (1) 41부터 시작하여 → 방향으로 1씩 커집니다.

(2) 37부터 시작하여 ↓ 방향으로 10씩 커집니다.

2 21−25−29−33−37−…이므로 색칠한 수들은 21부터 시작하여 4씩 커집니다.

3 21부터 시작하여 4씩 커지는 규칙이므로 41 다음에 45, 49를 색칠하면 됩니다.

137쪽 — 단계 **1** 교과서 개념

1 ×

2

○	○	×	○	○	×	○	○	×

3 4, 2
4 4, 2

1 손으로 ○, ○, ×를 만드는 동작이 반복됩니다.

3 자동차와 오토바이가 반복됩니다.
⇨ 자동차는 4, 오토바이는 2로 나타냅니다.

4 토끼, 병아리, 병아리가 반복됩니다.
⇨ 토끼는 4, 병아리는 2로 나타냅니다.

138~139쪽 — 단계 **2** 개념 집중 연습

1 23 **2** 1씩
3 32 **4** 8씩
5 49 **6** 2
7 3 **8** 5

9

○	×	○	×	○	×	○	×

10

○	△	○	△	○	△	○	△

11

♡	◇	♡	◇	♡	◇	♡	◇

12

☆	☆	◇	◇	☆	☆	◇	◇	☆	☆

13 3, 7 **14** 3, 3
15 2, 2, 0 **16** 3, 4, 3

1 17−18−19−20−21−22−㉓−24

2 25−26−27−28−29−30−31이므로 파란색으로 둘러싸인 수들은 25부터 시작하여 → 방향으로 1씩 커집니다.

3 31보다 1만큼 더 큰 수는 32입니다.

4 17−25−33−41이므로 빨간색으로 둘러싸인 수들은 17부터 시작하여 ↓ 방향으로 8씩 커집니다.

5 41보다 8만큼 더 큰 수는 49입니다.

6 11보다 2만큼 더 큰 수는 13, 13보다 2만큼 더 큰 수는 15이므로 2씩 커지는 규칙입니다.

7 21보다 3만큼 더 큰 수는 24, 24보다 3만큼 더 큰 수는 27이므로 3씩 커지는 규칙입니다.

8 30보다 5만큼 더 큰 수는 35, 35보다 5만큼 더 큰 수는 40이므로 5씩 커지는 규칙입니다.

9 사과와 당근이 반복됩니다.

⇨ 사과는 ○, 당근은 ×로 나타냅니다.

10 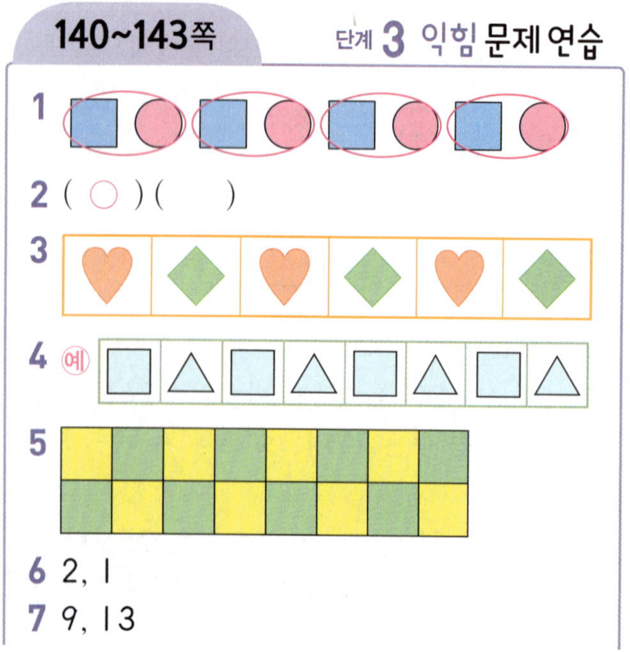과 이 반복됩니다.

⇨ 은 ○, 은 △로 나타냅니다.

11 장미, 해바라기, 해바라기가 반복됩니다.

⇨ 장미는 ♡, 해바라기는 ◇로 나타냅니다.

12 가 반복됩니다.

⇨ 는 ☆, 는 ◇로 나타냅니다.

13 우산과 장화가 반복됩니다.

⇨ 우산은 3, 장화는 7로 나타냅니다.

14 가위, 연필, 연필이 반복됩니다.

⇨ 가위는 1, 연필은 3으로 나타냅니다.

15 가위, 가위, 바위가 반복됩니다.

⇨ 가위는 2, 바위는 0으로 나타냅니다.

16 , , 이 반복됩니다.

⇨ 은 3, 는 4로 나타냅니다.

140~143쪽 단계 **3** 익힘 **문제 연습**

1

2 (○) ( )

3

4 예

5

6 2, 1

7 9, 13

8

9 3, 2

10 사과, 사과

11 1, 2

12 1

13

14 1

15 10

16

1	2	3	4	5	6	7	8	9	10
11	12	13	14	15	16	17	18	19	20
21	22	23	24	25	26	27	28	29	30
31	32	33	34	35	36	37	38	39	40
41	42	43	44	45	46	47	48	49	50

17 예 61부터 시작하여 2씩 커지는 규칙입니다.

1 와 가 반복됩니다.

2 색이 초록색, 파란색, 파란색으로 반복됩니다.

3 와 가 반복됩니다.

4 , △로 만든 규칙이면 정답으로 인정합니다.

5 첫째 줄은 노란색과 초록색, 둘째 줄은 초록색과 노란색이 반복됩니다.

6 1과 2가 반복되는 규칙입니다.

⇨ 1−2−1−2−1−②−①−2

7 1부터 시작하여 2씩 커지는 규칙입니다.

⇨ 1−3−5−7−⑨−11−⑬−15

8 닭, 병아리, 병아리가 반복되는 규칙이므로 ○, ♡, ♡가 반복됩니다.

참고 닭은 ○, 병아리는 ♡로 나타냅니다.

9 세발자전거와 두발자전거가 반복되는 규칙이므로 3과 2가 반복됩니다.

13 첫째 줄은 와 , 둘째 줄은 와 가 반복됩니다.

1 (○) (　　)　　　　**2** 2

3 양말　　　　　　　　**4** 호랑이

5 2, 7　　　　　　　　**6** 2, 7

7 

8 9

9 20

10 

11

12 2

13 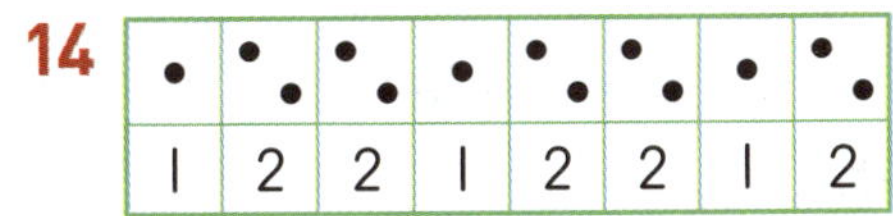

14 점 · · · · · · · ·
　　 1　2　2　1　2　2　1　2

15 1씩

16 8씩

17 47

18

19 15

20 21

1 가위와 풀이 반복됩니다.

2 20 — 18 — 16 — 14 — 12 — 10
　　　　 −2　 −2　 −2　 −2　 −2

3 모자, 양말, 양말이 반복됩니다.

4 호랑이, 기린, 기린이 반복됩니다.

6 2와 7이 반복되는 규칙입니다.
　⇨ 2 — 7 — 2 — 7 — 2 — 7 — ②— ⑦

7 ★과 ▲가 반복됩니다.

8 9와 5가 반복되는 규칙입니다.
　⇨ 9 — 5 — 9 — 5 — ⑨ — 5

9 40부터 시작하여 5씩 작아집니다.
　⇨ 40 — 35 — 30 — 25 — ㉒ — 15

10 초록색, 초록색, 보라색, 보라색이 반복됩니다.

12 ▱, ▱, ◯, ◯이 반복됩니다.
　⇨ ▱을 1, ◯을 2로 나타냅니다.

13 토끼, 토끼, 당근이 반복됩니다.
　⇨ 토끼는 △, 당근은 ◯로 나타냅니다.

14 점 1개, 2개, 2개가 반복됩니다.
　⇨ 점 1개는 1, 점 2개는 2로 나타냅니다.

15 33부터 시작하여 → 방향으로 1씩 커집니다.

16 26부터 시작하여 ↓ 방향으로 8씩 커집니다.

17 ♥가 있는 줄은 41부터 시작하여 → 방향으로 1씩 커집니다.
　⇨ 41 — 42 — 43 — 44 — 45 — 46 — ㊼ — 48

18 보라색 바탕에 △, 노란색 바탕에 ◯가 엇갈려 반복되는 무늬입니다.

19 ●가 있는 줄은 11부터 시작하여 → 방향으로 1씩 커집니다.
　⇨ 11 — 12 — 13 — 14 — ⑮

20 ▮가 있는 줄은 6부터 시작하여 ↓ 방향으로 5씩 커집니다.
　⇨ 6 — 11 — 16 — ㉑

1 파란색　　　　**2** 10, 10

3 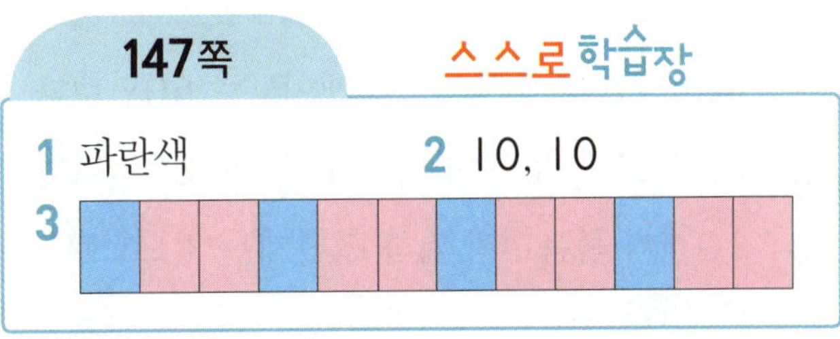

⑥ 덧셈과 뺄셈 (3)

> **학부모 지도 가이드** 이번 단원에서는 받아올림이 없는 덧셈((몇십몇)+(몇), (몇십)+(몇십), (몇십몇)+(몇십몇))과 받아내림이 없는 뺄셈((몇십몇)−(몇), (몇십)−(몇십), (몇십몇)−(몇십몇))을 배웁니다. 실생활에서 덧셈과 뺄셈이 필요한 상황을 이해하고 다양한 방법으로 계산해 보며 문제 해결 능력을 길러 봅니다.

151쪽 　단계 **1** 교과서 개념

1 (왼쪽부터) 25, 25
2 (왼쪽부터) 32, 33, 33
3 46 　　　**4** 58
5 67

1 21부터 4번 이어 세면
21하고 22, 23, 24, 25입니다.
⇨ 21+4=25

2 30부터 3번 이어 세면
30하고 31, 32, 33입니다.
⇨ 30+3=33

3 낱개끼리 더하고 10개씩 묶음은 그대로 씁니다.

153쪽 　단계 **1** 교과서 개념

1 10, 50 　　**2** 50, 80
3 40 　　　**4** 40
5 70

1 40+10은 십 모형이 5개이므로 50입니다.

2 30+50은 십 모형이 8개이므로 80입니다.

3 10개씩 묶음끼리 더하고 낱개는 없으므로 0을 씁니다.

154~155쪽 　단계 **2** 개념 집중 연습

1 36	**2** 49
3 67	**4** 27
5 37	**6** 56
7 78	**8** 35
9 27	**10** 47
11 39	**12** 30
13 50	**14** 60
15 50	**16** 70
17 70	**18** 80
19 80	**20** 80
21 70	**22** 90

1 일 모형끼리 더하고 십 모형의 수인 3은 그대로 씁니다.
⇨ 32+4=36

2 일 모형끼리 더하고 십 모형의 수인 4는 그대로 씁니다.
⇨ 46+3=49

3 일 모형끼리 더하고 십 모형의 수인 6은 그대로 씁니다.
⇨ 63+4=67

4
```
   2 0
 +   7
 ─────
   2 7
```
5
```
   3 5
 +   2
 ─────
   3 7
```
6
```
   5 1
 +   5
 ─────
   5 6
```
7
```
   7 4
 +   4
 ─────
   7 8
```

12 20+10은 십 모형이 3개이므로 30입니다.

13 30+20은 십 모형이 5개이므로 50입니다.

14 20+40은 십 모형이 6개이므로 60입니다.

15
```
   1 0
 + 4 0
 ─────
   5 0
```
16
```
   2 0
 + 5 0
 ─────
   7 0
```
17
```
   4 0
 + 3 0
 ─────
   7 0
```
18
```
   7 0
 + 1 0
 ─────
   8 0
```

<table>
<tr><td colspan="2">157쪽</td><td colspan="2">단계 1 교과서 개념</td></tr>
<tr><td>1 6, 46</td><td></td><td>2 97</td><td></td></tr>
<tr><td>3 77</td><td></td><td>4 66</td><td></td></tr>
<tr><td>5 79</td><td></td><td>6 86</td><td></td></tr>
</table>

1 일 모형은 일 모형끼리, 십 모형은 십 모형끼리 더합니다.

2
```
   3 4
 + 6 3
 ─────
   9 7
```

3
```
   1 5
 + 6 2
 ─────
   7 7
```

4
```
   2 4
 + 4 2
 ─────
   6 6
```

5
```
   5 8
 + 2 1
 ─────
   7 9
```

6
```
   3 3
 + 5 3
 ─────
   8 6
```

<table>
<tr><td colspan="2">159쪽</td><td colspan="2">단계 1 교과서 개념</td></tr>
<tr><td colspan="2">1 (1) 4, 2   (2) 2, 42</td><td></td><td></td></tr>
<tr><td>2 15</td><td></td><td>3 50</td><td></td></tr>
<tr><td>4 92</td><td></td><td>5 20</td><td></td></tr>
<tr><td>6 34</td><td></td><td>7 72</td><td></td></tr>
</table>

1 십 모형 4개, 일 모형 6개 중 일 모형 4개를 덜어 냈으므로 십 모형 4개, 일 모형 2개가 남습니다.

```
      4 6
 ⇨  −   4
    ─────
      4 2
```

2 낱개끼리 빼고 10개씩 묶음은 그대로 씁니다.

5
```
   2 4
 −   4
 ─────
   2 0
```

6
```
   3 9
 −   5
 ─────
   3 4
```

7
```
   7 4
 −   2
 ─────
   7 2
```

<table>
<tr><td colspan="2">160~161쪽</td><td colspan="2">단계 2 개념 집중 연습</td></tr>
<tr><td>1 37</td><td></td><td>2 38</td><td></td></tr>
<tr><td>3 39</td><td></td><td>4 39</td><td></td></tr>
<tr><td>5 66</td><td></td><td>6 88</td><td></td></tr>
<tr><td>7 75</td><td></td><td>8 57</td><td></td></tr>
<tr><td>9 37</td><td></td><td>10 79</td><td></td></tr>
<tr><td>11 98</td><td></td><td>12 34</td><td></td></tr>
<tr><td>13 7, 22</td><td></td><td>14 3, 50</td><td></td></tr>
<tr><td>15 21</td><td></td><td>16 33</td><td></td></tr>
<tr><td>17 40</td><td></td><td>18 62</td><td></td></tr>
<tr><td>19 11</td><td></td><td>20 23</td><td></td></tr>
<tr><td>21 33</td><td></td><td>22 41</td><td></td></tr>
</table>

1 24+13은 십 모형 3개, 일 모형 7개가 되므로 37입니다.

2 15+23은 십 모형 3개, 일 모형 8개가 되므로 38입니다.

3 24+15는 십 모형 3개, 일 모형 9개가 되므로 39입니다.

4
```
   2 3
 + 1 6
 ─────
   3 9
```

5
```
   4 1
 + 2 5
 ─────
   6 6
```

6
```
   5 2
 + 3 6
 ─────
   8 8
```

7
```
   6 3
 + 1 2
 ─────
   7 5
```

12 38−4는 십 모형 3개, 일 모형 4개가 남으므로 34입니다.

13 29−7은 십 모형 2개, 일 모형 2개가 남으므로 22입니다.

14 53−3은 십 모형 5개가 남으므로 50입니다.

15
```
   2 4
 −   3
 ─────
   2 1
```

16
```
   3 9
 −   6
 ─────
   3 3
```

17
```
   4 5
 −   5
 ─────
   4 0
```

18
```
   6 4
 −   2
 ─────
   6 2
```

21
```
   3 7
 −   4
 ─────
   3 3
```

22
```
   4 9
 −   8
 ─────
   4 1
```

163쪽　단계 1 교과서 개념

1 50	**2** 10
3 20	**4** 10
5 20	**6** 30
7 60	

1 70−20은 십 모형이 5개이므로 50입니다.
2 10개씩 묶음끼리 빼고 낱개는 없으므로 0을 씁니다.

5
$$\begin{array}{r} 4\,0 \\ -\,2\,0 \\ \hline 2\,0 \end{array}$$

6
$$\begin{array}{r} 8\,0 \\ -\,5\,0 \\ \hline 3\,0 \end{array}$$

7
$$\begin{array}{r} 9\,0 \\ -\,3\,0 \\ \hline 6\,0 \end{array}$$

165쪽　단계 1 교과서 개념

1 (1) 2개　(2) 3개　(3) 2, 32	
2 21	**3** 12
4 30	**5** 27

1 십 모형 5개와 일 모형 5개 중 십 모형 2개, 일 모형 3개를 덜어 냈으므로 십 모형 3개와 일 모형 2개가 남습니다.

4
$$\begin{array}{r} 5\,3 \\ -\,2\,3 \\ \hline 3\,0 \end{array}$$

5
$$\begin{array}{r} 6\,8 \\ -\,4\,1 \\ \hline 2\,7 \end{array}$$

166~167쪽　단계 2 개념 집중 연습

1 30	**2** 20
3 10	**4** 20
5 10	**6** 40
7 40	**8** 30
9 10	**10** 40
11 30	**12** 12
13 15, 23	**14** 43, 20

15 33	**16** 30
17 22	**18** 34
19 16	**20** 23
21 22	**22** 20

1 50−20은 십 모형이 3개이므로 30입니다.
2 60−40은 십 모형이 2개이므로 20입니다.
3 70−60은 십 모형이 1개이므로 10입니다.

4
$$\begin{array}{r} 3\,0 \\ -\,1\,0 \\ \hline 2\,0 \end{array}$$

5
$$\begin{array}{r} 4\,0 \\ -\,3\,0 \\ \hline 1\,0 \end{array}$$

6
$$\begin{array}{r} 6\,0 \\ -\,2\,0 \\ \hline 4\,0 \end{array}$$

7
$$\begin{array}{r} 8\,0 \\ -\,4\,0 \\ \hline 4\,0 \end{array}$$

12 34−22는 십 모형 1개, 일 모형 2개가 남으므로 12입니다.
13 38−15는 십 모형 2개, 일 모형 3개가 남으므로 23입니다.
14 63−43은 십 모형 2개가 남으므로 20입니다.

15
$$\begin{array}{r} 4\,5 \\ -\,1\,2 \\ \hline 3\,3 \end{array}$$

16
$$\begin{array}{r} 5\,9 \\ -\,2\,9 \\ \hline 3\,0 \end{array}$$

17
$$\begin{array}{r} 3\,7 \\ -\,1\,5 \\ \hline 2\,2 \end{array}$$

18
$$\begin{array}{r} 6\,4 \\ -\,3\,0 \\ \hline 3\,4 \end{array}$$

169쪽　단계 1 교과서 개념

1 17	**2** 5, 29
3 24, 36	

1 🧁은 12개, 🧁은 5개이므로 12+5=17입니다.
2 🧁은 24개, 🧁은 5개이므로 24+5=29입니다.
3 🧁은 12개, 🧁은 24개이므로 12+24=36입니다.

171쪽

1 25, 2, 23 **2** 13, 2, 11
3 25, 13, 12

1 배는 25개, 멜론은 2개이므로 25−2=23
입니다.

2 사과는 13개, 멜론은 2개이므로
13−2=11입니다.

3 배는 25개, 사과는 13개이므로
25−13=12입니다.

172~173쪽

1 4, 18 **2** 33, 55
3 4, 26 **4** 33, 47
5 (1) 29, 39, 49
  (2) 58, 58, 49, 49
6 예 11, 20, 31 ; 24, 32, 56
7 25, 4, 21 **8** 36, 4, 32
9 36, 25, 11 **10** 36, 33
11 (1) 28, 27, 26, 25
  (2) 23, 23, 23, 23
12 예 57, 45, 12 ; 45, 21, 24

1 사과는 14개, 무는 4개이므로 14+4=18
입니다.

2 당근은 22개, 귤은 33개이므로
22+33=55입니다.

3 당근은 22개, 무는 4개이므로 22+4=26
입니다.

4 사과는 14개, 귤은 33개이므로
14+33=47입니다.

5 (1) 더하는 수가 10씩 커지면 합도 10씩 커집
니다.
  (2) 두 수를 바꾸어 더해도 합은 같습니다.

6 두 주머니에서 수를 각각 하나씩 골라 두 수를
더합니다.

7 파란색 색연필이 25자루, 초록색 색연필이
4자루이므로 25−4=21입니다.

8 빨간색 색연필이 36자루, 초록색 색연필이
4자루이므로 36−4=32입니다.

9 빨간색 색연필이 36자루, 파란색 색연필이
25자루이므로 36−25=11입니다.

10 빨간색 색연필 36자루 중 3자루를 동생에게
주었으므로 36−3=33입니다.

11 (1) 빼는 수가 1씩 커지면 차는 1씩 작아집니다.
  (2) 빼지는 수와 빼는 수가 각각 1씩 커지면
차는 같습니다.

12 큰 수에서 작은 수를 빼서 뺄셈식을 만듭니다.

174~177쪽

1 8, 38
2 4, 42
3 20, 10
4 (1) 18 (2) 50 (3) 90 (4) 65
5 (1) 33 (2) 11
6
7
8 21, 6, 27 ; 27
9 (위부터) 13, 14, 27 ; 27
10 38, 7, 31 ; 31
11 45, 15, 30 ; 30
12 16, 4, 12

1 30+8=38

2 46−4=42

3 사과: 30개, 배: 20개 ⇨ 30−20=10

4 낱개는 낱개끼리, 10개씩 묶음은 10개씩 묶
음끼리 줄을 맞추어 계산합니다.

6 $24+14=38$, $20+40=60$,
$30+30=60$, $32+6=38$,
$4+32=36$, $15+21=36$

7 $90-50=40$, $40-20=20$, $63-30=33$
$55-22=33$, $80-60=20$, $45-5=40$

8 노란색 책: 21권, 초록색 책: 6권
$21+6=27$ ⇨ 27권

9 빨간색 책: 13권, 파란색 책: 14권
⇨ $13+14=27$(권)

10 $38-7=31$
└→ 축구공을 한 개 사는 데 필요한 붙임딱지의 수
└→ 민재가 가진 붙임딱지의 수

11 $45-15=30$
└→ 가방을 한 개 사는 데 필요한 붙임딱지의 수
└→ 지민이가 가진 붙임딱지의 수

12 사탕을 희재는 16개, 진수는 4개 가지고 있으므로 $16-4=12$입니다.

<table>
<tr><td colspan="2">178~180쪽</td><td colspan="2">단계 4 단원 평가</td></tr>
</table>

1 49 **2** 25

3 70 **4** 20

5 59 **6** 42

7 67 **8** 82

9 56 **10** $69, 27$

11 (○) (　)

12 （선 잇기） **13** (　)
　(○)

14 $27, 11, 38$ **15** $27, 11, 16$

16 $98, 76$

17 $37-26=11$; 수형이네 반, 11명

18 $48, 26$

19 $47, 15$

20 29명

1 $43+6=49$

2 $35-10=25$

---

3 $\begin{array}{r} 3\,0 \\ +\,4\,0 \\ \hline 7\,0 \end{array}$　　**4** $\begin{array}{r} 6\,0 \\ -\,4\,0 \\ \hline 2\,0 \end{array}$

7 $57+10=67$

8 $88-6=82$

9 $32+24=56$

10 합: $48+21=69$, 차: $48-21=27$

11 $54-13=41$, $70-30=40$ ⇨ $41>40$

12 $23+41=64$, $20+20=40$, $31+30=61$
$66-26=40$, $73-12=61$, $68-4=64$

13 $63+24=87$, $37+52=89$ ⇨ $87<89$

14 당근은 27개, 무는 11개이므로
$27+11=38$입니다.

15 당근은 27개, 무는 11개이므로
$27-11=16$입니다.

16 ▨ : $93+5=98$, ▨ : $14+62=76$

17 $37-26=11$이므로
수형이네 반 학생이 11명 더 많습니다.

18 가장 큰 수는 37, 가장 작은 수는 11이므로
두 수의 합은 $37+11=48$이고,
두 수의 차는 $37-11=26$입니다.

19 지아의 수: $43+4=47$
승찬이의 수: $38-23=15$

20 남자 15명, 여자 14명 ⇨ $15+14=29$(명)

<table>
<tr><td>181쪽</td><td>스스로 학습장</td></tr>
</table>

1 11

2 $14, 11, 25$ (또는 $11+14=25$)

3 $14, 11, 3$

1 여자 어린이들이 심은 나무를 세어 보면 모두 11그루입니다.

2 남자 어린이들이 심은 나무는 14그루이고
여자 어린이들이 심은 나무는 11그루이므로
$14+11=25$(또는 $11+14=25$)입니다.